NF文庫
ノンフィクション

海軍学卒士官の戦争

連合艦隊を支えた頭脳集団

吉田俊雄

潮書房光人新社

海軍学卒士官の戦争——目次

＊地図／防衛庁戦史叢書による・作図／佐藤輝宣
＊写真提供／短現関係者・雑誌「丸」編集部

海軍学卒士官の戦争

——連合艦隊を支えた頭脳集団

プロローグ

――学卒海軍士官・その制度と教育

少数精鋭主義の福祉社会

海軍は、時に、目を見張るほど思いきったことをした。

いつもヒットをとばした、というわけにはいかなかったが、たとえば太平洋戦争開戦劈頭のハワイ作戦。

明治、大正、昭和とつづく三十年間、仮想敵アメリカと戦うときは、こうするしかないと、海軍の何もかもそれ一色に塗りつぶしてきたのは、連合艦隊を挙げた戦艦主兵による艦隊決戦だった。

ところが実際になると、軍令部は、本来の作戦計画に入っていない真珠湾奇襲攻撃――虎の子の主力空母全部（六隻）を使って長駆決行する、危険がいっぱいのバクチ作戦を採択した。

「山本（連合艦隊司令）長官が、それほどまでに自信があるというのならば、（軍令部）総長として責任をもって御希望どおり実行するようにいたします」

永野修身軍令部総長の、この昭和十五年十月十九日の決裁は、実は一つの支作戦への認可だった。

だからかれは、このときの決裁が、つづいて起こる太平洋戦争の姿を、戦艦を主兵にした艦隊決戦から、飛行機を主兵にした航空決戦に変え、そのため、日本海軍が、三十年の蓄積を封じられ、それまで考えたことも、訓練したこともない、まったく不案内の戦いをしなければならなくなるとは、予想もしていなかったろう。

さらに、たとえば、人の話。

海軍では、士官を主軸と考えていた。やはり船乗りでもあって、士官がしっかりさえしていれば、下士官や兵は、おのずからしっかりするものだ。明治の日清、日露戦争を、その方針で勝ってきたから、絶対の確信を持っていた。

こうして海軍は、士官の採用、教育、人事厚生に、これ以上ない注意と努力を払った。一人一人、大事に大事に育てながら、磨けるかぎり磨き上げた。そして、大佐になるまでは一人残らず面倒を見る、典型的な少数精鋭主義の福祉社会を作り上げた。

だから、国連脱退、軍縮会議脱退によって世界の孤児となり、昭和六年の満州事変以来、年ごとに時局緊迫。友達欲しさに締結した日独伊三国同盟が、米英陣営と真正面からの対決を招いて、軍備の急速拡充に引き込まれると、とたんに海軍は士官不足の壁に頭をぶつけた。

働き「手」の不足ももちろんだが、「頭脳」となるべき士官、つまり指揮官、幕僚、経営幹部員の不足が決定的だった。

「戦略のミスを戦術で挽回することはできない。戦術のミスを戦闘で挽回することはできない」

といっても、述べてきた福祉社会の旗を卸(おろ)すわけにはいかない。では、どうするか。

頭のいい人事局員たちの考えた一つが、二年現役制度であった。

二年現役士官制度誕生の経緯

海軍の場合、物的軍備には予備総額の八割を費やすのに、人的軍備には二割しかかけないのが普通だった。それだけ艦艇の建造に金がかかるのは事実だが、それにしても、人的軍備は、いつも物的軍備より後回しにされた。

大がかりな艦艇増強の予算が成立すると、その年度の海軍兵学校、機関学校、経理学校の生徒採用数を、たとえば兵学校は三百名、機関学校は百二十名、経理学校は三十五名というようにふやすのに、ワシントン軍縮条約が締結されると、とたんにその年と次の年には、それぞれ五十一名と八十名、二十名と二十九名、十名と十二名に減らしてしまう。

人事局は、いったい何を考えていたのだろうか。

「教育は、実を結ぶまでに二十年かかる」

といわれる。専門家の人事局が、それを忘れてしまったのか。この二年間にまたがる軍縮予算で、極端に頭数をカットされた結果の士官払底クラスが、太平洋戦争開戦のときには、ちょうど、少佐の最古参に当たった。最悪だった。

少佐の古手というと、艦隊では働き盛り。砲術長、航海長、通信長などという科長は中佐だが、少佐は、先任の各科分隊長、中型、小型駆逐艦艦長、掃海艇、水雷艇艇長、大型を除く潜水艦艦長として、学校を出てから十数年という、自他ともに許すベテランの腕を、縦横に発揮して活躍できる年齢層だった。

それが、二年ぶん、頭数が前年の六分の一に減ってしまっていた。だから、どんどんふえてくる艦艇のもっとも重要なポストを埋められなくなった。

「福祉社会を維持するためには、人間の頭数は減らすのが一番だ。ふやすなど滅相もない」

そう四角四面に考えて、人減らしに懸命になったツケが、アメリカの激しい軍備拡張にあおられ、多数艦艇の急速建造をしはじめたとき、噴き出した。

中堅士官が決定的に少ない。

しかたなく下級の者を早く進級させてポストを埋める。だが、若い者は、それだけ勤務の経験がたりない。技量が伴わない。結果として、連合艦隊の戦力が低下する。

深刻なのは、もともと採用人数が約二十名と少なかった主計科士官、つまり経理学校出身者だ。これがどうしようもないくらい少ない。艦艇や部隊が予想もしなかったほどに増えると、主計長や主計中尉（庶務主任になる）が決定的にたりなくなった。

さっそくにも人材を採用しなければならない。といって、経理学校の採用人員をふやすのでは、時間がかかる。第一、欲しいのは主計中尉、主計大尉だ。そのまま中佐、大佐、少将になるまで海軍に居残られてはつごうが悪い。それでは、三年、四年の年月をかけて教育した経理学校出身主計士官の進路（進級、補職などを含め）を妨げる。看板の「福祉」を図ることができなくなる。

要するに、一番困っている主計中尉、主計大尉のアナを埋め、それ以上古参にならないうちに予備役に編入、有事のときには召集して、モトに戻ってもらうことである。手前勝手で恐縮だが。

発案者は、そのときの人事局長、清水光美少将だった。

かれは、大学を卒業し、国家試験に合格した者と学士の資格を持つ者から志願させて採用、短い期間（数ヵ月）、海軍経理学校で集合教育して、すぐに現場に配置、二年間現役として服役させたのち、予備役とすることを考えた。

狭き門をくぐって

そのころ、昭和十三年二月には兵役法が改正され、学校の在営期間短縮の特典が廃止された。それと足並みを揃え、否応なしの国家総動員法が施行された。

それほどにも緊迫したときだったからだろう。昭和十三年五月に採用した第一期生は、採用数三十五名というのに志願者約九百名。二十六名に一人という狭き門になった。

採用された人たちは、三月に大学を卒業して、大部分はもう官公庁や会社に就職し、短い期間ではあっても、そこに籍を置いた、つまり、それぞれの官公庁や会社の人間だった。

この部外の人間たちが詮衡採用され、「補修学生」という名のもとに海軍経理学校に入る。

「補修学生」とは、海軍経理学校令によると、『海軍経理学校生徒教程ヲ経ザル海軍主計中尉又ハ主計少尉ニツキ初級主計科士官ニ必要ナル学術ヲ修習セシムルタメ海軍大臣コレヲ命ズ』るもの。

ここで、海軍は、まず、かれらのドギモを抜く。

前記の詮衡試験にパスした採用（予定）者たちが、指定された入校式当日、築地の海軍経理学校に集まってくる。一室に集められたかれらは、着てきた背広を脱がされ、海軍主計中尉の軍服を着せられる。

軍服、軍帽、短剣、白手袋といった姿で、式場に集まると、そこで海軍主計中尉に任じられ、同時に補修学生を命じられる。

さて式場を出て、それぞれ決められた部屋に戻るわけだが、式場を出たトタン、同じ経理学校構内に生徒館や兵舎をもっている海軍経理学校生徒や、練習生教程を勉強している下士官兵から、いっせいに敬礼される。

このときの学生たちは、海軍主計中尉に任じられはしたが、まだそれにふさわしい知識も素養も、まったく持っていない。ゼロである。といって、外から見れば立派な海軍主計中尉には違いないから、敬礼されたら答礼しなければならない。

話を聞くと、ずいぶんドギマギしたものらしい。

そのあと、打ち揃って海軍省に行き、海軍大臣、軍令部総長に伺候。宮中に参内して、大元帥陛下に拝謁する。

明治開国から大正に連なった昭和十年代の話である。こうした心遣いで、かれらにかけられている海軍の、国の期待を膚で感じると、だれでもグッとくる。教育を「受ける」ための心構えが、補修学生たちの胸中に築き上げられる。補修学生教育は、もはや、なかば成功したも同然である。

かれらは、くり返すが、一般大学の法学部、経済学部を卒業し、卒業後、短い期間だったが、官公庁や会社に籍を置き、そこから試験を受けて補修学生（二年現役主計科士官）になった。

海軍が期したのは、優秀なクラーク（事務官、補助者）の養成だったが、戦争にぶつかり、指揮官としても、立派な成果をあげるのである。

海軍教育も四、五ヵ月しか受けず、正規海軍生徒の三年ないし三年八ヵ月にくらべると、まるで短期駆け足教育のはずだが、なぜそんな成果をあげることができたのか。

そのころの社会環境がそうさせた面は、たしかにあるが、ここで、海軍経理学校で受けた補修学生教育の概要を、チェックしておきたい。

補修学生教育の概要

二年現役主計科士官は、述べたように、昭和十三年に三十五名を採用（第一期生）してから、十四年から十九年まで、毎年二回（十八年は一回）に分け、計百六十八名、百六十九名、二百八名、七百七十六名、七百八名、千四百七十五名というふうに人数をふやしていき、結局、第十二期生までで三千五百五十五名にものぼった。なお、戦死者は、その約十二パーセントの四百八名であった。

補修学生教育の状況は、ほかにも年々時局の急迫を加えたことから、内容に大小の変化があり、一律には語れない。それを承知で概括すると、ほぼこうなるだろう。

一クラスには、主任指導官（主計中佐）一人、指導官（主計大尉）一人がおかれた。どちらも、別に教育の専門家ではない。人柄と勤務ぶりと意欲が一流でさえあれば、艦隊からでも陸上部隊からでも引っぱってきた。要するにこの、にわか作りの指導官たちは、学生たちの模範になりながら、自分のできること、知っていることを、全部学生たちに伝える。学生たちを、自分の分身になるよう、作り上げる。

海軍では、教育を、そんなふうに考えた。組織のいたるところで、先輩と後輩、上司と部下たちの間で、密度の濃い教育が、日常生活の間にくり返された。海軍の特徴――といってよかった。

指導官たちは、まず、最初の二週間を、特別日課として、導入教育にあてた。世間一般からみれば、海軍生活など、百パーセント異質のはずで、それを二週間で呑み込ませようとするから、ストレスが指導官に集中するのは、当然だった。

こんなとき、海軍では、指導の先頭に立つのは、若い方であり、この場合は主計大尉が指導官である。つまり、かれ一人で、三十五名の選び抜かれた一般大学卒業生を、一人前の海軍青年士官らしいものに仕立て上げなければならない。

まず、指導官（主計大尉）は、その間、補修学生といっしょの学生舎に泊まりこんだ。そこで、補修学生と同じ生活をはじめた。こういうふうにやるんだ、と手本を見せ、うまくできないと、そうじゃない、こうだ、と教える。

第二期生（百名）を例にとろう。

二期生は、ハンモック（釣床（つりどこ）といった）に寝かされた。市販のハンモックと同じような形だが、厚手のキャンバスで作ってあるだけに、ゴワゴワして、すこぶる扱いにくい。

しかも、起床して、寝衣から作業服に着替え、ハンモックを畳み、縛って格納所に納め、洗面用便をすませて校庭に駆けつけ、朝の体操をはじめるまでの時間が、十五分しかとってない。

当然のことだが、大学出の主計中尉に、これからいつも十五分でハンモックを上手にしまったり、顔を洗ったりさせようとしているのではない。

海軍生活の基本は、海の上であり、艦船勤務である。そこでは、敏捷でスマートな行動が、どうしても必要である。のそのそしていて、それができないとすれば、ことに戦場では、敵の一方的攻撃を受け、艦も人も生きていられない。

指導官は、学生が起きるときには、学生舎に行き、上手に身仕舞いができない学生を、みずから手本を示しながら、教えた。体操もいっしょ。食事もいっしょ。午前・午後の教練では、いっしょにゲートルをつけて校庭に立ち、不動の姿勢、敬礼、歩き方などを、一人一人、教えていった。

「君たちは、大学を出ている。知識では、最高のレベルに達している。十分、モノを考える能力を持っている。その意味では、私なぞ、君たちにはかなわない。しかし、海軍での体験では、君たちよりも十年の長がある。この補修学生教育は、君たちを、一日も早く一人前の海軍主計中尉に仕立てるのが目的だ。私は指導官として、君たちにいろいろ教える。君たちは考えながら、なるほどと納得して、ついてきてもらいたい。海軍主計中尉としてこうするのがほんとうだと納得して、すべて自発的にやってほしい」

そう言い言いしたというが、そこが、中学出の経理学校生徒の教育と大学出の補修学生の教育の違いでもあった。

「二週間で、十キロ以上も痩せました」

あとで指導官が笑っていた。無理もなかった。西も東もわからぬ百人の異邦人を、一人で引き受けて八面六臂、人間わざとも思えぬ悪戦苦闘をつづけたのだから。

しつけ教育の実際

補修学生教育では、訓育に重点をおいた。中学から入ってきた経理学校生徒が三年かかって仕上げる教育と同等以上のものを、わずか四、五ヵ月で身につけさせる。

そのために、生徒たちが受ける学術教育――普通学教育はしない。術科教育――軍事学教育はするが、それも、こまかしい説明はしない。勤務先で、必要になったときに書類を読めば、十分、間にあう。この件については、どんな書類を読めばいいということさえメモしておけばよい。

訓育とは、一般学生から一人前の海軍士官に育てるための、知育以外の徳育、「しつけ」を総称した。船乗りとして、部下を統御する指揮者として、精強な軍隊を作る教育者、指導者として、厳しさをきわめたものでもあった。

かれらは、海軍経理学校生徒のような、四季の変化を活用した一連の訓育を受けるのは不可能だった。春から夏にかけ、あるいは秋から冬にかけての数ヵ月を訓育に充てたから、クラスによっても内容に違いがあった。

さきほどの第二期生の場合をとると、かれらは五月から九月にかけての四ヵ月で、その間に、校外訓育として、真夏の炎天下に、東京郊外、標高六百メートルの高尾山行軍をした。

電車を捨てると、強行軍である。指導官を先頭に、百人の主計中尉が、山頂に向かって急行する。そのうち、一人、二人と落伍者が出る。だが、そのくらいのことでは、スピードを緩めない。軍医官や看護兵を同行させている。危機管理を整えた上で、落伍者が出るのを覚悟する。そして、落伍者が五人、六人にふえると、はじめてスピード・ダウンする。休憩する。目的は、極限近くにまで堪えることで、心身を鍛錬するにある。身体をこわすなど、とんでもない。

堪えぬいて山頂に立ち、関東平野を見晴かしたときの爽快さは、格別であった。何よりも、自分の体力にたいする自信を得たことが、大きかった。

「机の上で覚えたことは、いずれ忘れます。しかし、身体で覚えたことは、忘れませんね。アメリカ流にいえば、心の宝となって残ります。むろん、それから五十年以上たっている今でも、覚えています」

当時の二年現役士官の一人は、述懐する。

真夜中に、不意に非常呼集をかけられ、総短艇橈漕をやらされたのには、学生たちも閉口したようだ。

総短艇橈漕というのは、百人の学生を班に分け、受け持ちのカッターを、あらかじめきめておく。ラッパが鳴ると、学生舎から全力疾走して、運動場の外れのポンド（船溜まり）に吊り上げてある受け持ちカッターのところに駆けつけ、手早くカッターを水面に卸し、クルーが乗り、スタートして、決めてあるブイ（浮標）をまわり、約千メートルのコースを漕ぎつづけ、もとの場所に帰ってきて、カッターを吊り上げ、早い順序に勝敗をきめる。これが相当以上にキツいハード・トレーニングである。

しかし、チームワークとは何か、どうすればチームワークがとれ、どうすればチームワークがメチャメチャになるかを、身体で悟らせるには最高の方法であった。一人がオールを持つ手の力を抜いてサボろうとすると、トタンに十二本のオールのリズムが揃わなくなり、ガタガタになってしまう。

神奈川県の辻堂海岸でやった演習も、苦しいものの一つだった。

小銃、背嚢、弾薬盒、銃剣、水筒、糧食嚢、雨衣を身につけ、陸戦隊なみにドレスアップして、ポクポクした砂丘地帯を駆けまわる。この辛さは、実際にやったことがある人でないと、わかりにくい。

踏みだす足が土を蹴ると、ザクッと砂が崩れ落ちる。歩くにも、走るにも、平地の二倍、三倍の努力が要る。そのうち膝が、ガクガクしてくる。

こんなに、重武装の主計中尉がアゴを出しているのを尻目に、指揮刀と拳銃だけしか身につけていない身軽な隊長役の主計中尉は、

「駆け足ィ、前へェ。突ッこめェー」

などと大声で、気持ちよさそうに叫び上げながら、先頭切って駆けていく。

ここで主計中尉たちは、本職の列兵たちがどんなにツライ思いをしているか、身をもって学ぶ。指揮する者は、まず指揮される者を、十分に知らねばならないからだ。

水泳訓練は、船に乗る者の必須科目である。

近くの小学校のプールを借りることとし、学校から駆け足でプールぎわに着く。

まず学生を、泳げる者と泳げない者に分け、学生同士で、泳げる者が泳げない者を教える。

「荒っぽい教えかただから、泳げない者はしたたかに水を呑まされます。泳げないと話にならんわけで、あれは、だいぶ苦しかったようです」

そう指導官が言っていた。

海軍最長老伏見宮の裁定

陸軍にも、海軍の二年現役と同じような制度があった。ただし、中尉としてスタートするのではなく、兵として、一ツ星からはじめる。教育を終わり、部隊に配属されたのち数年たち、そこで陸軍少尉になった人もあるという。

考えかたが違っていた。

陸軍は、小学校を卒えて入る幼年学校、幼年学校出身者と一般中学を卒業した者が入る士官学校の二つの過程を終えた者が、皇軍に号令する指揮官としての身分、資格を持つ。それ以外からはじめて陸軍に入ってきた者は、だれであろうと、会社社長も大学教授も学生も、一般国民と同様、兵として、一ツ星からはじめるべきだとする。

海軍にも、そのような考え方は確かにあった。なかでも江田島、舞鶴、築地で正規の学校を出た兵科、機関科、主計科の将校や士官に、あった。

「軍人ニ賜リタル勅諭」の中に「朕は汝等軍人を股肱と恃み……」と訓された、その「股肱と恃」まれているのは、われわれだと、いわゆる「股肱意識」に胸をふくらませた――ふくらますのはよいが、中には他の人たちを見下すところまで暴走する者もあった。

また、同じ主計科にも反対があった。海軍士官たちが、純粋培養、均質化され、エリート意識を鼓吹され、福祉優先の閉鎖的な社会を形成していたことを考えると、前記の「股肱意識」ほどの唯我独尊ではなくても、異分子が混じっては士官の質が落ちるといい、排他的になり、危機意識を昂ぶらせるものがあったとしても、ムリはなかった。

これを治めたのは、伏見宮の裁定だった。軍令部総長だった元帥伏見宮博恭王は、海軍最長老として、海軍省人事局長の説明に耳を傾け、採択した。

「こんど採用した人たち、また今後も採用する人たちは、海軍のためというより国家のために有能な人たちだから、そういう人たちを海軍が預かって教育するのだ、というつもりでやってもらいたい」

これは、その当時の状況認識からいうと、「鶴の一声」というよりは、「天の声」だった。反対論を唱えた者も、黙るよりしかたなかった。軍人の徴募を握っている陸軍からすれば、大いに反対したいところだろうが、宮様のお声がかりでは、文句をつけるわけにいかなかった。

『海軍主計大尉小泉信吉』

さて、補修学生教育の骨格となっているシツケ教育について、問題点をもう少し鮮明にするため、慶応義塾大学学長であった小泉信三先生の『海軍主計大尉小泉信吉』から、やや長くなるが、引用させていただく。

『……（小泉）信吉等に対する主任指導官山沖主計大佐は、大学卒業生に対して特に訓示する必要を認めたのであろう。観念の遊戯を弄ぶ（もてあそぶ）こと、根底なき批判に耽る（ふける）ことを戒め、そうして終りに、（補修学生教育卒業の後）上官として部下を信頼せしむるため、本校（海軍経理学校）では躾（しつけ）教育を重視し、そのため「可（べ）からず」教育を行なう、と明言した。これは従来の、いわゆる「自由なる」大学教育にもっとも欠けたところであった。従来の大学に、よし如何なる長所があるにもせよ、大学が官民各方面へ多数の躾のたりない人間を供給した事実は、十分認めて反省しなければならぬ。信吉は、かねて破帽衣趣味を嫌っていたから、この指導官の訓戒は、衷心同感に堪えなかったであろう。ことに一部の教育論者は、「可からず」教育というものを悪魔のごとく言いなして、個性尊重の名の下に、実は結局骨の折れない教育を主張していたから、ハッキリその悪く言われる「可からず」教育を行うと明言されたのは、痛快に思ったであろう。彼のノオトには、この指導官の訓示要領を摘記した紙片が挾んであった。右に記すところも、それによったのである。

（指導官）田中主計大尉の指導は、厳格で親切を極めた。信吉は「男らしい好い人です」と書いている。大尉は起床から就寝まで学生等と行動を共にして指導し、「洗濯のしかたまで教えてくれた」。例の、

スマートで目先が利いて几帳面

負けじ魂　これぞ船乗り

の格言も、恐らく大尉に教えられたものであろう。ノオトのあるページに横書きに書きつけてあるのが残っている。海軍士官としての身嗜みや品位ということも、信吉等は大尉から教えられたことが多い。雨降りの日、マントを着て外出した場合、電車に乗るには人の迷惑にならぬよう必ず脱いで乗れ、とか、電車の中でよく短剣を女の（和服の）袖口に引っかけるから気をつけろ、とかいう注意は、元来人の迷惑というようなことに割合敏感だった信吉には、いちいち会心の極みであったに違いない。彼は帰宅の日に、この海軍の教育について

父母に語った。私はかねて日本人が、例えば野球場のような多人数集合の場所で、にわか雨の降り出した場合など、あわてて頭へ新聞紙を載せたり、貴賓席の軒下へ殺到したり、ウロタエ騒ぐのにあきたらず、学生への訓話の中に、たしなみのある者はこれくらいのことに立ち騒ぐものではない。「雨に濡れたって死にゃあしない」といったことがある。信吉等は、同じことを田中大尉に教えられた。雨具を持たずに雨に会ったら、「ゆっくり濡れてこい」というのである。「ゆっくり濡れてこい」はよい。数段上だと私は感心した』

ずいぶん長い引用をさせていただいた。戦地で敵と戦って戦死された子息・小泉信吉主計大尉を悼む父の愛が、これだけの引用文の行間にも偲ばれ胸が痛む。が、またこのくらい、簡潔に、補修学生の受けたシツケ教育のありようを語りつくした達意の文章を、私は他に知らない。

さて、そのような基礎教育、シツケ教育を受けて、はげしく身心を鍛錬し、四ヵ月の後、それぞれ任地に就いた新任の主計中尉たちは、実際には、どんな働きをし、どんな貢献をしたのか。つまり、発案者、計画者の考えた成果が挙がったのか、どうか。

それはもちろん、十人十色。一言で、あるいは一つの色で言えるはずはないが、結論は、大成功というのが定説だった。というよりは、「名制度」「海軍の大傑作」と今日まで讃えられている。

戦後四十年近くもたったころでさえ、中央各省の次官が、たとえば、みな第八期の二年現役出身者で占められたり、八期といわず、その年々の期の人たちで占められて、次官会議は、あたかも二年現役のクラス会のようだったという。壮観である。

いや、それは戦後の話だった。海軍がまだ健在だったころ、戦争中はどうだったのか。述べてきた、戦場での大学卒二年現役士官の考え方、戦いぶりを、検証したい。それぞれの談話、手記によりながら。

——実は、私は、それによって、もう一つの疑問への解答が得られないか、と期待しているのだ。

海軍は、述べたとおり、対米戦構想として、米主力艦隊を西太平洋に迎え撃ち、総力を挙げ、戦艦主兵による艦隊決戦を挑み、明治三十七、八年の日本海海戦のような勝利を収めることを企図していた。

この西太平洋で戦艦主兵の艦隊決戦を戦う考えは、米海軍も同じように持っていた。いや、その大艦巨砲信仰は、米海軍の方が、日本海軍よりも二倍も三倍も頑固であった。日本が「大和」「武蔵」を造ったとき、米海軍はノース・カロライナ型二隻、インディアナ型三隻、サウス・ダコタ型一隻、アイオワ型四隻の超戦艦を完成、または建造していた。

ところが、あの真珠湾空襲後、しばらくすると、クルリと方向を変え、日本のお株を奪って空母機動部隊を戦略的に使いはじめた。試行錯誤をくり返しながら、一つ一つ評価と開発改善に努め、テンポを速めて、ソロモン戦の終わるころには、米空母部隊はすでに死角を持たぬ海上要塞と化していた。

この後、いくら日本海軍が攻撃機隊を突撃させても、もはや難攻不落、鉄壁の護りに妨げられて、どうしても本陣に近づけなくなった。

理詰めの防御システムだから、ベテランを失い、若年搭乗員だけになった日本航空部隊が、攻撃一点張りで進撃しても、勝てないのだ。

にもかかわらず、日本海軍の指導者たちは、頭を切り換えられなかった。飛行機を飛ばせるが、それは新開発の飛び道具——ハネのついた砲弾を発射するのと同じ気持ち。搭乗員という「人」が操縦してそれを飛ばせていることを、つい、軽視、または無視した。

ガダルカナル攻防戦にはじまる航空戦で、急坂を転がり落ちるように航空戦能力をすり潰していき、どれほど闘志を燃やし、どれほど突撃をくり返しても、どうしても勝てなくなった大きな理由の一つが、そこにあった。

なぜこんなにまで、日本海軍の多くの指導者たちは、心の柔軟性、フレキシビリティを失ったのだろう。何がその原因だったのだろう。フレキシビリティを手に入れるには、何を目途にすればいいのか。

折りよく日本海軍は、適切な証人として、大学卒業者から採用した二年現役主計科士官たちを持っていた。

かれらは戦場で、身をもって語ってくれた。みな二十四、五から二十七、八歳の青年たちだった。

1　南方地域攻防戦

混乱の戦場〈バタビア沖海戦〉

――第十二駆逐隊　平井勇次主計中尉（東大出身）の場合

闇の海を突っ走る

日本海軍の作戦計画には、欲張りなところがあって、あれもこれもと、いわゆる異目標同時攻撃をしようとする。

貧乏が身体にしみついていて、口では集中の大切さをいうのに、実際の場面になると、あれもこれもと欲張って、兵力を分散させてしまう。

南方作戦、ミッドウエー作戦、ガダルカナル攻防戦、「あ号」（マリアナ）作戦、「捷号」（フィリピン）作戦など、いろいろだが、とくに開戦第一撃になる南方作戦では、陸軍も大きくからんで、危うく暗礁に乗り上げそうになったものだ。

陸軍は、兵力の使用順序をマレー→スマトラ→ジャワ→ボルネオ→フィリピンの左回りにすべきだといい、海軍は、フィリピン↓ボルネオ↓ジャワ↓スマトラ↓マレーにすべきだという。

地図を見ればわかるが、つまりは、陸軍は陸伝いに近くいこうとし、海軍は海をまっすぐ進もうとする。

陸軍も海軍も、自分の考えは正しいと頑張り、双方一歩も引かない。議論とは、相手の考えを捨てさせて自分の意見に従わせることだと信じているからどうしようもない。で、最後は日本式結論――双方の顔を立て、全部いっせいにやることにした。ジャワを東西両翼から攻略することにし、フィリピン、ハワイ、マレーを、開戦当初に同時奇襲作戦で攻めるのである。

これでは当然、兵力は分散される。それぞれ必要で十分な数よりも大きく減る。スケール・メリットは薄くなる。

ただ、そのときは、相手方が無準備だった。その上に、味方は日華事変以来のベテラン揃いだった。たとえば零戦一機で敵のグラマン十機をやっつけるほどの実力の差があったから、それでも、「赫々たる勝利」を収めることができた。

問題は、この開戦初頭の「実力の差」を、先々まで不変の「実力の差」だと思い違えたところにあった。つまり、さきほどの議論の姿勢と同じで、唯我独尊というか、自己中心というか、とにかく日本軍は世界最強であり、敵軍は柔弱で、臆病で、意気地なしだと思いこんだ。だから困った。評価のモノサシが狂ってしまった。

そんな流れの中で、南方部隊に付属する第十二駆逐隊付庶務主任として、二年現役、平井勇次主計中尉がいた。十二駆は、特型駆逐艦のプロトタイプとなった吹雪型（基準排水量千七百トン）の三隻（「叢雲」「東雲」「白雲」）。

開戦のときは、昭和十六年十一月末、海南島の三亜港を出港、陸軍のマレー上陸部隊を乗せた船団を護衛し、シンゴラとコタバルに向かった。

平井手記にいう。

『いよいよ明朝（マレー半島上陸地点）突入という開戦前夜は、心身ともに異常な緊張感に包まれた。日頃の雑念が消え失せ、頭が冴えて、平素は理解にてこずっていたむずかしい書物が、すらすら読めた』

開戦、戦場突入の前夜、むずかしい書物を読む心構えに、まず脱帽した。戦場に身体ごと突っこんでいこうとする者と、私（筆者）の場合のように、東京・霞ヶ関の海軍省庁舎（軍令部はその三階）に通勤していた者とは、これほどまでに違うのか。

私の「開戦」は、その前から近ごろ何かおかしな気配だなと感じていた程度で昭和十六年十二月八日朝、新橋の駅を降り、烏森口から出て三、四分歩き、「志のだ寿司」の店の前にさしかかったとき、突然、ラジオがくり返すのを聞いたのがはじめてだった。

「大本営陸海軍部発表。十二月八日午前六時。帝国陸海軍は本日未明、西太平洋において米英軍と戦闘状態に入れり」

軍令部に勤務し、外国情報を扱っていたせいか、聞いたとたん、ゾォーと、全身鳥肌立つ思いがした。ただ反射的にそう思っただけで、理由を理路整然と説明できるわけではない。

それが、第一線と後方との覚悟の違いというものだろう。

十二駆の三隻は、上陸地点で援護任務を果たすと、ほっとする間もなく、英戦艦プリンス・オヴ・ウェールズとレパルスが出てきたと伝えられた。その日の夜のことだ。

レパルスは、旧式のものを近代化した改装戦艦だが、プリンス・オヴ・ウェールズは、進水間もない最新鋭戦艦である。駆逐艦からみれば、世界最強の極秘兵器、六十三センチ酸素魚雷（九三式魚雷、九三魚雷と略す）をふりかざして戦うべき超特級の大物。十二駆逐隊三隻は、真夜中の闇の海を、灯火をすべて消し、全速力で突っ走った。

『正直のところ、追っかけているのか逃げているのか、まったくわからず、不安と緊張に包まれ、おちおち眠れずに一夜を過ごした。

「わが航空部隊、敵戦艦二隻を撃沈す」

電報が伝えられたとき、ほっと胸を撫で下ろした』（平井手記）

戦場では、実際のところ、見えるかぎりのものしか見えない。司令部でもなければ、勝敗など、わからないのが普通である。

勇敢であることの証明

その後、十二駆は、戦闘で僚艦「東雲」を失い、「叢雲」「白雲」の二隻となってバタビア沖海戦に参加する。参加するというより、敵に出くわすといった方が正解だ。

昭和十七年三月一日午前零時、西方攻略部隊の輸送船五十六隻からなる船団は、十六軍司令部、第二師団将兵を乗せ、バタビア北西のバンタム湾に入泊、上陸を開始した。ジャワとしては、いい季節だった。折りから、雲もなく、満月が耿々と静かな海を照らしていた。

そこへ、英巡洋艦パースと米巡洋艦ヒューストンが、ひょっこり、黒い姿を現わした。バタビアの港を出て、スマトラとの間のスンダ海峡を抜け、ジャワ南岸のチラチャップ港に向かう途中だった。

ふと、針路の左側、十キロと離れていないところに、日本の輸送船が数十隻、ジュズつなぎに海岸線に並び、船を停めて上陸作業をしているらしいのを見つけた。

かれらにとっては、最高のチャンスだった。二隻は、すぐにバンタム湾に突っ込んできた。たまたま、湾外を哨戒していた駆逐艦「吹雪」がこの敵を見つけ、身を翻して二隻の後を追い、立てつづけに緊急警報を打ち放した。

敵の巡洋艦二隻は、突進しながら、海岸線に並ぶ日本輸送船に、耳をつんざく砲声とともに主砲の連続急斉射を浴びせた。彼我五千メートル以下の至近距離にある。火龍のようにまっ赤な火の玉を吐きつづける敵艦の姿が、味方駆逐艦「吹雪」の撃ち上げた吊光弾の蒼白い光の中に不気味に浮き出す。生きた心地もしない陸軍将兵の見ている前で、「吹雪」の射った魚雷が、敵艦をすりぬけ、奥に停泊していた味方輸送船二隻に命中、轟然爆発。一隻沈没、一隻大破。その間、敵弾が命中した二隻は大破。

この混乱の戦場に、「吹雪」の緊急警報を受けて、重巡「最上」「三隈」、軽巡「名取」、それに十二駆二隻を含む駆逐艦十隻がとびこんできた。

平井手記にいう。

『敵艦からは、照明弾や曳光弾がひっきりなしに飛び、まるで両国の花火のように夜空を彩っていた。時折り耳をつんざく敵主砲の音に、艦橋で戦闘記録をつけながら、思わず首をすくめた。遙か後方のわが巡洋艦と撃ち合っているようであった。

その間を縫い、わが十二駆逐隊は最大戦速に増速、敵艦目がけて突入していった。

「司令！　魚雷発射しましょう」

艦長は何度も司令に、

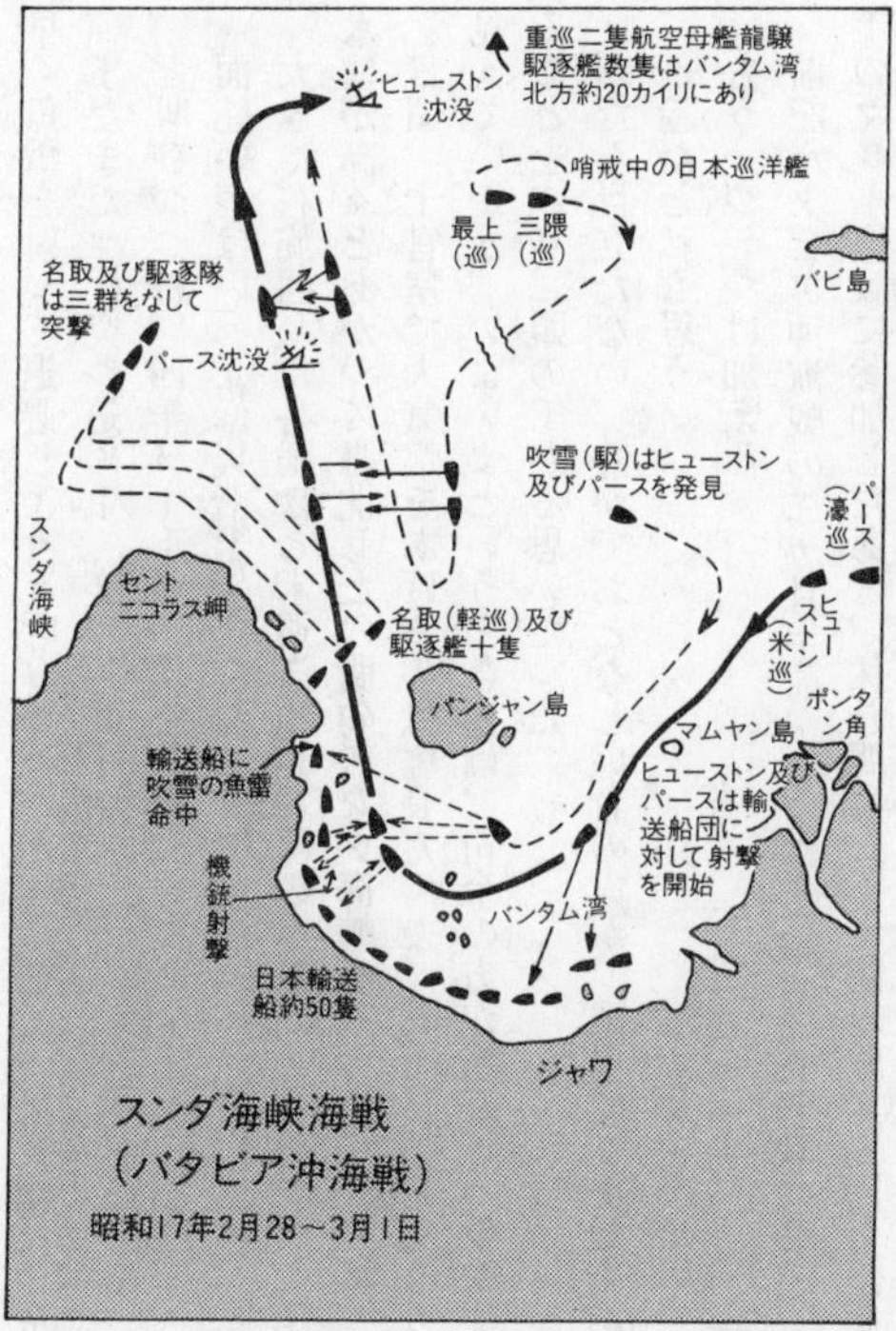

スンダ海峡海戦
（バタビア沖海戦）
昭和17年2月28～3月1日

早く魚雷を射って退避しようと呼びかけたが、小柄で一見貧相な司令は、

「まだまだッ。突っ込め！　突っ込め！」

と叫びつづけ、四千メートルの至近距離にまで近迫して、はじめて命令を下した。

「面舵いっぱい」「魚雷発射用意」「打て！」

大きく右旋回した各艦から、つぎつぎに発射された九三魚雷は、ものの見事に敵艦に命中、水柱が高々とあがって轟沈した。文句のない勝ち戦だった。

日頃、士官室で大気焔をあげるのは艦長だった。司令は口数も少なく、見すぼらしくさえ見えていたが、いよいよというときには、司令の方が遙かにハラがすわっており、勇敢であることを知り、頭の下がる思いだった』

ふだん目立たない、静かでおとなしい者の方が、戦場では勇敢である、といわれる。

正論だと私も思う。

もう一つ、つけ加える。

前記バタビア沖海戦の二ヵ月半前、十二駆逐隊（「叢雲」「東雲」「白雲」）は、開戦第一着手のマレー作戦に参加したあと、休む間もなく、陸軍輸送船団を護衛して、こんどは英領ボルネオ攻略作戦に打って出た。

陸軍部隊を上陸させた後、一隻ずつに分かれて湾外を警戒していると、突然ドカーンという大音響が聞こえ、水平線のあたりから凄まじい勢いで黒煙が立ちのぼった。

「すわこそ」と全速力で駆けつけてみると、付近一面に重油が拡がりながら、「東雲」は影

も形もなくなっていた。カッターも浮いてなければ、乗組員の姿もない。さきほど逃げていった敵飛行艇の爆弾が、ほとんど一瞬の間に魚雷、砲弾、爆雷の誘爆を惹き起こしたとしか考えられない。艦長以下乗員二百五十名の生命が、艦の轟発といっしょに消えてしまった。

それからというもの、平井主計中尉は、「東雲」轟沈の事故報告と、艦長以下乗員二百五十名の戦死者についての諸手続きに忙殺された。戦争は始まったものの、大量の戦死者が出るだろうことまでは考えていなかったようで、マニュアルが全くない。平時の手続きどおりに電報などいちいち打っていては、作戦行動の妨げになる。

平井主計中尉は、そこで、担当の海軍省人事局、鎮守府人事部長あて、第一線の実情を訴え、手続きを簡素化するよう意見具申した。建設的で、すばらしい話である。

死に装束〈スマトラ・サバン警備〉

――九特根　青柳謙一主計中尉（東大出身）の場合

言語に絶する艦砲射撃

サバンは、スマトラ島の北西端から、北西に向かって二十キロ離れた沖合いにある島の港町。島の大きさは、長崎県五島列島の福江(ふくえ)島の約半分、同じ中通(なかどおり)島とほぼ等しい百六十六平方キロ。熱帯地というのに、涼しく、住み心地がよい。地図を見ればわかるように、文字どおり海上交通のキーポイントにあたる。

海軍は、サバンに第九特別根拠地隊（九特根と略す）司令部、二十八航空戦隊（二十八航戦と略す）司令部、三三一空、七〇五空派遣隊などを置き、しっかりした基地の態勢を整えていた。

その第九特根司令部の庶務主任として、二年現役主計科士官の青柳謙一主計中尉が、昭和十九年三月、経理学校補修学生教程を卒業、まっすぐに着任していた。

やがて、七月二十五日日の出直前、英機動部隊がサバンと対岸（スマトラ本土側）のコタ

南方地域要図

ラジャ地区に来襲した。

四月からはじまって、毎月一回、南西方面の要地を襲ってきた英機動部隊のパターンだった。

これまでは、来襲前には敵潜水艦が妙に集まってきたり、その方面に向けての無線交信が急に活発になったりする異変があって、海軍では各地に警報を発し、あらかじめ警戒していた。不意を打たれることはなかった。

だが、こんどは違った。何一つ前ぶれがなかった。もしかすると、ヨーロッパ戦線でドイツの敗色が濃くなり、海軍兵力が剰(あま)って、対日戦にふり向けられるようになったせいだろうか。とすれば、ヨーロッパ戦線に慣れたベテラン参謀が作戦を指導したのかもしれない。

日出約十分前、サバンの第三砲台が敵機を発見。四機編隊の敵戦闘機が銃撃を開始。その五分後、空襲警報発令。

朝まだ暗いうちのサイレンに目を覚ました青

柳主計中尉（庶務主任）は、とび起きた。

「空襲だ」

何よりも、隣に寝ている主計中尉（副官）を揺り起こす。副官は、素早く服装を整えると、司令官のところへ駆けていく。

青柳庶務主任も、軍刀を摑むと外にとび出す。と、出合い頭に、敵戦闘機数機がまっすぐに降（ふ）ってきた。低空から機銃掃射を浴びせる。第一撃は、地面に伏せて遁（のが）れたが、こいつは引っ返してくる、と直感した。横ッ飛びに跳んで、道を隔てた防空壕にとびこんだ。

「やった。これで安心だ」

そう思ったとき、足もとから湧き上がってくる不気味な音を聞いた。

ドドドドドといえばいいのか、ドロドロドロというのか。とにかくジッとしていられないほどの恐ろしい音が、つぎからつぎへと湧いてきた。はじめてである。爆撃の音ではない猛烈な衝撃がつづき、身体中が揺すぶられる。

「いつもの敵機の偵察だよ」

そう副官には言ったが、とんでもなかった。

外に出て驚いた。炸裂の激しさ。爆風の凄まじさ。飛び散る弾片や砂礫で、目もあけられない。いや、危なくて、そんなところに立ってはいられない。

青柳手記にいう。

『私は、司令部に行く途中の防空壕にとびこんだ。防空壕には、先客の水上警察隊の特務士官が入っていた。縦横に飛び交う砲弾のようなうなり、ガラガラと音を立ててとびこんでくる弾片や砂礫。天地を揺るがすもの凄い爆発と震動のため、壕はグラグラ揺れた。

「艦砲射撃だ！」

私は叫んだ。そう直感した。

「そうだ、そうだ」

叫ぶみんなの顔色が変わっていた。

機銃弾のように、矢つぎばやに撃ちこまれる砲弾。頭上にヒュルヒュルと鳴る不気味な飛翔音しかも音は着々と正確さを加え、私たちに迫ってくるようだ。

艦砲射撃の恐ろしさは、砲弾の落下位置が修正されて、弾着が刻々と正確さを増し、近づいてくることである。つぎの瞬間には、戦艦の四十センチ砲弾が頭上に落下することをだれもが予感するのだ。

音に聞く艦砲射撃の、言語に絶する凄まじさだった。その烈しさと不気味さ、恐ろしさは、人の胆を奪うに十分だった。まさに、精神と神経をめちゃめちゃに破壊して、根こそぎ戦意を失わせてしまうものだった。

「ここにいては危ない」

一人が、乾（ひ）からびたような、かすれた声でいうのに、もう一人が応じた。

「そういっても、今は出られませんよ」

「いやぁ、これは敵が上陸してくる」

そのうち、砲声が一時小止みになった。弾かれたように皆立ち上がり、それぞれの戦闘配置にふっとんだ』

こんなとき、軍人は戦闘配置につくのが一番いい。一番落ち着ける。現実には、その方が敵にムキ出しになり、危険が増すが、それでも落ち着ける。

最後の一兵まで戦う

青柳主計中尉は、司令部に全力疾走した。司令部の建物は無事だった。だが、そのそばの衛兵隊兵舎は、猛烈な勢いで燃え上がっていた。

敵機は、数こそ減ってきたが、サバンの上空をわがもの顔に飛び回った。艦砲射撃も、思い出したように撃ってきて、どこに落ちるかわからない。不気味な音を振りまきながら、頭上を飛んだ。

このころ、味方の戦闘機はまるでいなかった。六月二十日、天下分け目のマリアナ沖海戦で、信じられないほどの完敗を喫したあと、七月末までの間に、サイパン（十日）、グアム（二十一日）、テニアン（二十四日）をつぎつぎに失った。折り悪しくそれと同時のことだった。零戦をサバンまでは回せなかったのだろう。

それにしても、歯噛みをするほかないのは、ツラいものだ。

そのとき、海岸砲台が、

「輸送船五隻見ユ」

と報じた。他の見張所からも、

「敵輸送船団見ユ」

と報じてきた。

敵機動部隊がどれほど荒れ回っても、それだけならば、首をすくめてタコツボに入っていればよい。どうせ、ヒット・アンド・ランだし、それしかできないから、敵機がいなくなるのと同時に、平穏が取り戻される。

だがそれに輸送船団がついていたら、話はまったく変わってくる。敵の海兵隊、ないしは陸兵が上陸する。防備をする側の日本軍は、いっさいの機密書類を焼き、全員玉砕の覚悟を固め、戦闘配置について、最後の一兵まで戦う決意をするほかない。

サバンの場合、この「敵輸送船団見ユ」の報告が誤報だった。だが誤報だとわかっても、どういうわけか、それが部隊に伝わらなかった。

青柳手記はいう。

『(敵輸送船団が来るとの報で)決死の態勢を整えるため、機密書類焼却の仕事を果たさねばならなかった。庶務事務室横の庭にドラム缶を据え、この中に機密書類(主に作戦、編制、人事などに関するもの)を破りながら投げ入れ、これに石油をかけて燃やした。艦隊編制書類など分厚いものは、なかなか燃やし終わらず、私は先任下士官以下の主計科員を督励して焼却を急いだ。

いよいよわが生命もあと数時間だと思いながら、黙りがちに任務を進める。部下たちも同じ心境なのか、淡々としている。毎日の日課作業をしているのと同じように、仕事に打ち込む。のっぴきならぬ瀬戸際に追いつめられた兵士たちは、目の前の自分の任務に打ち込むことで、安心立命を得ようと懸命のようだった』

多すぎた機密書類

海軍には、機密書類が多すぎた。戦う軍隊のスタイルではない。しかも、そのたくさんの機密書類を、組織の先端にまで配りすぎた。

どうも、機密書類を多く持っていることが、組織の中で、自分がどれほど重要な地位を占めているかの証拠だ、とでも誤解している気配で、たとえば潜水艦や太平洋の離島を守備する部隊にまでも、高度の機密書類一揃えを持たせていた。

太平洋戦争が終わって、入手できるようになった米海軍の資料で調べてみると、米海軍が日本海軍の知らないうちに、そのハラの中まで読んで戦争をしてきた様子が、じつによくわかる。

「これで勝てるはずじゃないか」

と慨嘆したくなる。

——昭和十七年一月二十日（開戦わずか四十日後）、豪州ポートダーウィン沖で作戦中だった伊号百二十四潜水艦は、十九日、付近で敵駆逐艦一隻、輸送船三隻を発見したという電報を最後に、消息を絶った。

その後、伊二十四潜とはまったく連絡がとれず、無線で呼んでも応えない。どうしようもない。消息を絶ってから一ヵ月後、いつ、どこで、どんなことがあったのかまったくわからないまま、沈没と認定された。日本海軍としては、そのほかに方法がなかった。

そんな事情だから、暗号書やその他の機密書類が敵にとられたのではないか。そうだとすれば、暗号書を変更しないと、日本海軍の暗号は全部敵に読まれてしまう、とはだれも考えなかった。

だが、戦争は、そんなに甘くはない。実際は、伊百二十四潜は撃沈されていた。その場所の水深は五十メートルくらい。潜水夫を入れて艦内をシラミ潰しに調べることが可能な深さだった。

米軍資料には、そこまでしか書いてない。シメタと思って、暗号書や機密書類全部を押収しました、とは書くはずもない。

この暗号書と機密書類は、米軍資料や戦況などから判断すると、二ヵ月たった三月下旬から四月末ころまでの間に、解読されはじめ、利用されていったと思われる。これは、軍令部通信課長だった鮫島素直大佐の判断だが、私も、軍令部情報部に勤務していた一人として、その通りだと思う。

このように、高度の機密書類を、組織の先端にまで持たせようとし、またも持とうとする――そのため、機密書類が多くなり、敵の来攻を目の前に、何よりも大切な防備固めはそっちのけで、庶務主任の青柳主計中尉のように、部下を督励して紙を燃やす仕事に大汗をかかねばならなくなる。

日本海海戦で東郷艦隊の先任参謀をつとめ、日本海軍戦術戦略の開祖といわれる秋山真之中将が、嘆いていた。

『今のような秘密主義ではだめだ。日本海軍は秘密のベールに包まれて、秘密を守りすぎる。何でもかでも秘密だ、秘密だとばかり言い立てて、必要な知識を広く伝えない。伝えないから、だれも試みない。だれも論じない。そのために、せっかくの良い考え方も、発明した一個人の私有物に終わり、部内一般がそれによって益を受けない。日本人の通弊は、ヘンな秘密主義を守りすぎることにある……』

「秘密をどれだけ知っているか、その多少によってその人の社会の羽振り、重さがわかる」というような評価がされているかぎり、

「機密書類はこれだけしか配布されないのか。それだけウチの隊は、どうでもエエということか」

などと副官のところでゴネる指揮官も出ようというものだ。

敵は姿を現わさず

話をもどす。

機密書類を焼却し終わると、青柳主計中尉は、主計長の命で、戦闘烹炊(ほうすい)の指揮をとった。サバンでは、水源地の付近に洞窟を掘り、非常用糧食を収め、戦闘中の糧食作りと配食セン

ターにあてていた。

海軍では、戦闘配食といえば握り飯と相場がきまっている。そこで、握り飯を作ることにしたところ、烹炊員の才覚で、秀逸な握り飯ができあがった。青柳中尉の手記にもどる。

『水源地の前の空き地に、組み立て式の鉄製かまどを数基据えつけ、炊煙をあまりたてないようにして飯を炊く。一方、大きなまな板の上で、烹炊員が慣れた手さばきで野菜や牛豚肉を刻み、味つけをし、それを炊きあがった米飯と混ぜ合わせ、栄養たっぷりの混ぜ飯を作る。

これを、応援の主計兵まで動員し、すばやく握る。湯気の立つおいしそうな握り飯がつぎつぎにでき上がる。職責がら、試食する。

うまい。さすが専門家が腕によりをかけて作っただけあって、じつにうまい。

私は、数時間後には、あるいは敵兵の大挙上陸で、戦死するだろうわが短い生命を忘れ、炊き出し握り飯のうまさに舌鼓を打ちつづけた』

青柳主計中尉は、これを、「死に装束に着替えて待機した」と表現した。まことに、その折りの心の動きそのままを言い表わしたものといえよう。

その夜は、このようにして警戒を厳にし、敵の巻き返しと上陸を予期して夜っぴて待機したが、敵は二度と姿を現わさなかった。

いったん死を覚悟し、緊張していたものが、さしあたり死ななくてよいとわかると、ほッとすると同時に、張りつめていたものがにわかに緩み、全身から力が抜け、ヘナヘナと腰が砕けそうになるものだ。

『当時、伝え聞いたところによると、敵側報道（傍受した敵側ニュース）は、インド洋艦隊は、サバンには数万の精兵がいると、その守りの固いのに驚く一方で、そのサバンに大損害を与えたと、声高らかに武勲を誇示していたという』（青柳手記）

斬り込み隊〈ボルネオ・バリクパパン警備〉

——二十二特根　久保田美文主計大尉（東商大出身）の場合

〝尺取虫戦法〟

バリクパパンは、東カリマンタン（ボルネオ）の主都。一九六一年調べで人口約九万。ボルネオ東海岸にある最大の油田地帯。アメリカに対日石油供給パイプのすべてを塞がれ、苦しまぎれに実力行使に訴えた日本海軍としては、段取りを急ぎ、第一にボルネオのタラカンとバリクパパンに突入した。

開戦当初である。連合軍側は、まさか日本が戦争をはじめようとは思いもよらなかったらしく、ほとんど準備をしていない。制空権は、後年と違って、完全に日本軍の手中にある。作戦も行動も自由自在。艦艇、航空機も、乗員たちも、すべて日本軍が連合軍を遙かに超えていた。

まずフィリピンを通過した日本軍は、いわゆる尺取虫戦法で、相手が目を回すほどの短時日のうちにメナドからタラカン油田と進み、同時にケンダリーからバリクパパン油田を攻めた。

メナド、タラカン、ケンダリーでは、それほど強大な反撃を受けなかった日本海軍だったが、バリクパパンは、違った。不意に、三十年も前の第一次世界大戦で働いた四本煙突の米駆逐艦四隻が、真夜中、来襲した。港の外に並び、徹夜で揚陸作業を急いでいる輸送船十二隻と、警戒する哨戒艇四隻を狙った。

ほんとうは、輸送船団の沖合いを、四水戦司令官の率いる軽巡と駆逐艦九隻が取り巻いていたはずだが、その夜は事態が平穏で、敵影を見ないので、敵を求め、もう少し外に出てみようと、さらに遠くに出ていった。その虚を衝かれた。

午前零時四十七分、敵は二十七ノットの高速でとびこんできた。かれらにとって好都合だったのは、空襲で陸上の一部や商船が燃え、それが闇夜に、日本船のシルエットを浮かび上がらせた。

かれらは、よくそれで衝突しないですんだと驚くほど、日本船とスレスレのところを狂ったように暴れ回り、魚雷二十六本を射ち、輸送船四隻、哨戒艇一隻を撃沈、走り去った。

米海軍は、この攻撃で日本船を全滅させたといって喜んだ。そして、事実が少しずつわかってくると、こんどは、なぜこんなに魚雷が命中しなかったかと首を捻(ひね)った。

だが、不思議がるには当たらない。初陣では、人ならばだいたいそんなものだ。

このバリクパパンには、海軍の一〇二燃料廠があった。一〇二燃料廠付を命じられた二年現役の久保田美文主計中尉は、このころの例で、日本からの空便ながら、ボルネオまで、ずいぶん大回りをさせられた。羽田から福岡空港、そこから上海を回り台北へ。そこで便待ちをしてマニラ経由ダバオ。ダバオからメナド、マカッサルを経てスラバヤ。ここでまた便を待ち、スラバヤからバリクパパンに着いた。なんと、羽田を出て約二十日かかっている。海軍の連絡便だから、それでも早い方だという。

ここも旧オランダ石油会社の写真は特別に優遇されていたとみえ、会社職員の住宅を接収した燃料廠の士官宿舎は、マカッサル海峡を目の下にした小高い丘陵地帯の高級住宅地にあった。ジョンゴス（現地人の下男）、バブー（現地人の下女）がついた優雅な毎日だったという。

戦前、石油輸入交渉に派遣された芳沢大使の随員として、私（筆者）がジャワに七ヵ月ばかり出張したときの所見である。

首都バタビアの、高級住宅地オラニエ・ブールバードにあった海軍武官室の部屋で、道路を隔てた向こう側のオランダ人の家を何気なく眺めていたら、奥さんらしい女性が、乗馬服のまま、颯爽と帰宅し、ベランダに現われた。

ゆったりとしたアームチェアに腰をかけ、補助椅子に長々と両脚を載せる。すると、鞠躬如として随（したが）っているジョンゴス二人が、うやうやしく乗馬靴を引っぱり、脱がせる。女性は、そこで立ち上がり、室内靴と履き替え、背中を見せて奥に消える。その後ろ姿に向かって、ジョンゴスが深々とお辞儀をする。

一例ながら、戦前、ジャワ在住オランダ人の優雅な生活とは、そんな概念をもつものだった。

しかし、久保田主計中尉は、その生活を半年で終わり、半年後には同じバリクパパンの第二十二特別根拠地隊（二十二特根）に転勤する。私たちが、ブイ・トゥ・ブイと称する、転勤旅費を支給されない、気の毒を画に描いたような転勤である。

平時、軍港で呑みすぎて作った借金（マイナス）を、臨時収入となる転勤旅費で清算することができず、それをつぎの勤務先にまで引き摺（ず）っていくことになる。それでは、手前勝手ながら、いわゆる心機一転はできない、とフン慨したものだ。

連合軍最後の大規模上陸

二十二特根は、一〇二燃料廠を護るのが主任務であった。一〇二燃料廠は、南方にある海軍燃料廠としては最大規模のもので、とくに航空潤滑油のほとんど全部を生産していた。

このため、二十二特根は、ラバウルにつぐ多数の対空砲陣地をもっていた。久保田主計大尉（三月一日、主計大尉に進級）は、司令部付として、副官代理と司令部庶務主任を命じられた。

昭和十九年九月三十日、B24六十機の大空襲を皮切りに、その後、大がかりの空襲がくり返されるようになり、石油生産量が減少すると同時に、迎撃戦闘機も損耗していくのは、やむをえなかった。

二十年四月二十二日、第二南遣艦隊司令長官は、一〇二燃料廠に、「採油、製油施設ノ徹

底的破壊準備ヲナセ」と命令を発した。命令を受けた燃料廠は、翌二十三日、すべての設備の運転を停止、地上戦の戦備を急いだ。

バリクパパンは、こうして、それまでの油田ないし精油所としての生命を、みずから閉じたわけである。

久保田手記にこうある。

『六月十四日深夜、マンカリハット岬（バリクパパン北々東三百キロ）見張所から、

「敵大艦隊らしきもの南下しつつあり」

との緊急信が司令部に入った。各隊は緊張した。いよいよ来るべきものが来たという感じであった。

翌六月十五日早朝、前面のマカッサル海峡は、いつの間にか敵の大艦隊で埋まっていた。

夜明けとともに艦砲射撃が始まった。Ｂ24の爆撃がこれに呼応する。こちらには、迎え撃つ飛行機もなく、砲台の高角砲では敵艦に反撃も加えられない。防空壕に入ってジッと耐え、敵上陸に備えて戦力の消耗を避けるほか手がない』

十五日午後から、燃料廠は機密図書類を焼却、その日の夜から全装置の徹底的破壊を開始。二十一日に破壊終了。燃料廠長以下の関係者は、挙げて警備部隊に編入された。

このとき、バリクパパンには、二十二特根、一〇二燃料廠、第二港務部、それに陸軍山田部隊半コ大隊、現地召集の日本人をひっくるめ、総勢約一万名の日本軍民がおり、別に付近のサマリンダには、陸海軍合わせて約五千名の日本軍がいた。

六月に入って激化した連日の砲爆撃で、めぼしい施設はあらかた破壊しつくされた。油タンクの火災が、来る日も来る日も、夜空を焦がした。

『七月一日未明、敵は前面の海岸にいっせいに上陸を開始した。司令部は、そのときすでに市街北西三キロの戦闘司令所に移っていたが、山の上から見ると、海岸線に向かって無数の上陸用舟艇が、海を埋めて押し寄せてくる。満を持して攻撃を抑えていた各砲台、機銃陣地が一斉に反撃に移り、すさまじい戦闘がはじまった。

しかし、しょせん多勢に無勢、物量の差はどうすることもできず、敵はつぎつぎと戦車、兵員を上陸させた。上陸してきたのは、英豪軍である。

水際の戦闘と市街戦は、二日間で峠を越え、司令部は三日夜、七キロ奥に入った第二戦闘司令所に後退した。そして各部隊も、つぎつぎにジャングルの中の予定地に後退、持久戦に入った』(久保田手記)

敵は上陸から十日あまりたって、市街地を一応占領。砲爆撃もだいぶ下火になった。それ以後は、ジャングルを焼き払いながら、じりじりと日本軍を奥地に追い込もうとした。

砲爆撃は昼間だけで、夕方には静かになった。それから夜にかけて、日本軍から斬り込み隊が、つぎつぎと出撃する。

七月二十日ころには、司令部はさらに奥地の、四十七キロ地点に後退した。この地点を、楠正成の故事にならい、「千早」と名づけた。

米軍資料によると、このときの上陸用舟艇は約二百五十隻。輸送船約四十隻がバリクパパン南方一万メートルにあったといい、それからすると、上陸した敵兵力は約五千名と推定された。

　ともかく、このバリクパパン上陸が、第二次世界大戦中の連合軍最後の大規模上陸作戦になった。

　アメリカの著名な歴史家S・E・モリソン教授の著書『太平洋戦争米海軍作戦史』によると、連合軍がバリクパパンに上陸した当初は、軽微な抵抗しかなかったが、高地の陣地に近づくにつれ、日本軍の反撃が強まったという。

　そのため、サマリンダ道十キロ地点を境にして、その後の連合軍の進出は、あまりはかばかしくなくなった。このあたりが、英豪軍と米軍との、戦争にたいする微妙な姿勢の違いだろうか。

　久保田手記によると、『八月十五日の終戦を迎えたのは、この「千早」でのことだった』という。

2 アッツ・キスカ攻防戦

首を垂れた二人の陸海軍長老

アラスカからカムチャッカ半島に伸びる懸け橋のようなアリューシャン列島。その西端、もっともカムチャッカ半島に近い島が、アッツ。その一つ手前、アラスカ寄りが、キスカ。手をつないでベーリング海を南から限っているような姿で、もちろん北極圏に近く、寒く、六、七月には濃霧が多い。

それまで、日本にとっては、一部の漁業者を除けば、ほとんど無縁の地であった島々だが、昭和十七年六月以後、急に身近なものになった。

ミッドウェー作戦計画の中に、アッツ、キスカ、アダックなどの攻略計画が加えられ、作戦部隊に任務を与えて作戦開始。ミッドウェー作戦が惨敗に終わった結果、予定を変更、アッツ、キスカだけの無血占領に改めた。

キスカは、海軍が守備を担当することにされたので、舞鶴鎮守府第四特別陸戦隊（舞四特と略す）約五百名、東港航空隊支隊（飛行艇六機）、それに設営隊約五百名を上陸させた。

一方、陸軍が担当するアッツには、北海支隊（歩兵一コ大隊、工兵一コ中隊ほか）約千百名

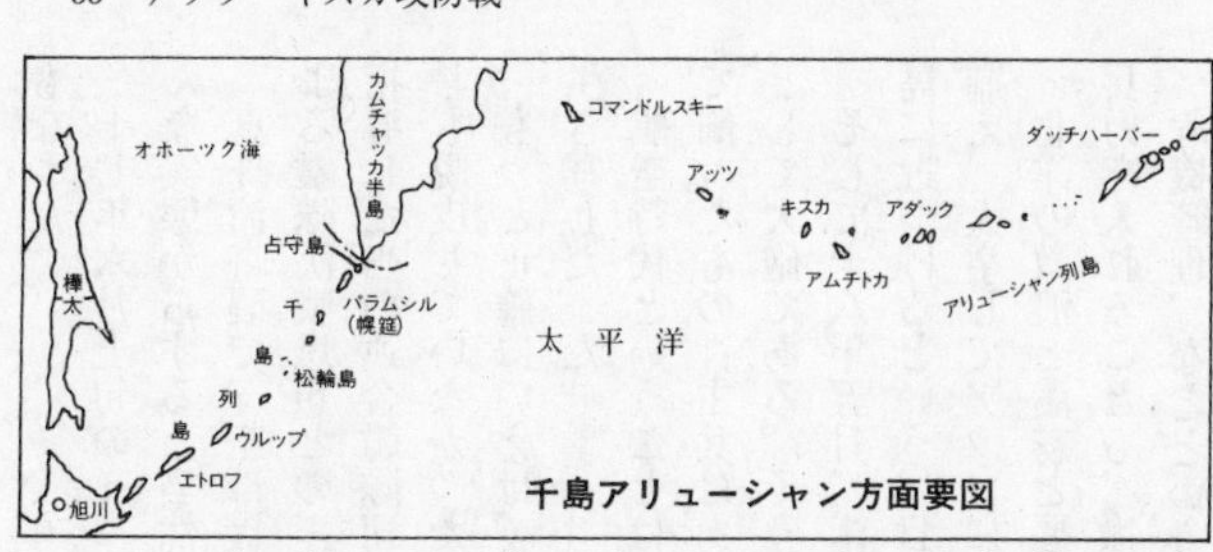

千島アリューシャン方面要図

を配備した。

「根拠地を遠く離れた絶海の孤島を守るには、こんなことでは薄すぎる。もっと航空威力、何よりも陸上基地航空兵力を十分に置かなければいけない。人ばかり置いても何もならぬ」

とは考えなかった。明治時代の認識そのまま、勇敢なる皇軍将兵がそこにおれば、存在するだけで敵は怖れて近よらぬ、と確信していた。

それでも現地指揮官が敵機の来襲を心配すると、大喝した。

「勇気がないぞ。敵機が来たら、穴を掘って潜っとれ」

ひどいもんだ。連合艦隊参謀長にやっつけられたよ、と回想した人があるから、実話であろう。第二段作戦に入る十七年四月、五月ころの連合艦隊司令部の鼻息は、記録的に凄まじかった。

真珠湾、マレー沖、南方作戦の大勝利で、「名将」「聖将」と讃えられている連合艦隊司令長官山本五十六大将の、かれらは幕僚であり側近であった。

「アメリカ何するものぞ」

「鎧袖一触だ」

そして、結局、慎重さが薄れてきたし、功を急ぐあまり、粗雑にもなった。

十七年六月上旬のミッドウェーの失敗は、半ば以上、日本側に原因があったとされる。そんな実態からすると当然の批判だった。

真珠湾奇襲で、空母機動部隊をはじめて戦略攻撃に使い、米海軍の頑固一徹な戦艦主兵による艦隊決戦思想とのギャップを衝いて大戦果を挙げた。だが、その作戦計画を立て、作戦指導した当の連合艦隊司令部、大本営は、米海軍同様の戦艦主兵による艦隊決戦思想から少しも脱皮していなかった。

もっと正確にいえば、飛行機も潜水艦もまだ出現していなかった明治時代の海軍の姿勢に生き写しだった。

航空時代ということは、明治時代の戦艦主兵による艦隊決戦を、新兵器の飛行機と潜水艦で飾ったもの。主兵はあくまで大艦巨砲で、航空はサブである。勝敗の決をとるのは、依然として大砲である。そう思いこんでいた。

そして十八年五月、米軍が、まず制空権を奪い、そのカバーの下で水上部隊、上陸部隊を島に近づけるという、日本海軍が開発して南方作戦に活用した方法をそのまま借用し、数を揃え、大挙してアッツに来攻すると、いまさらのように愕然とした。

北洋の激浪と濃霧と悪天候の下で、敵に空と海から封鎖されたアッツとキスカには、増援兵力を入れることも、撤退させることもできないことにはじめて気づいた。

危機管理、などという思想はまったくない。「引かば押せ、押さば押せ」で、シャニムニ押しの一手――攻撃一点張りである。

第一、偵察に飛行機を回すと攻撃力が減る。必要の最小限度にしろ、と値切って、一段索敵にした。偵察員も気が乗らない。低い雲があったので、雲の上を飛び越した。その間、下の海面が見えなくなるが、たいしたことはあるまいと考えた。

それが、ミッドウェーで大失敗を演じた直接原因だが、そのときは、だれもそんなリスクがあろうとは思わなかった。

昭和天皇が、アッツ玉砕を聞かれ、永野軍令部総長、杉山元参謀総長の両トップを前に、嘆かれたという。

「陸海軍は、真にハラを打ち明けて協同作戦をやっているのか。一方が元気よく要求し、他方が成算もないのに無責任に引き受けるということはないか。話し合いのできたことは、かならず実行せよ。見通しのつけ方に無理があったようだ。こんどのような戦況の出現は、前から見通しがついていたはず。しかるに、(五月)十二日の敵上陸以来、一週間かかって対応策の小田原評定をやり、その結果とは……」

二人の陸海軍長老は、首を垂れたまま、一言のご返事もできなかった。

木村司令官への厚い信望

そんな空気の中で、キスカの撤退(ケ号)作戦が、あわただしく計画され、実施された。

広い海で働いてこそ特徴を発揮できる潜水艦をキスカにも使う。当然、被害続出。五千二百名近いキスカ守備隊を撤退させるには、この際、どうしても水上艦艇を使って一挙に連れ帰るほかなくなった。

ただし、それにはキビしい障碍があった。

キスカ島は、敵艦隊と航空機によって、昼夜の別なく包囲警戒され、完全に封鎖されていた。

そのキスカに水上部隊を突入させるには、北洋特有の濃霧に隠れて行動するほかない。が、その霧がかかるのは、七月一杯が限度で、八月に入るともう期待できない。

それ以上に心配なのは、燃料だった。一回失敗したら、つぎの一回分で終わりである。撤収ができようができまいが、この作戦は打ち切らねばならない。

ケ号作戦部隊の指揮官は、軽巡「阿武隈」に将旗を掲げる木村昌福少将。若いときからの、駆逐艦乗りの超ベテランで、戦前の海軍部内には名が知れ渡っていた。

二年現役主計科士官の話をつづける中で、船乗り士官の典型として海軍が誇った木村少将の話を、ご参考までにつけ加えておきたい。

昭和十一年。木村司令官の中佐時代の話である。

十六駆逐隊（駆逐艦「芙容（ふよう）」「刈萱（かるかや）」）の司令だった木村中佐は、そろそろモンスーン（北東季節風）がはじまろうとする台湾海峡、高雄沖で、この二隻に連合の夜間襲撃訓練を命じた。

最初、司令駆逐艦「芙容」が目標艦になり、それに向かって「刈萱」が襲撃する。終わると、こんどは逆に、「刈萱」が目標艦になり、それに向かって「芙容」が襲撃する。

灯火を消した暗闇の中で、訓練をくり返しているうち、どんな拍子からだったか、ふッと相手の姿を見失ってしまった。暗夜、背の低い、小さな二等駆逐艦の姿は、同じように背の低い、小さな艦からは、案外に見えにくいものだが、ついつい訓練に熱中しすぎたのが失敗だった。

こうなると、どこから不意に相手の艦が突っこんできて、ぶつかってしまうか、まったくわからない。鳥肌立つ思いで、艦橋ではみな目を血走らせ、皿のようにして闇の中に艦影を探すうち、艦橋の一つ上の夜間射撃指揮所にいた砲術長・福山中尉が、突然、叫んだ。

「艦影。右三十度。近い！　二番艦らしい」

とっさに木村司令が、

「取舵一杯、後進全速」

われ鐘のような声で命じた。

操舵員が死に物狂いで舵輪を回し、当番兵が機械室に通じる速力通信器を懸命に動かす。

緊迫した空気が、まっ暗な艦橋にみなぎる。ぶつかるか、躱せるか。

つんのめりそうになって、速力が落ちる。みるみる大きくなった二番艦「刈萱」が、目のすぐ前にせり上がってくる。止まった。どちらも停止した。おそろしく近い。距離二十メートル。ジャンプすれば、届きそうな近さである。

「芙容」が航海灯を点けた。すぐさま、司令が艦橋から顔を突き出し、怒鳴った。

「アブナイではないか。このヤマセン！」

「山船頭（やませんどう）」の「頭」を省略した一喝（かつ）だが、司令駆逐艦にならって航海灯を点けた「刈萱」の艦橋からツキ出した艦長の顔は、叱られたばかりとは思われぬほどニヤニヤしていた。

「そっちだって、ヤマセンじゃないですか」

と口を尖らせているらしい顔だった。

本来、駆逐隊司令といえば、所轄の長ではあるが、駆逐艦一隻一隻についての責任と指揮権は、それぞれの駆逐艦長にある。

——「芙容」駆逐艦長をさしおいて、あのとき、司令自身が「取舵一杯、後進全速」の号令をかけたのはオカしいのじゃないか。

そう思った福山中尉は、そのあと、木村司令に質問した。

「緊急の場合だ。指揮権もクソもあるか。指揮官として最善の処置をとるべきだ」

厳しい表情だった。指揮官の心構えを訓（おし）えられた福山中尉は、なるほどと頭を垂れたが、もう一つ質問した。

——あのとき、司令は取舵（左旋回）一杯を号令されたが、面舵（右旋回）をとって、「刈萱」の後尾をかわるようにしたら、どうだったのでしょうか。

「そりゃあ、いかんよ」

すっかりベテラン船乗りの顔に戻った木村司令が、表情を緩め、にっこりした。

「あとで、航跡図を描いてみると、その方がいいと思うだろう」

噛んで含めるような口調だった。

「だがな。あのときは、相手がどうするかわからんのだぞ。わからんときは、相手がどんな処置をとっても安全なような処置をとるべきだ。取舵一杯をとった結果、もしぶつかったとしても、それで沈没するほどの損傷は受けぬ。だが、反対に面舵をとった場合、『刈萱』のやり方がもしマズければ、両方とも大破沈没することになるじゃないか」

思わず福山中尉は唸った。

あの短い間にこれだけの情報作業をして、判断と処置を誤らなかった木村司令に、心から脱帽した。これ以上ないほどの、すがすがしい気持ちだった。

口やかましいことで有名だった「芙容」駆逐艦長も、このときの木村司令の艦長を超えた処置には、一言も文句をつけなかったという。

駆逐艦乗りたちの、木村司令への信望が、非常に厚かったのだ。

ベテランの駆逐艦長たち、言い換えると、太平洋を走りまわるのを男の生き甲斐と考え、海軍大学校に入って海軍省や軍令部の幕僚になるエリートたちを、

「なあに、あいつらは軍服を着た役人にすぎぬ。男のすることじゃない。大学校などに、だれが行くか——」

と笑いとばすような、名利にとらわれない船乗りたちは、口先だけの奇麗ごとには少しも興味を示さない。が、事実とか腕前とかには、素直に感心する。

かれは、トレードマークの異様に大きな口ヒゲさえ覆えば、あとは小ぶりで朴訥な田舎の

親父と少しも変わらない。だが、軍服を着て駆逐艦の艦橋に立つと、一転して巨大に見える。いつも堂々として、いつも陣頭指揮で、どんな重大な場面、どんな危険な場所にも突っこんでいく。ベテラン船乗りの真骨頂である勇気と、大胆さと、慎重さを発揮しながら。

天佑と奇蹟〈キスカ撤退〉

——一水戦旗艦「阿武隈」市川浩之助主計大尉（東大出身）の場合

「いい霧を待とう」

キスカ撤収（ケ号）作戦は、いろいろ語られているように、「天佑」とか「奇蹟」とかいう言葉を使うほかないだろう。そのくらい、起こるはずのないことがつぎつぎに起こり、うまくいきそうにないことがうまくいった。

昭和十八年七月二十二日夜、第一水雷戦隊（一水戦と略す）旗艦軽巡「阿武隈」が、木村司令官の少将旗を翻し、幌筵（パラムシル）を出撃した。

従うもの、撤収員の収容隊として、軽巡「木曽」、駆逐艦六隻、警戒隊として駆逐艦五隻。それに補給隊が二隻。

そのほかに、こんどの第二次作戦には、妙ないきさつがあって、北方部隊指揮官の河瀬四郎中将（第五艦隊司令長官）が参加した。軽巡「多摩」に中将旗を掲げ、御目付役を兼ねた全軍総指揮官のような格好で、並んで走っていた。

というのが、第一次作戦中、作戦を実行に移す段階で、現場の実施部隊、つまり木村部隊と、上級司令部、つまり第五艦隊司令部、連合艦隊司令部、大本営海軍部作戦課との間に、思想と認識のギャップが浮き彫りにされたからである。

上級司令部、つまり五艦隊司令部、連合艦隊司令部、大本営は、第一次撤退作戦が成功しなかったことに、地団駄踏む思いでいた。

「古賀連合艦隊長官がキスカ撤退をぜひ成功させたいと強く望んでおられるので、第二次作戦を組んだが、燃料もこれ一回分しかないし、霧ともからんで、これで最後にする。成功しても成功しないでも、これで最後だ」

連合艦隊参謀副長、大本営作戦参謀たちが幌筵まで飛び、五艦隊司令部を叱りとばして帰っていった。五艦隊司令部は、下級司令部、つまり一水戦司令部をこきおろした。

「水雷戦隊には勇気がない」

だが、その水雷戦隊は、自分たちに勇気がないとは、毛頭考えていなかった。

「キスカの守備隊を、一人残らず連れて帰るのが目的だ。敵と戦うのが目的なら、少々の味方の損害を覚悟しても、一隻でも多く、敵を仕止めればいい。目的が違うのだ。冷静、周到、上手にやりとげねばならない」

それだから、

「第一次作戦では、六回も突入をしようとして途中まで進撃したが、霧の状況がどうも思わしくない。六回目、突入を決行すれば何とかできないわけではなかった、ともいえようが、

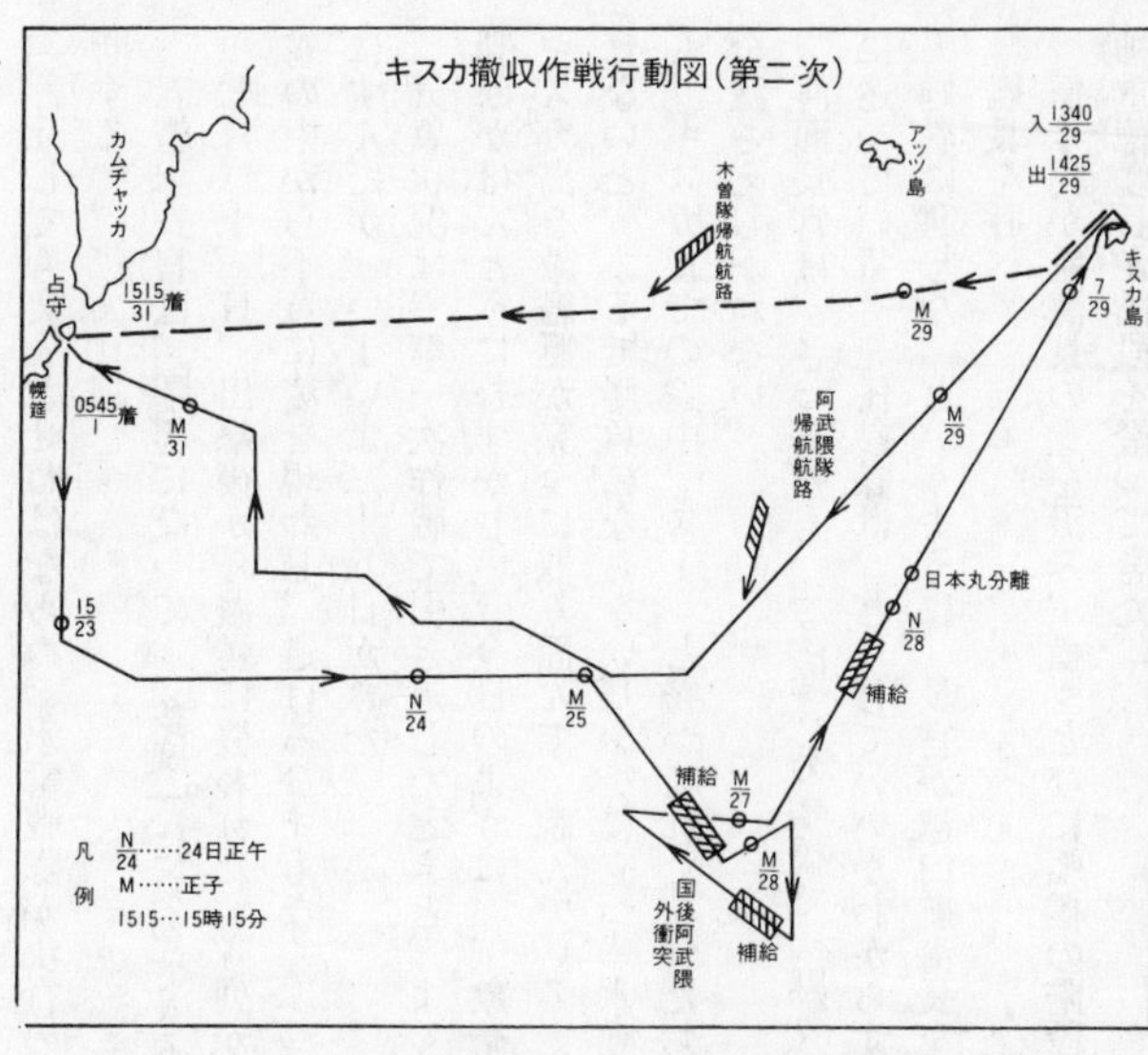

成算はなかった。その後は、敵の飛行基地のあるアムチトカは霧が晴れて飛行可能になり、キスカに一水戦が接近する南西側の視界はよくなった。作戦を決行すれば、おそらく一方的な空襲を受け、大きな被害を出すだろう。それではマズい。ここは、引き返そう。帰ればまた来られる。いい霧を待とう」

木村司令官の判断と決心は、駆逐艦長たちみなの心だった。上級司令部から「勇気がない」とか「胆ッ玉が小さい」などと批判されているなど、心外も心外。憤懣やる方なかった。

これが、中将旗を掲げた軽巡「多摩」が、一水戦の先頭に立つわけでもなく、遠くに離れるわけでもなく、なんとなく一緒に走っている理由だった。

「どうしても突入させねばならぬ。水雷戦隊が決行の判断ができないなら、オレが行って判断する」

五艦隊長官は、躍起になって、「多摩」に乗ってきた。

七月二十二日、出撃後から濃霧に襲われた。隊列から後落して行方不明になり、そのうち霧の中から不意に姿を現わし、避けるひまもなくぶつかった艦もいた。幸い大事にいたらずにすんだが、いよいよ二十八日がきた。

気象状況は、第一次作戦で引き返したときと、よく似ていた。決行するか、引き返すか、判断がほんとうにむずかしい。今日のように、気象衛星が上がっているわけはない。その上、キスカ島を敵艦艇が完全に取り囲んで、睨んでいる。味方機の援護はまったくない。霧に隠れないと、まるで勝負にならないピンチに立つ一水戦だ。いま、ここで霧につつまれていても、キスカまでの途中、スーッと霧が晴れたら、たちまち敵機に発見され、敵艦隊に追われ、全滅さえしかねない。

河瀬長官は、さっきから、「多摩」の艦橋で、黙々と立ちつくしていた。参謀長も、判断に迷っている。先任参謀は、どうしていいかわからず、気の毒なほど落ち着かない。

処置に窮した、というように、長官が越口航海長を顧みた。

「艦長を呼べ」

信号兵が航海長の意を汲み、横ッとびに艦橋の階段を降りかけて、危うく踏みとどまった。

神重徳(かみしげのり)艦長が階段を登ってきた。

「ぐずぐずしていたら、突入の時機を失しますよ」

鹿児島なまり。ドッと、示現流のひと太刀を振りおろしたような迫力だった。

そこへ「阿武隈」から「多摩」に信号。

「一水戦司令官発、第五艦隊参謀長宛

本日ノ天佑我ニアリト信ズ　適宜反転サレタシ」

どうぞもうお引き取りください、というわけだ。

「第五艦隊司令長官発

鳴神港（キスカ港）ニ進入任務ヲ達成セヨ　成功ヲ祈ル」

さきほどからの経緯をたどってくると、どうもこの長官の信号には重厚味が少ない。敢然とリーダーシップをとったともいいにくい。

奇蹟の撤退作戦

これからあとは、キスカから五千二百名の守備隊将兵を、一人残らず艦に乗せて無事幌筵に帰ってきた、いわゆる「奇蹟の撤退作戦」になる。

ここで「阿武隈」主計長だった二年現役の市川主計大尉（二十年五月主計少佐）の手記から拾う。現場で、ジカにその「事実」に触れてきた人たちが、ありのまま述べたものは、圧巻である。

――このあたり、日の出が午前一時（日本時間）。その『午前一時、総員起床。すぐに戦

闘配置につき、黎明警戒に入る』（手記）

洋上の日の出は、空と雲と陽の光の織りなす壮絶なドラマである。そのパフォーマンスに逢うことができたものは、選ばれた幸せ者。だが今は、天地すべてがただ一面の乳白色に閉ざされていて、それどころではない。霧に閉ざされないと、この作戦は成功しないのだ。

『午前三時、艦長以下総員が、それぞれの戦闘配置で黙禱。武運長久と作戦の成功を祈った』（手記）

この作戦の重大さと成功の可能性の少なさを、日本海軍でそれまでほとんど例を聞いたことのない戦闘配置についたまま神に祈ることで証明していた。

それから七時間。撤収部隊は、速力を十六ノット（二十九・六キロ時）から二十ノット（三十七キロ時）に上げ、キスカに向け、滑るように進んだ。――このあたり、いつもなら ば敵艦艇がかならずいるところだが、どういうわけか、今日はいない。

「おらんはずはないぞ。霧の中に、ボンヤリと見えてくる。輪郭はハッキリしなくとも、見つめていると、薄いながら黒っぽく見えてくるもんだ」

航海長が見張員を督励する。一時間ほど前、キスカの見張所から、二十キロほどのところに艦艇のスクリュー音が聞こえると知らせてきた。隊列の中の「島風」からは、近いところに無線電波を聴いたと報告があった。

「敵がいるぞ。よく見張れ」

そう注意しているとき、「阿武隈」の前甲板で姿勢を低くして見張っていた第一分隊長が、左前方に艦影を発見した。間髪を入れず魚雷戦の号令。ほとんど同時に六十一センチ酸素魚雷四本が突進していった。

『しばらくして爆発の大音響をきく。その後、敵から何の反撃もない。ふしぎに思っていると、ちょうど霧が晴れ、さっき艦影と見たものは、キスカ島の一端（キスカ湾の入口にある小キスカ島の小鳥岬）とわかる。緊張に充ちた艦橋に、一瞬、失笑のざわめきが起こる……』（手記）

その約二十分後、入港用意のラッパ。

『ついに敵に遭わないまま、待望のキスカ港に到着した。このころから、不思議に湾内の水面近い低いところだけ霧が晴れた。陸岸もハッキリ見える。絶好のコンディションとなる』（手記）

口ぐちに「天佑だ」「天佑だ」と叫び合いながら、コマ鼠のように走り回り、艦のそばに集まってくる舟艇の友軍部隊を迎え入れる。

そして、入港後五十分そこそこのうちに、約五千二百名の陸海軍将兵を、一人残らず収容。すぐさま出港、島の岸すれすれを通り、二十八ノット（五十二キロ時）に増速して幌筵に帰った。

五艦隊長官は、連合艦隊長官、軍令部総長に戦闘報告を送ったが、その後段に所見を加えた。

『思フニ本作戦ガ、濃霧ニヨリ敵機ノ活動全ク封殺セラレ、敵艦隊ノ哨戒マタ不備ナル好機ニ乗ジ得タルハ、全ク天佑神助ニ依ルモノニシテ感激ノ外ナシ』

これにたいし、古賀峯一連合艦隊長官は返電を送った。

『ケ号作戦ニ対スル各員ノ心労ヲ多トス。北方方面作戦部隊ハ今後ノ戦局ニ処シ、愈々(いよいよ)奮励モッテ任務ノ達成ヲ期スベシ。（七月）三十一日一〇一四』

そして、市川主計長の所見には、こうある。

『当時の一水戦乗員には、明るさと自信が充ち溢れていた。司令官木村昌福少将の統率下、一糸乱れぬチームワークであらゆる困難に打ち克ち、焦燥と精神的苦痛にも堪え、ただキスカ守備隊救出という一つの目的のために結集することのできた当時の一水戦将兵の崇高な誠心が、不可能を可能にし、天佑と幸運に守られたあのような奇蹟を現わした、といってもいいすぎではない。

振り返ってみると、あの作戦は、ほんとうに不思議なこと、珍しいことが続出し、しかもそれが、すべて作戦にプラスになることばかりであった。

たとえば、濃霧の中、艦の現在位置が確認できないとき、これではキスカへの針路を誤るのではないかと心配していると、突入の前日、二十八日正午ころ、数分間霧が晴れて視界がよくなり、太陽が顔を出して天測ができ、計算して正確な位置を求めることができた。

突入の日、「時間から考えてそろそろキスカ島とっつきの岬（西南端の七夕岬）が見えてもいいころだ」と艦橋で話しているとサアッと霧が晴れ、陸岸を確認、艦の位置を正確に知ることができた。その位置を基点にして、陸岸を二キロの距離に保ちながら、霧の中をさきに述べた高速で疾走し、無事にキスカ港に入港した。

濃霧の中での撤収――乗艦と決められた艦を見つけて発動艇を乗りつけ、縄梯子を登って艦内に移ることは、容易ではない。相手の艦を間違えたり、舟艇同士がぶつかったり、転覆したりしかねない。北洋の海は氷のように冷たい。落ちたら数分ともたずに凍死するから、恐ろしい。

その濃霧が、艦隊入港にタイミングを合わせ、着物の裾を端折るようにして、海面から晴れていった。艦が見える。艦からは近づいてくる発動艇が見える。予想もしなかったほど順調に、どんどん作業が捗り、五千二百人が、五十五分でそれぞれの艦に乗りこんだ』

『疲労の中にも喜びに満ちた守備隊の将兵が続々と乗艦してくる姿を見つめ、涙で頬を濡らしている温厚な渋谷（「阿武隈」）艦長の姿が印象的であった』

と手記にいう。それが指揮官としての渋谷紫郎大佐の心だったに違いない。

そして、さらに驚いたことに、「阿武隈」が最後にキスカ港を出るときには、ふたたび霧がかかり、港内は一面ミルクのような白一色に閉ざされてしまったのだ。

日本海軍の危機管理（リスク・マネジメント）

キスカ港を出て、来た道を逆に、距岸二キロを疾走しはじめて間もなく、「阿武隈」は右正横約二キロの霧の中に浮上潜水艦を発見。すわこそ砲撃しようとしたが、ジッと敵を見つめていた木村司令官の「撃つな」という制止が飛んだ。

「敵は気づいていないようだ。こんどは敵と戦うのが目的ではない。一兵も損せず撤収することが目的だ。このまま往く」

司令官の声は、確信に満ちていた。そのまま、高速で走りすぎた。敵潜水艦は間もなく潜航したが、基地に敵発見の緊急信を打った形跡も見えなかった。たしかに、敵は、木村部隊を味方の部隊と見誤ったのだ。

こんなこともあろうかと、軽巡の三本煙突を一本まっ白に塗って、霧の中では二本に見えるようにし、駆逐艦にはハリボテの煙突一本を「増設」、三本煙突に見えるようにしていた。マンマと敵をだますのに成功したのだ。

それ以上に、この撤退作戦には、普通に使っている暗号書を使わせず、この作戦だけに使う特別の暗号と略語を使わせた。

日本海軍暗号の解読に成功して、サンゴ海海戦、ミッドウェー海戦を爆破し、山本連合艦隊長官機を撃墜した米海軍だった。が、五ヵ月前（十八年二月）のガダルカナル撤退作戦、そしてこんどのキスカ撤退作戦のように、海軍の常用暗号書を使わず、たとえば、「（キスカ撤退作戦収容部隊のキスカ）入港予定時刻ヲ二時間繰リ上グ」を略語の「ヤ」、「三時間繰リ上グ」を「ハ」、「四時間繰リ上グ」を「ユ」などと決め、それを指揮官から作戦部隊、守備隊に電報したから、米海軍も手の打ちようがなかったようだ。

実際には、指揮官の五艦隊長官から両部隊に「ユ」が連送された。そこで木村部隊は、キスカ港に午後一時半に入港するよう、速力を二十ノットとし、守備隊はその時間に合わせて全員を海岸に集め、発動艇の全部を準備して、木村部隊の入港を手ぐすね引いて待っていた。

米軍は、「ユユユ」と連送されているのは傍受したろうが、それがまさか「入港予定時刻ヲ四時間繰リ上ゲ」る意味とは知らなかったろう。だからこそ、機密は十分に保たれ、米艦隊も、いや、米潜水艦も疑念を持たなかったのだ。

余談だが、日本海軍の危機管理（リスク・マネジメント）は、ほんとうにいい加減だった。

山本長官搭乗機が撃墜されたとき、中央と現地では暗号をとられたのではないかと疑い極秘のうちに調査を進めたが、結局のところ、山本長官の行動予定は機密程度の高い常用戦略暗号を使い、中央と各艦隊長官だけに知らせたもので、またこの暗号書は、解読しようにもきわめて困難で、かつ司令長官級の司令部だけに限定配布された高度のものである。これまでの実績から考えて、敵に解読されることなど考えられない、と結論した。

このとき南東方面艦隊長官草鹿任一中将は、一大勇猛心をふるい、山本長官の行動予定を送ったときと同じ暗号書を使って、「ムンダ基地ヲ視察ス」と電報し、電報で示した予定の通りに飛んでみたが、何の異変も起こらなかった。

そらみろ、だった。本件は、待ち伏せしたなどという計画的なものではなく、偶然に敵戦闘機に出逢い、撃墜されたものに違いない。

これで、山本長官機が敵機に撃墜されたことにたいする責任は、だれも負わずにすんだのである。いかにもお役所的ハッピー・エンドではあった。

トップのリーダーシップ

さて、話をキスカにもどすが、作戦指導について、おかしなことが一つある。

「一水戦は臆病だ。胆(きも)がすわっとらん」

上級司令部の幕僚が、そういって木村司令官を批判攻撃したことは、前に述べた。

この批判の意味は何か。

油がない。ソロモン戦線が急迫し、六月三十日には米軍がそのまん中あたり、ニュージョージア島に向かい合うレンドバ島に来攻、二週間後にはニュージョージアのムンダ基地に攻めこんできた。

南に火がついた。海軍は全力を挙げて敵を阻止、撃退しなければならないのに、キスカには軽巡三隻、決戦用駆逐艦十一隻がかかりっきりになり、足が抜けない。

大本営、連合艦隊司令部、五艦隊司令部は、ジリジリしていた。くり返すが、「帰ればまた来られる。ここは引き返し、いい霧を待とう」と引き揚げてくると、かれらは、「臆病者」と毒づく。

「少々の危険を冒しても断行しなければならない」

といいたいのだろうが、その少々の危険とは、どんな危険なのか。キスカに着くまでの間に霧が晴れているところがあっても、キスカに相当の霧があれば、ガマンして突進しろ、ということか。味方飛行機のカサはまったく望めないのと反対に、敵機は跳梁している。敵の重巡以下、軽巡、駆逐艦、潜水艦などが見張っている。

ガダルカナル戦では、敵のレーダーにあれほど痛い目にあったというのに、その戦訓はどうしたのか。いったい、撤収作戦の目的は何か。なにやら、一か八か、当たって砕けろ、砕けてしまえばそれで一件落着するではないか、というふうにも聞こえる。

海のことは、船乗りに委せることだ。中央勤めのエリートに、その微妙な状況判断と決心ができるわけはないのだ。

「一水戦の木村司令官に委せてはおけぬ」

と決心した五艦隊長官。

「水雷戦隊に胆なし」

と軍令部で言明した五艦隊参謀長。

「水雷戦隊が判断できないなら、（五艦隊）長官が行って判断すべきだ」

と憤慨した五艦隊先任参謀。

その三人とも、七月二十八日早朝、これから突入行動に移るか、日を繰り延べてもっと有利な霧が出るのを待つか、決断しなければならないときに立ちいたると、くり返すが、判断がつかなかった。ウツロな目をしていた。たまたま旗艦艦長だった神重徳大佐から、第一次ソロモン海戦「擲り込み」の余勢をかった一喝に逢い、我れに返って「ゴー・サイン」を出したのが実情だった。

作戦の目的に加え、指揮官の意図と決意を部将に十分に伝えたら、あとは部将に委せる。そこにトップのリーダーシップがあるのではないか。

玉砕の決意〈キスカ警備〉

——東港空派遣隊　吾妻新一主計中尉（東商大出身）の場合

キスカの印象

つぎに、目をキスカ島に移そう。こちらは、当然ながら、事態はもっと切実だった。

キスカには、述べたとおり、海軍五十一根拠地隊（五十一根と略す）、東港航空隊派遣隊（東港空と略す）と陸軍部隊が配備されていた。

まず、東港空にいた吾妻新一主計中尉。キスカの印象をこう語っている。

『キスカ島は酷烈な気候と予想していたが、（着任した六月末は）夏季でもあり、支給の陸軍式冬衣袴（冬衣ズボン）を着る程度で、特に寒さは感じなかった。

島の海岸地帯に幕舎が建てられていた。下は凍土で、溶けはじめ、ジメジメしていたが、空気が乾いているせいか、それほど苦にはならなかった。

海岸からの比較的なだらかな斜面には、ルビナス、すみれ、黒百合など、美しい高山性の野花が咲いていた。また暖流の影響もあって、付近の海には、鮭、鱈、鰈、若布、昆布などの海の幸が豊かだった。

敵の空襲といっても、一日一回、B17一機が超高々度から爆弾を落とし、急いで逃げていくくらいで、たいしたことはなかった。

着任早々は、空襲警報が鳴ると爆弾が自分のところに落ちてくるような気がし、一目散に仮設防空壕にとびこんだが、だんだん慣れ、敵機の爆撃針路、風向を見れば、だいたい爆弾が落ちてくる場所が見当つくようになり、あわてなくなった。士官らしい貫禄ができてきた。

こんなのんびりした生活が一変したのは、昭和十七年十月中旬だった。空母機四十機あまりが突然、来襲。味方の零式水上戦闘機十機の勇敢な奮戦で、敵機三機撃墜、味方は一機を失った。目の前で展開されたすさまじい空中戦を見ていて、搭乗員たちの優秀さと、零式水戦のたいへんな威力に感じ入った。

だが、土木機械では、日本はアメリカの敵ではなかった。かれらは近くのアムチトカ島にわずか三ヵ月で飛行場を造り、陸上機を飛ばしてきた。だが、キスカでは、十七年六月占領以来、設営隊が懸命の建設努力をつづけてきながら、最後まで飛行機を飛ばすことができなかった。またしても、制空権と制海権を一方的に敵に握られながらの戦いになってしまった』

飢え死にする前に

『十七年十一月に艦船による補給を受けたが、それを最後として、その後は細々と潜水艦による補給がつづき、十八年に入ると、守備隊の陸海軍将兵はいよいよ重大な決意を固めなければならなくなった。

通信諜報で、輸送船五十隻、サンフランシスコ出港の報が入ると、こんどこそ玉砕との決意を固め、最後は主計科分隊の先頭に立って突撃する覚悟を新たにした。そのとき果たして潔く死ねるかどうか、自問自答をくり返したものだった。

そのうち、輸送船到着予定の一週間が過ぎても敵が来ないときは、こんどもアムチトカへの補給だったのかとホッとし、しばらくの間、天からあたえられたわが生命を限りなくいつくしみ、一日一日をよく味わって過ごす。そんな日々が、ずいぶんつづいた。

十八年三月ころのある朝、海岸の岩の上に立ち、遙か南、故郷の方角に向かい、父母に別れを告げ、祖国の弥栄（いやさか）を祈ったが、このときの印象は、今日でも鮮烈によみがえる。

不思議なほどだが、いよいよ覚悟をきめる段階になると、人間、意外に強くなる。毎日を、そうアクセクすることもなく、トランプ、碁、将棋などを楽しむことができた。

よくわからないが、連合艦隊を神がかりともいえるほど信仰していた。われわれをかならず助けにきてくれる。見捨てられることはないと思いこんでいた。その上、食糧も、節約すれば七月までは何とか保つ、と確信していたからかもしれない』（吾妻手記）

——キスカ島守備部隊（第五十一根拠地隊）の主計長は、二年現役の連中が「本（ホン）チャン」と呼ぶ経理学校生徒出身の小林主計大尉だった。かれは、木村部隊が、第二次作戦開始から三回にわたって作戦を中止したことを思い、第一次作戦と同じことをくり返すのではないかと、ジリジリしながら待機していた。

七月十五日付小林手記。

『五艦隊の作戦が、こんな結果になるとは思わなかった。再挙を計ってはくれるだろうが、当てにはならぬ』

七月十六日付手記。

『生か死かの分かれ目に立ったときは、まず死を思えと、昔からの武士道は教えている。キスカも明らかにその死の道に進みつつある。敵にも、われわれが餓え死にする前に上陸してきてもらうよう、望みたいものだ』

七月二十二日付手記。

『作戦行動が結末のつくまで、記事を書くのをやめる』

あと一週間すれば、木村部隊がキスカ湾に乗りこんでくる。おそらく、連絡参謀が第二次撤収作戦計画をもたらし、主計長を含む守備隊全員が、急に生気を取り戻した、ということであろう。

ちなみにキスカは、アッツも同じだが、食糧事情は、それほど悪くなってはいなかった。補給が途絶えて、ストックが乏しくはあったが、このあとに出てくるガダルカナルの離島などとは、まったく違っていた。

主計長の義務〈占守島警備〉

——千島方根　神谷正一主計大尉（東商大出身）の場合

司令官を拝み倒して

キスカから撤収した守備隊員五千二百をまず受け入れたのは、千島列島の北端、幌筵のもう一つ北にある占守島だ。

ここには、千島方面根拠地隊司令部があり、主計長は二年現役の神谷主計大尉だった。

神谷主計大尉（二十年五月主計少佐）の手記——。

『ある日、司令官から科長以上の幹部が呼ばれ、撤退作戦の説明と受け入れ準備の打ち合わせがあった。

先任参謀（中佐）がいう。

「敵の警戒が厳重をきわめている現状では、守備隊の約半数（約二千六百名）が撤収できれば上々と考える。これにいくぶんのゆとりを加えて、約六割（約三千名）の人員について準備することにしたい」

宿舎、寝具、衣料、食糧などの主務者は、もちろん主計長である。このとき、私（神谷主計大尉）は、いま想い返しても不思議でしかたないのだが、「全員無事帰ってくる」と閃いた。そうだとすれば、全員分の準備をするのが、主計長の義務ではないか。

ところが、先任参謀の見通しを反論しようにも、科学的、合理的な裏づけがない。そこで、司令官（少将）を拝み倒すことにした。つまり、ぜひとも、全員無事帰ってくるものとして仕事させていただきたい。かりに全員帰れなかったとしても、この冬の越冬物資として使えるから、けっして無駄にはなりません、と力をこめた。

司令官は、しばらく考えておられたが、

「主計長。御苦労だが頼む」

と断を下された。

それからはもう大車輪だ。設営隊を叱咤し、機関長に協力してもらい、全力を挙げて作戦に間に合わせた』

いかにも海軍らしい話である。意見をいうときは言う。古参も新参もない。それらを参酌し、上司は慎重に決断する。こうして方針が決まったら、全員の力を集中して目的を達成する。

キスカから二隊に分かれて北洋を突っ走った木村部隊は、七月三十一日と八月一日、それぞれ幌筵に帰着、占守島に上陸した。

『夕闇迫るころ、占守島の海岸は、無事撤収して上陸した隊員でまっ黒になった。そして、かれらは整列し、隊長の号令にしたがって分列行進を行なった。銃も剣もない姿だったが、かれらは、死地を脱して生き得たよろこびで、目を輝かせ、力強く大地を踏みしめて歩いた。私は食い入るようにかれらの行進を見ていたが、われ知らず涙が頰を伝わった。

——よく無事で帰ってきてくれた。粗末だが、今夜から腹いっぱい食べて、暖かく眠ってくれ——』（神谷手記）

模範的労務管理

すがすがしい千島の勤務から、その後、神谷主計大尉は呉海軍工廠に転じ、会計部購買課部員となる。この「キスカ」の項には関係ないが、本稿のテーマと関わるので、簡単に寄り道する。

『工廠勤務は、ブが悪い。従兵もいないし、勤務時間は長いし、それに部下がいろいろな人種から成り立っているので、部下の管理がいたってむずかしい。

まず当惑したのは、女子挺身隊の扱いだ。呉市の良家の子女ばかりである挺身隊には、気を使った。女学校の先生のような公平無私の行為を、あえて遵守することにした。だれにも公平一途というのは、神ならぬ身の、なんと味気ないことだったか。

次に、どんどんふえてきたのが、徴用工である。昭和十九年になって入ってきた人たちは、身体が悪くて兵隊に行けぬ人ばかりで、しかも事務などしたことのない、個人営業の呉服屋、クリーニング屋、飲食店の主人や使用人といったところが多かった。

戦争が進むにつれ、それもだんだん年輩者がふえ、自分の親父に近いほどの者を、たくさん使う身となった。よい年をして寮住まいをさせられているかれらは、何かと理由をつけて郷里に帰りたいと願い出た。

家族の死亡など、よほどのことがないと許可しない立て前になっていたので、それを断って、いい親父さんに泣かれ、困り切ったことがしばしばあった。

しかし、それよりも真剣に取り組まざるをえなかったのが、今日でいう南北朝鮮の労務者の問題だった』（神谷手記）

簡単に状況をいうと、造船関係の材料係をしていた昭和十九年の春ころ、神谷主計大尉の部下として、この朝鮮人労務者約五十名が配属された。

この人たちは、他の部門にも配属されていたが、話を聞くと、どうも評判がよくない。逃亡者が多いとか、勤務に不熱心だとかいう。

労務者の中には、班長が二人いて、日本語が話せ、若いが真面目で誠実。なかなか好感の持てる青年たちだった。

神谷主計大尉は、この二人を軸に、何とか模範的な労務管理をしてみたいと思い立ち、まず労務者たちを見直すことからはじめた。

身なりはヨレヨレのスフで、とくに履物がひどかった。

そこで、材料係に、労務者用に配給された地下足袋を用意させ、書記や工長に相談の上、優先的に労務者に回すことにした。

さすがに、目のつけどころがよかった。かれらの喜びようは想像を越えていた。作業に積極的、意欲的に協力するようになり、地下足袋の枠外配給にブツブツ言っていた工廠勤務者たちは、これらの労務者がどんどん働くので、仕事が捗(はかど)って大喜び。廠内の人間関係もすこぶるうまくいった。

もちろん、一人の逃亡者も出なかった。

ところが、二十年になり、呉工廠内の水雷部材料主任に転じたが、こんどは、だいぶ様子が違った。

水雷部にも六十名ほどの朝鮮人労務者と三名の班長がいたが、極端な物資不足で、地下足袋の配給などとんでもない。その上、ほとんど一方的な空襲で一トン爆弾を投下されていたから、秩序を保ちながらかれらを働かせるのは、容易なことではなかった。

主計少佐に進級していた神谷主任は、考えた。これは、どれほど訓示をしても、役に立たない。しかし、かれが少佐であり、高級幹部の一人であることは、襟章を見れば、だれにでもわかる。その少佐であるかれが、かれらの中に入り、その先頭に立って働けば、かれらも安心して随(つ)いてくるだろう。

ちょうど水雷部は、疎開がはじまり、素材や工具の移動で忙しかった。かれは、仕事のひまを見ては現場に来、重い部品をかれらとおなじように運んだ。部員や書記からは、主任は現場で運んだりしないでくれ、という声もあったが、無視した。労務者たちは、かれが顔を出すと安心して働きはじめる。その様子を見ると、こんどは、出ていかないわけにいかなくなったという。

海軍組織の中の、なんとも人間ッぽい、みごとなリーダーシップだが、かれは、その結末をこう書いている。

『戦争が終わった。工廠の内外に広範囲に疎開した材料倉庫には、毎日のように物盗が襲い、倉庫員は身の危険を訴えてきた。そのような騒然としたある日、明るい顔をした労務者の班長たちが現われた。

「神谷少佐。たいへんお世話になりました。私たちは、朝鮮へ帰ります。御健康を祈ります」

私はおどろいたが、

「一生懸命働いてくれて、ありがとう。無事お国に帰って、ご家族と一緒に暮らして下さい」

と挨拶を返した。

班長たちは、これで勤めのすべてを終わった、というふうで、いかにも嬉しそうだった。

しかし私は、かれらと一緒に作業した日々を思い浮かべ、かれら以上に満足であった』

3　ガダルカナル攻防戦

画一教育の果実たち

ガダルカナルは、太平洋戦争の作戦指導の特徴である、不意を討たれた「不用意作戦」「手ぬかり作戦」の見本であった。

ミッドウェーも、じつはこれに似ていたが、こちらは、「不用意」というより「驕り作戦」であり、タイミングを合わせようとするあまり、「手ぬかり」ではなく「手抜き作戦」だった。

しかもガダルカナルは、日本海軍を半身不随にした「命とり作戦」だったが、作戦がはじまった当時は、ほとんど誰も、これが命とりになろうとは予想もしていなかった。

つまり、作戦の価値をだれも測ることができなかった。

日本海軍は、このときでもなお、海軍は戦艦主兵の艦隊決戦を戦って、日本が勝つ、いや、それにしか、日本の勝ち味は求められない、と思いこんでいた。

異端を唱える奴らは、無視するか罵倒するか。相手によっては殴り倒しても、黙らせる自信を持っていた。

海軍の環境条件と教育方針とが、世間と没交渉、ないし交流のきわめて薄い閉鎖社会を作り上げた。

世間を「娑婆（しゃば）」と称し、世間を知り、世故に長（た）けた者を「娑婆気（け）たっぷりな、海軍（ネイビー）らしからぬ嫌なヤツ」とした。「娑婆気を抜く」ために、鉄拳制裁でもやろうという気構えだった。

全国の中学から、トップを含めて少なくとも十番以内で卒業したエリートを集め、さらにそれを、「娑婆」から隔離した江田島の別天地で、文武両道にわたり、三年あまりをかけて磨き上げた。海軍特有の熱心な生涯教育で、年を重ね、軍歴を経るにつれ、いよいよしっかりした、立派な海軍指揮官ができあがった。

しかし、教育の内容から見ても、かれらは一方的注入方式による画一教育の果実たちだった。一つの考えを信じこみ、それ以外、耳を貸さない。戦争がはじまり、日本が口火を切って大艦巨砲から航空主兵に戦争の様相を急転させたというのに、大多数の者は、終戦期になるまで、その考えにとらわれ、脱皮することができなかった。

信じられない事態だったが、ガダルカナルの六ヵ月も、その認識の上に立たないと、理解できず、納得できない。

それにしても、教育とはおそろしいものだ。多数の人間を、天国にも地獄にも向かわせる。

軍令部八課

ガダルカナル問題は、「不用意」からはじまった。

開戦前の研究や、決定された作戦計画によれば、南東方面で占領すべき範囲は、「ビスマーク諸島の要地」までとなっていた。ラバウルのあるニューブリテン島、カビエンのあるニューアイルランド島などがそれにあたる。ガダルカナル島など、そんなソロモン諸島の南端に近いところまで手をひろげようとは、考えてもいなかった。というより、どこまで占領するか、範囲をキチンと決めないままで、開戦してしまった。

だから、軍令部八課、いかめしくいうと大本営海軍部情報部英国と属領・南方地域担当課の後任部員で、作戦資料の整備を受け持たされていた私は、ほとんどノベツきりきり舞いをさせられた。

「何月何日、ニューギニアのラエ、サラモア攻略部隊が出発する。それまでに、陸上の地図と兵要資料を用意してくれ」

「そんなこと言っても、戦争がはじまっている。オーストラリアまで地図を買いにいくわけには、いかんのだ」

「ナニィ? 大海令(大元帥陛下の大命による大本営海軍部命令)で命じられた作戦をやるなというのか!」

「おいおい、そうトンがるな。商社の人や在留邦人が持ってないか、調べてみる。それからの話だ」

作戦部隊の連中は、気が立っている。すぐ大声を挙げる。こんな無準備な戦争をはじめるから悪いのだ、と文句をいうと、間一髪、何をいうか、と大海令を持ち出して噛みついてくる。

だが、私がそんな大口を叩けたのは、じつは、二年現役の永井明雄主計大尉が、軍令部八課に配属され、私のところで研究をつづけていてくれたおかげだった。

「学究」という言葉を人間にしたような、頭のいい、立派な青年紳士で、たった一つの欠点は、書いた字がボキボキしていたこと。

「永井大尉。こりゃ何という字だ」

深読みできぬいつもの無遠慮さでそう聞いたら、顔を赤くして謝られ、こちらがかえってドギマギした。

海軍では、士官は字が下手なものと相場がきまっていた。

「なんだキサマ。士官らしくない字を書くな――」

キレイな字を書くとは何ごとか、という叱られようである。

ちなみに、ガリ版にみごとな達筆で、「大海令第一号　山本連合艦隊司令長官ニ命令」とか、「機密連合艦隊命令作第一号　連合艦隊命令　対米英蘭戦争ニ於ケル連合艦隊ノ作戦ハ別冊ニ依リ之ヲ実施ス」とか書いたのは、兵から上がった下士官（兵曹）、でなければ下士官から上がった准士官（兵曹長）。

「士官なんかに書けるもんか」

永井大尉の字に文句をつけた私は、不謹慎きわまる無躾者であり、永井大尉は赤くなる必要などなかったのだ。

かれの仕事ぶりは、抜群だった。イギリス海軍とイギリス空軍を一人で調べ上げ、背にした大型書類ケースを、類別し、インデクスをつけたファイルでいっぱいにした。量だけからいっても、六、七人分の仕事であり、質を考え合わせると、優にその二倍、三倍の内容だった。

驚いてしまった。人のキャパシティーは、だいたいこんなものだ、とタカをくっていた私は、シャッポをぬいだ。

それ以後、私は、すっかり二年現役びいきになり、したがって、私の二年現役評も、いささか甘いものになるかもしれない。

といっても、かれらが経歴からしても、学校出の同年輩の士官たちより、ずっと姿勢が柔軟であり、視野が広かったことは、確かである。これは、けっして甘すぎる評価ではない。

サンゴ海海戦の勝敗

ガダルカナルにもどる。

ガダルカナル攻防戦は、まったく、瓢簞から駒が出たようなものだった。

真珠湾とマレー沖は、そうではなかった。だが、昭和十七年四月のドゥリトル本土空襲、五月のサンゴ海海戦、六月のミッドウェー海戦、そして、八月のガダルカナル戦――いいかえれば、日本海軍が所在の米軍に勝てる力を十分に持っていた「最高に恵まれた時期」、日本海軍の指導者たちは、申し合わせたように奇妙な作戦指導の方法をとったのである。

　おそるべき想像力と構成力を働かせ、米軍のとるべき行動を、まるで米軍の心を見通したように推定して、すごいシナリオを描き、そのシナリオにもとづいて作戦計画を立て、行動した。しかし米軍がそのとおりに動かなかった。そのため、コト志と違い、思ったほどの戦果が挙がらなかったり、大敗北を喫したりする結果になった。

　かれらは、ほんとうの意味での情報収集、評価判定、判断、決心という経過はとっていなかった。

「敵の情報なんか、どうせわかりゃあしない。情報を集めようなどと考えて、そのために攻撃力を割くより、敵のいる根拠地に向かって全力を集中、その不意を衝く方が、遙かに有効だ」

　貧乏海軍の「寡をもって衆にあたる」作戦と、情報を集める努力をサボるのとを、ごっちゃにした言い方だが、真珠湾の成功以来、何やらこれが、すっかり説得力を持つようになった。

　一網打尽主義だから、敵をその日で発見し、確認しようという地味な情報収集努力に、力が入らなくなる。

　もう一つ。日本海軍は戦術面には力を入れるのに、戦略面にはあまり関心を持たない。「海戦要務令」という虎の巻にも、「戦略とは、敵と隔離してわが兵力を運用する兵術」とあるだけで、ふつう言うような、「戦術と総合し戦争を全局的に運用する方法」とは考えなかった。これも貧乏海軍の辛さだろうか。戦略をそんなに広く考えたら、戦場が広大になりすぎて、艦も飛行機も人も油も予算も足りなくて動かせなくなる。

というよりは、世界の人たちに目を見張らせた、三十七年前の日本海海戦。海戦の完全勝利で日本は世界三大海軍国の一つになったが、その海戦は、対馬海峡の狭いところで、相手を見ながら大砲を撃ち合って日本が撃ち勝ち、勝負がついた。

つまりは、海戦の大部分が「敵と接触してわが兵力を運用する兵術」――戦術場面で戦われ、そこでの「わが兵力の運用」よろしきを得て、勝った。

その後、三十数年間、日本海軍は、「日本海海戦大勝利の栄光」をふたたびすることを唯一最大の目標として、作戦研究と教育訓練に熱中してきた。もちろん、熱中した場面は戦術場面であり、戦略場面としては、海軍式狭義の戦略場面をほんの申しわけに添えていただけだった。

十七年五月六日から八日にかけてのサンゴ海海戦では、日本側は、空母「翔鶴」が修理に三ヵ月かかる大損害を受け、飛行機約百機を失ったが、米側のレキシントンを撃沈、ヨークタウンには修理に三ヵ月かかる大損害をあたえた。前日に軽空母「祥鳳」を沈められていたが、差引勘定すると、日本側は空母「翔鶴」はケガしたが、「瑞鶴」が無疵で、沈没したのは「祥鳳」だけ。米側は大型空母レキシントンが沈み、ヨークタウンは大怪我をした。

「この勝負は、したがって日本軍の勝ちだ」

そういって、大本営は勝ちいくさの発表をした。ところが、米側も勝ちいくさの発表をした。

「日本軍は、ニューギニアのポートモレスビーを占領しようとサンゴ海を南下してきた。それを米艦隊は撃退。かれらは、ついに海路ポートモレスビーを占領することを断念、陸路の作戦に切り換えざるをえなくなった」

日本側は、戦術場面だけを見て、勝ったといい、米側は戦略場面から、勝ったといった。どちらが正しかったか。

レキシントンが沈んだのは、米側にとって痛かったようだが、替わりにヨークタウンを超突貫工事により三日で修理し、ミッドウェー海戦に間に合わせた。

日本側は、「翔鶴」の修理に三ヵ月かかった。ばかりでなく、飛行機と搭乗員の立て直しにも三ヵ月かかった。いや、それよりも、ポートモレスビー占領が不可能となって、大策源地のオーストラリアから大兵力で衝き上げてくる米軍の大攻勢が防げなくなった。戦略的に、明らかに日本の負けだが、日本では、ほとんどだれも、それを言わなかった。

飢餓の島〈ガダルカナル飛行場建設〉

――十三設　千代豪一主計大尉（大阪商大出身）の場合、

ガダルカナル、その戦場の狭さ

ガダルカナルを発見し、手を着けたのは、日本海軍部隊だった。

モレスビー攻略が、サンゴ海海戦の結果、海上からはできなくなり、陸上から作戦することになったが、その間に、一部の作戦部隊がガダルカナルに陸上飛行場にするのにちょうどいい平地があることを発見。

「これはいい。ガダルカナルに陸上基地を造れば、米本土からオーストラリアに行く交通線を遮断する作戦に使える」

オーストラリアの東方洋上にあるニューカレドニア、エファテ（ニューヘブライズ諸島）、フィジー諸島、サモア諸島を攻略、飛行機隊と守備兵を配置すれば、オーストラリアに米本土からの人や軍需品が入らなくなる。米豪遮断作戦（FS作戦）である。

そこへ、六月五日、ミッドウェー海戦で惨敗。主力空母「赤城」「加賀」「飛龍」「蒼龍」

が沈んでしまい、FS作戦どころではなくなった。サンゴ海海戦で戦った生き残りの主力空母「翔鶴」「瑞鶴」は、損傷修理と航空部隊再建にあと二ヵ月かかる。

これほどまでに手足をもがれては、どんな工夫をしても、山本長官は積極作戦をすることができない。膝を抱えてジッとしているほかない。

その間、ともかくガダルカナル飛行場の建設を急ぐことが大切だ。

ガダルカナルには、設営隊（第十一設営隊千三百五十名、第十三設営隊千二百二十一名）が七月六日に上陸。スコップ、ツルハシ、鍬、鋸、鉈といった、ひと昔前の土木作業要具、それにいささか機械化されたロードローラー、ミキサー、トラック、手押しトロッコとレールなどを持つ人たちが、海岸から約二キロ入った平らなところのココ椰子を切り払い、整地し、飛行場建設を急いだ。

先年、私はガダルカナルを訪ねたが、そのとき、降りたヘンダーソン飛行場がそれだった。立派に舗装された滑走路を歩きながら、これを奪い返そうとして果たさなかった二万七千を超える将兵の無念を思うと、どうしても、足を停めて黙禱しなければそこを歩けない気持ちがしたものだ。

島に来て何よりも驚いたのは、飛行場を含めた戦場の狭さだった。北に開いた海岸から、南に聳える山地に入るまで約十一キロ、東西約五十キロ。ちょうど三日月を横に寝かせたような格好をしている。

ソロモン政府発行の精細図で測ったから、数字は間違っていないはずだ。

それにしても、そんな狭いところに、日米約九万の軍隊が対決しながら、米軍に奪い取られた飛行場から米軍機がたえ間なく日本軍の頭の上を飛びまわったら、どんなことになるのか。

ムチャクチャである。

キスカでは、前にも述べたが、守備隊の指揮官が連合艦隊司令部に出かけ、

「こんな北のはずれの孤島で、飛行機を持たずに人間だけおっても、何の役にも立ちませんよ。敵の飛行機に頭の上を飛ばれたら、手も足も出ない」

というのを聞きとがめた参謀長が、一喝した。

「そんなときは、穴掘って潜(もぐ)っとれ」

帰ってきた指揮官は、顔色を変えていた。

「なんだ、あれ。日露戦争じゃないか。あれで作戦指導するんだから、勝てるわけない」

そうだ。アリューシャンでは、キスカは撤収できたが、アッツは全員玉砕。ガダルカナルでは、日本海軍ただ一つの実力部隊である連合艦隊の、背骨を折ってしまったのである。

指揮官先頭・岡村徳長の統率

ガダルカナルで働いている第十三設営隊(十三設と略す。他もこれに準じる)の隊長は、岡村徳長少佐。軍令部作戦部で、開戦前後には作戦課長、終戦前からは作戦部長(少将)にすすんだ富岡定俊大佐とは同じクラスだが、岡村少佐は、

「海軍で岡村徳長を知らない奴はモグリだ」

といわれるほどの豪傑だった。

腕の確かな戦闘機乗り。酒が滅法強い。一升瓶をカラにしたあと、丼めしに茶の代わりの酒をかけ、サラサラとかきこむのが、いつものことだったという。

その酒の上の破天荒のふるまいで、岡村は「士官の体面を汚した」としてクビになった。そして戦争で召集され、第十三飛行場設営隊長を命じられた。

そしてガダルカナルに進出すると、一緒に進出した十一設と滑走路をどちらの方向に向けて造るかで、さっそく意見が対立した。

十一設の隊長は大佐だった。十三設の岡村隊長は、少佐である。十三設は、十一設の指揮に従わねばならぬことになるが、大佐は、上級の航空戦隊司令部の指示どおりに造ろうとし、戦闘機乗りの岡村少佐は、反対する。

「飛行場は、飛行機乗りが飛びやすく、使いやすいように造らないと、役に立たない。ムダ骨を折るだけだ」

それでも、大佐はウンといわない。官僚軍人らしく、指揮権をふりかざし、有無をいわさず、従わせようとする。

岡村にすれば、十一設の大佐は、海軍兵学校ではかれより二年下級生だった。予備役にされたために数年進級が遅れたからといって、急に上官カゼを吹かすとは何事だ。

「よオし。それなら考えがある」

対岸のツラギに渡り、飛行機でラバウルに飛び、司令部にねじこんだ。もともと古参大佐のクラスで、しかも腕の立つ戦闘機乗り出身だから、論旨にスジが通っている。若い参謀には手にあまる。かれは、押し問答の末、「岡村少佐の意見通りにすべし」という命令を書かせ、意気揚々と引き揚げてきた。

十三設の士気の上がるまいことか。

十三設主計長だった二年現役の千代豪一主計大尉の手記にも、その気持ちが躍っている。

『……（十三設）本隊は輸送船四隻をもって、六水戦の護衛の下に七月六日ルンガ沖に到着。先陣を承り、軍艦旗と共に先頭の舟艇で上陸したが、海岸に到着直前、B17の爆撃を受け、一目散にジャングルに駆けこんだ。（前任地の重巡）「三隈」の艦橋では、（敵機の爆撃を受けても）泰然自若として、われながら肝がすわっていると思っていたが、（そうではなく、逃げようにも）逃げ場がないための諦めからだったことが、よくわかった』

いかにも率直で、好感が持てる。

『輸送船から海岸まで三百メートル。桟橋一つない海岸での揚陸作業だ。周囲の島々から集められた数百の原住民とともに、昼夜兼行で荷揚げを急いだ』

ここの原住民は、大部分がメラネシア族。温和な褐色系の人たちだが、ときたま中に黒色系で、全身に墨を塗ったような人がいる。

夜、私は、ガダルカナルで、車で道を急いでいて、危うく人とぶつかりそうになった。今

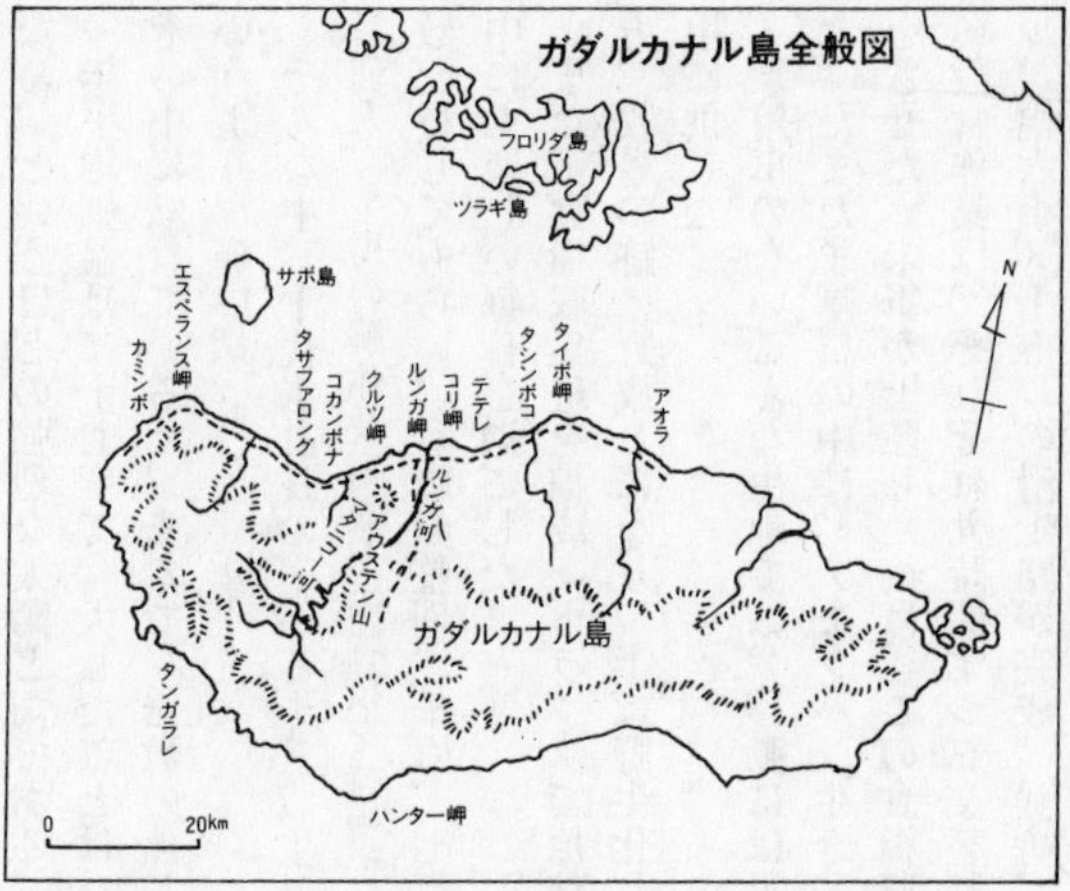

ガダルカナル島全般図

思ってもゾッとするが、そのとき、自動車のライトでは、人の姿を闇の中から浮かび上らせることができなかった。闇の中を、ヒラヒラ動くパンツに気づいたのがよかった。あいにく、パンツが白くなく、ライトの中に際立たず、急停車して、はじめて危機一髪の状況がわかり、胸撫でおろした経験がある。

かれらは、方言のようにして、ピジン・イングリッシュを話す。髪の毛を、「グラス・ビロン・ヘッド」（頭に属する草）といったりされて面食らうこともあるが、少し慣れると、見当だけはつくようになる。

十三設の千代主計大尉たちは、おそらくこんなふうにして意思を疎通させていったのだろう。

問題は、ここでは野菜がとれないこと。

ドラム罐に捨てたらしい椰子の実が二つ。それが今では亭々と聳えて、ドラム罐をあちこちで破裂しそうにまで変形させながら、ちゃんとそこに存在していた。

いや、葱が根木になり、小松菜が松の大木になる、というほどの強烈な太陽と雨である。

年平均気温は二十七度で、大したことはないようだが、直射日光の強いこと、無類である。その中に立っていると、まるで、無数の熱した針を皮膚に打ちこまれているようで、暑いというより、痛い。

そんな中、千代主計長の率いる十三設主計科には、下士官兵のほかに、徴用の軍属（魚屋、料理人、牛馬の解体技術などの特技を持っている者が多かった）、作業員として原住民を、多数配員してもらい、倉庫の整理、千六、七百人分の炊事、防空壕掘りなどに当てた。多忙な中にも楽しい毎日を過ごした。

『また、食糧収集班を編成、トラックで原住民の集落を探し出して生鮮品と物々交換し、一方、牧場の跡に野放しになり、半ば野生化した牛や馬を発見すると、馬は乗馬用に、牛は食用に供した。

乗用車のないこんな生地では、移動には馬が一番で、岡村隊長も作業指揮に馬を使っていた。たまたま軍属の中に、ノモンハン生き残りの騎兵曹長あがりがいたので、馬の飼育管理をさせた。米軍が上陸した後は、この食糧収集班が大活躍をすることになった。

設営作業は、それぞれ九時間ずつ二交替制で突貫工事。八月五日までには長さ八百メートル、幅六十メートルの滑走路が完成。兵舎、無線施設のほか戦闘機用掩体（えんたい）六ヵ所もでき、岡村隊長は馬に乗って現場を回り、激励した』（千代手記）

馬に乗れば、部下から、指揮官がどこにいるか、よくわかる。指揮官先頭——は、海軍の本質であり、特徴である。いつも先頭の、敵がもっともよく見えるところに立ち、的確な判断と命令を出す。そして、部下を統率し、鼓舞する。

思いこみ、誤認、誤判断

もともと十三設は、米豪遮断作戦（FS作戦）でニューカレドニア島の首都ヌーメア航空基地を整備設営に当たるのを目的として編制された。技術科士官三名（少佐一名、大尉二名）、技師一名、技手五名の下に、施設関係の工員や軍属、工廠関係の工員、概数でそれぞれ千三百五十名、百五十名を持つ。いわば、設計段階から自主自立的能力のある優れた設営隊だった。

その価値の大きさを端的に表わしたものは、十三設には陸上用電探二基が装備されていることだった。

そのころ電探は、日本でなかなかできず、「米軍は電探を持っているのに、味方は持たないから負けるのだ」と、各部隊から渇望されていた。それを、日本海軍で三番目に十三設に装備したのだから、海軍として、どれほどこの設営隊に大きな期待をかけていたか、知れようというものだ。

八月五日、戦闘機用の飛行場が完成した。七月六日に上陸する途中から、米大型機の空襲を受けたが、じつはその後も、ほとんど毎日のように敵機が来て、大小の被害をあたえていった。

空母部隊が来襲したわけではないので、ラバウルの司令部はそれほど重要視していなかったようだ。

その八月五日、朝起きてみると、異変が起こっていた。ここ一ヵ月、使ってきた原住民の寝泊まりしているテントが、もぬけの殻。一人もいない。

少し敏感な人なら、

「すわこそ敵来攻か」

と直感。即、警報を発したろうが、なぜそうしなかったかといっても、それは結果論だ。ラバウルから南、ソロモンからガダルカナルあたりは、ニューギニア東岸とどっちどっちの地球の裏側。人影もまばらな辺境の地、という根強い意識がある。

「まさかこのあたり、敵が攻めてきたりするはずはない」

と考えている。

悪いことに、中央で昭和十八年以降にならねば、敵は本格的反攻をする力はない、という情勢判断が公式文書として公布されていた。

事大主義は、官僚的判断のならいで、十八年から後にならねば、敵は反攻してこない。反攻してきたら、それは本格的反攻ではない。ちょっとした、自国民にアピールするためのジェスチャーにすぎない。だから、反攻しても、すぐに引き揚げるものだ。

――そう、固く信じていた。

信じてそう思いこむと、そのときから、もう目が見えなくなる。いや、見ようとしなくなる。

信じるのはいい。しかし、信じた次の瞬間からつづいて、周囲の現実に目を注ぎ、遅滞なく変化をとらえ、その変化に対応できるように、判断評価をそのたびに改訂していかなければならない。そうしなければ、変化に取り残され、実態からほど遠い誤認、誤判断をすることになる。

ガダルカナルからソロモンにかけて、日本海軍が存在意義を賭けていた連合艦隊の背骨を折り、取り返しのつかない失敗をした原因は、この思いこみと、誤認、誤判断にあった。

しかも、大本営はもちろん、実戦部隊の上級司令部、つまり連合艦隊司令部、各艦隊司令部、航空戦隊司令部のエリート幕僚たちがそう思いこみ、誤認し、誤判断したから、どうしようもなかった。

八月五日朝、原住民が一人もいなくなっても、だれも気にしないのが当たり前だ。

米第一海兵師団上陸す

その二日後、七日未明、艦砲射撃と艦載機の銃爆撃に援護された米第一海兵師団一万九千名が、飛行場近くのレッドビーチに、一気に上陸した。

かれらは、日本兵精鋭五千が待ちかまえている、と誤判断して、その四倍近い部隊を持ってきた。日本兵の実数は、陸戦隊二百四十七名という小人数だったが、そのくらい、日本兵を恐れていた。

この戦争で、はじめての本格的な陸上戦闘だった。かれらは、日本兵は鬼より強い、と思いこんでいた。

八月七日（上陸当日）の夜と八日の夜、カサッと草の葉音がしても、

「日本兵だッ」

と金切り声をあげ、メチャクチャに発砲。たちまち銃声砲声のルツボとなった。

――キスカでも同じような話があった。

日本守備隊が撤退に成功した翌日（七月三十日）、米駆逐艦二隻はだれもいない日本軍陣地に各二百発の砲弾を撃ちこみ、八月二日には戦艦二隻、軽巡三隻、駆逐艦九隻で三十六センチ砲（戦艦主砲）以下二千三百十二発を発砲。その後二週間は、封鎖中の駆逐艦が砲撃をつづける。八月十日は重巡二隻、軽巡二隻、駆逐艦五隻が砲弾六十トンを撃ちこんだ。

八月十四日、上陸した米軍は、陸兵三万四千、うち五千三百はカナダ兵だった。かれらは、上陸三日目に日本軍の宿営地に到着、犬三頭のほか一人残らず撤退してしまっていることを発見する。

が、それまでは大変だった。ことに夜、日本兵が、いつ、どこから姿を現わし撃ってくるかと、ビクビクものでいるところへ、だれのミスか、

「パパーン」

銃声が聞こえた。とたんに、銃声が起こった方向に向けて、あちこちの闇から猛烈な銃火が飛んだ。銃声がやむまで撃つから、ものすごい同士打ちになった。

このときの米軍の損害は、死者二十五名、負傷者三十一名。

これくらいの損害ですんだのは、まったく、不幸中の幸いだった、という話である。

――ガダルカナルで米兵に落ち着きが出てきたのは、八月八日、かれらが飛行場を占領し、捕虜を得て、その口から、日本兵の実態をつかんだあとのことである。

「海軍守備隊は、マタニコー河（戦場の西を、北に流れてガダルカナル北方海面に流れ入る）に退却した。守備隊の人数は二百人前後。あとは丸腰の設営隊だ」

かれらは、ゲッと驚いた。信じられない。第一海兵師団の精鋭一万九千が挑戦した日本兵は、なんと二百人しかいなかったのだ。

ところが、意外にも日本側は、この来攻を気にもとめなかった。

「なあに、ヒット・アンド・ランだ。一過性だよ。敵が来攻するまでには、まだ十ヵ月ある」

あわてるな。くり返すが、昭和十七年三月に大本営連絡会議で決定した情勢判断に、そうなっていた。

『……米英は戦力向上の時機と見て枢軸（日独伊）に大規模攻勢をかけるだろう。このため、日本にたいしては、ソ連、シナと提携、大陸方面から直接中枢部を衝こうとする一方、豪州とインド洋方面から主力をもって戦略要点を奪回反撃してくる公算が大きい。そして、その大規模攻勢を企てうるようになる時機は、昭和十八年以降であろう』

つまり、

「敵は十八年以降にならねば、大規模攻勢をかける力は持てない」

「敵が十八年以前に攻勢をかけてきた場合、それは大規模なものではありえない」

この判断は、大本営が下したもので、誤判断などありえない。すなわち、大規模に見える敵の反攻でも、実態は本格的反攻ではない。ヒット・アンド・ランにすぎない、というのである。

こうして筋道を追っていると、日本軍幹部の情報感覚の貧困さに、開いた口がふさがらない。いや、情報感覚が貧困というよりは、思いこみの強さはどうだろう。過信が驕りとなって、思考を停止させている。

現場では、タカをくくっていた設営隊の人たちが、あまりにも長い時間、砲爆撃がつづき、飛行機が機銃掃射をくり返し、午後には、

「敵大挙上陸しつつあり。戦車も揚げている」

と報じてきたので、腰を上げた。

「いかん。退がろう」

夜にまぎれ、飛行場を棄てて西に向かう。ガダルカナル（ガダルと略す）で一番大きなルンガ河を渡ってさらに西進、もう一つのマタニコー河の左岸に出、そこに集まって、ジャングルの中に海軍本部を置いた。

主計長の気配り

不運とか幸運とか言っている場合ではないが、十三設は飛行場付属施設、たとえば誘導路、道路、橋、通信施設などの建設を担当させられ、十一設は滑走路の建設にかかっていたこともあって、十三設の宿舎は、海岸から離れた内陸の方、十一設のは、海岸近く、椰子の植林地の中にあった。

米軍が上陸するときは、まず上陸地点を猛烈に砲爆撃する。だから、寝込みを襲われた十一設の方はたまらない。パニックを起こして散り散りばらばら。だれがどこにいるか、生死のほどもわからなくなった。

十三設は、海岸から離れているので、海の様子が見えない。わりにノンビリして、防空壕の中に隠れていた。だから、西に向かって移動するときは、案外に落ち着いて行動できた。

こうして新しい陣地に移動を終わると、つぎは、食糧の手当をしなければならない。

それには、海岸寄りに植林されたココ椰子の実を主食にした。汁を飲む。ただし、この実が、数個、三十メートルもあろう幹のテッペンに、長大な葉といっしょに実っているから、幹を揺すぶって振り落とす以外、落とす手はない。原住民の手を借り、頂上まで登ってもらわないかぎり、叩き落とすことは物理的にムリである。

実が地面に落ち（これが下手に頭に当たったら、人間、生きてはいられない）、芽が出ようとするころ、実の中の果肉（コプラ）が養分に消費されて、カスカスになる。それを、十三設では「椰子リンゴ」と呼んだそうだ。

そんなことで、この植林地（プランテーション）を離れられない。もっと南に下がり、ジャングルの中に入ると、敵の目をくらますことはできても、主食を失う。ばかりか、海水からの塩も手に入らず、生きていけなくなる。

手榴弾を使って魚をとった。大うなぎ、鰐、蛇、一メートル以上もある大とかげ、なまけもの、おうむもとった。猛獣、毒蛇のいないのが、幸せだった。

しかし、このとんだロビンソン・クルーソーのような生活も、九月まで。それ以後、第一次、第二次、第三次と味方部隊の増援がすすみ、ガダルの総人口がふえるにつれ、「ガ島」は「餓島」になっていった。

「このあたりは、椰子のプランテーションだった。ふだんは、だれも住んでいなかった。椰子の管理と収穫のために、ときおり、ツラギ（ガダルの対岸、フロリダ島南岸の良港）からレーバー（労務者）が来て、仕事が終わるとツラギに帰った。戦場には、だれもいなかったはずだ」

私が戦後、ガダルを訪ねたとき、米軍と戦った日本兵と原住民とのいきさつが知りたくて、老人を見つけては話を聞いた。

激戦に巻きこまれ、生命を落とした人がいるのではないか。

「そりゃあ、軍隊にレーバーで働いていた者の中には、爆弾で死んだ者もいたが、それはしようがないよ」

「戦闘がはじまる前、ソロモン政府から指令が出て、住民は山（ジャングルにおおわれた山岳地帯。島の南部）に避難した。流れダマで怪我した者はいるかもしれないが、死んだ者は、いないと思う」

「日本兵で、原住民の顔を見た者は、いなかったと思う」

などと答えてくれた。

そのときは、日本から勢いこんで飛んでいったのに、何やら肩すかしを食ったようで、がっかりしたものだが、考えてみると、これほど日本にとって幸せなことはなかったのだ。

さて、千代主計長のところでは、タバコは二、三日できれたそうだ。涙ぐましい努力が、そこからはじまる。

まず、米軍から失敬してきた紅茶の葉ッパ。それからパパイアの葉。だんだん程度が落ちて、いろんな木の葉。最後には木屑を手製のパイプに詰め、煙を出し、それで満足していたという。

酒は、まったくない。

それにしても、十三設の人たちは、マッチないし火種を、よく準備していたものだ。それだけ、主計長の気配りが行き届いたということだろう。野戦、しかも雨露にさらされるところでは、マッチを濡らさないことが何より大事である。めいめいのタバコの火種を絶やさずにおいたとは、たいしたものだ。

ジャングル生活にも慣れ、体力も残っているころ、器用な者は碁石、将棋の駒、麻雀の牌まで作り、けっこう楽しんでいたという。

海軍の下士官や兵は、さすがに船乗りである。殺風景な艦内生活を、工夫して、じつに上手に楽しむ。手先が器用で、何かゴトゴトやっていると、すぐに碁盤や将棋盤を作ってしまう。

かれらは、士官を同居人だという。

「下士官兵と士官とは違うんです。士官は一、二年で転勤する。下士官兵は、同じ艦に五年も十年もおる。下士官兵は艦の家族だが、士官は同居人です。艦にたいする気持ちが違う。下士官兵は、城を枕に討ち死にするんです」

特攻に出て、危うく生還した戦艦「大和」の下士官の言葉だった。艦内生活を精一杯生きようとする心が、活き活きと語られている。

そのうちにガダルでは、医薬品がすっかりなくなった。窮すれば通じるのか、椰子の実からとったコプラを砕き、黒こげにすると、下痢止めに効いた。椰子の果汁と海水をうすめ、それを煮たたせて注射すると、効き目があった。痩せ衰えた隊員が、少しでも元気になろうと、連日、医務室は長蛇の列で、軍医長は多忙をきわめた。

熱帯性のマラリアや悪性の下痢に、ほとんど全員やられた。栄養失調になっているとき、マラリアの発作を数回くり返すと、たいてい死んだ、という。雨が降っても、日が照っても、隠れるところのない原始生活。よく頑張ったものである。

全軍突撃〈第一次ソロモン海戦〉

――第八艦隊旗艦「鳥海」矢作光悦主計大尉（東大出身）の場合

警備担当のアンバランス部隊

八月八日夜の第一次ソロモン海戦は、この人たちのすぐ目の前で戦われた。まっ暗な闇にはためく砲声。爆発の大轟音。火の玉の中に浮かぶ艦のシルエット。たちまちそれがまっ赤になって、火の粉を空にムチャクチャに撒(ま)きちらし、つぎの瞬間には、暗闇の中に消えていった。

すさまじい死闘が、海岸近くから見ている人たちの目の高さで戦われた。それまでだれ一人として見たことのない光景だった。

列車が目の前を走り去る。

このとき、レールと同じ高さに目を据えたら、どれほどの迫力を見る人にあたえるだろうか。

もちろんガダルのかれらは、躍り上がった。

「大勝利だ。さすが連合艦隊だ」

とるものもとりあえず、十三設はむろん、十一設や陸戦隊は、飛行場を奪還しようと打って出た。マタニコー河西岸の陣地から、川を渡り、東方のルンガ河をめざして急進出を開始した。

ところが、意外も意外。マタニコー河を渡って東岸に立ったと思うと、たちまち圧倒的な砲火を浴びた。

「敵だ」

「何だ、これは。こんなに敵がいたのか」

マタニコー河の西岸に、引き揚げるほかなかった。

さて、その海上部隊、第八艦隊旗艦「鳥海」に話を移す。

八艦隊は、この七月十四日、新しく編成されたばかりの部隊で、南東方面の警備を担当する。

司令長官は三川軍一中将だが、幕僚がすごい。参謀長大西新蔵少将は、海軍大学校（海大と略す）を出てドイツに駐在したトップクラスの俊才で、軍隊教育学の泰斗でもある。

先任参謀は神重徳（かみしげのり）大佐。海大を首席で卒業、ドイツに駐在。十四年（開戦二年前）からずっと軍令部（大本営海軍部）作戦課部員、翌年からは作戦班長として海軍作戦をリードした。

八艦隊が新編されたので、そこから横すべりしてきた。

作戦参謀大前敏一中佐は、海大次席卒業。アメリカに駐在。十四年から海軍大臣直接のスタッフである軍務局員、それも中核となる第一課で、開戦前後を通じ、何よりも重要な海軍編制の主務局員だった。

だが、この八艦隊は警備を担当する。連合艦隊決戦部隊のように、自主的な攻撃作戦を担当するのではない。というので、部隊の編制は貧弱だった。

旗艦重巡「鳥海」は、完成後十年の、人間にしてみれば、まず四十歳の働き盛り。「古鷹」クラスの重巡四隻を集めた六戦隊各艦は、みな四十代後半。

このあたりまでは、連合艦隊決戦部隊の一員で、いわゆる「月月火水木金金」の猛訓練をくり返し、どんな場面でどんな強敵に遭っても、これに勝つだけの技量と自信を持っていた。

だが、つづく軽巡「天龍」「夕張」、駆逐艦「夕凪（ゆうなぎ）」は、古かった。それぞれ二十三年、十九年、二十二年という、六十代の老武者たち。もちろん、決戦部隊ではなく、防備ないし警備をする後方部隊に加えられていた。

連合艦隊決戦部隊なみに、猛訓練に励むなど、機会もないし、予算もない。平時ならば、軍港の片隅につないで、予備艦か、それに近い退屈な月日を送っている身分だった。

八艦隊に戻って考えると、典型的なアンバランス部隊である。それが、突然、おっとり刀で突撃するハメになった。

司令部では、老武者三隻には留守番をさせ、若い者——重巡五隻だけで行こうと計画した。そうしないと、足手まといになるばかりか、味方全体が危険に陥りかねない、と考えた。

それを聞いて、老武者三隻が怒った。代表が八艦隊司令部に乗り込んで、一緒に連れてい

けと膝詰め談判である。神参謀、大前参謀が、いろいろなだめる。が、
「もし自分たちがその三隻に乗っていたら、やはり同じように司令部に乗り込み、連れてい
けと膝詰め談判したに違いない」
と同情しているから、なだめても迫力がない。結局、三川司令長官の決断で、みな連れて
いくことにした。泣く子と地頭には勝てぬという、アレである。
そのとき、条件をつけた。
普通なら、軽巡二隻、駆逐艦一隻のグループだから、本隊の重巡部隊の前を警戒しながら
走るものだが、必要な訓練も調整もしていない。やるにしても、時間がない。そこで、本隊
の後から来い、ということにした。
妙な格好の戦闘隊形ができた。
しかし、神先任参謀は、
「進むか退くかに迷ったら、進め」
という積極論者である。

ミッドウェーの二の舞い

このとき、八艦隊司令部付として、他の幕僚たちといっしょに「鳥海」に乗っていたのは、
二年現役の矢作光悦主計大尉（二十年五月主計少佐）だった。
かれの手記を見てまず驚かされた。それは、八月八日夜半の第一次ソロモン海戦——敵警

戒駆逐艦の後をすりぬけ、敵艦隊を闇の中に発見して、

「全軍突撃せよ」

と命じた。その十五分あまり後、左舷から四発の命中弾を艦橋に受けたが、それまでの間、作戦室の通路、艦橋甲板やその後方につづく旗甲板には、見物人が溢れていた、ということだ。

その中には、司令部の主計兵や電信兵もいたらしい。まっ暗なところだから、どれがだれか見定めることはできなかったようだが、だいいち、見物人が艦橋甲板に溢れていたことが、穏やかでない。船乗りの初歩的な心得に違反する。

艦内では、口笛を禁じている。

艦長の号令を艦内に伝えるとき、サイドパイプという特殊な号笛を、ピッと吹いて注意をうながす。口笛はサイドパイプとまぎらわしい。緊急のとき、艦長の号令を聞き落としては、艦の生命、つまり乗組員全員の生命を危うくする。

艦橋では、また、私語を禁じている。

艦橋は、航海中、戦闘中とも艦の頭脳であり、意志決定の中枢で、すべての号令、命令の発信地である。適時、最善の判断によって命令を下し、敵を攻撃し、あるいは自艦を危急から救い出す――そのどれをとっても、艦橋に詰める全員が、艦長の言葉や行為に耳目を集中している必要がある。

心の緊張と、艦橋の静けさが、何よりも大切な理由である。

戦闘のまっさいちゅう、艦橋が見物人で溢れていたとは、心の弛み、ここにきわまる、というべきだろう。

つまり、真珠湾以来、日本海軍の心のタガはすっかり緩んでいた。それは、士官も下士官兵も同じだった、ということだ。

艦橋左舷側から四発の敵弾が直撃、死傷者が出ると、潮が引くように見物人の影が減ったそうだ。さすが、二年現役主計課士官の目は確かだ。よくそこまで見ていたものだ。

八艦隊司令部では、戦闘を終わり引き揚げるとき、「鳥海」艦長早川幹夫大佐が、

「まだ作戦目的を完全には達成していないので、もう一度突入しましょう」

と強く三川司令長官に進言したが、容れられなかった。

理由は、翌朝に予想される敵空母機の攻撃によって、ミッドウェーの二の舞いとなるのを恐れたこと、魚雷をほとんど使ってしまったこと、「鳥海」の艦橋作戦室に敵弾が命中、海図類を失ったことなどによるといわれた。

理由のうち、魚雷の件は誤認で、まだほぼ半数が残っていた。ここで失った海図類は艦橋作戦室にあったものだけで、他の海図は残っていた。またもし「鳥海」の海図を全部失ったとしても、六戦隊旗艦重巡「青葉」に部隊を先導させれば、何も痛痒は感じなかったはず、という研究もある。

要は、

「敵空母機の空襲を受けたら最後、ミッドウェーの二の舞いになる」

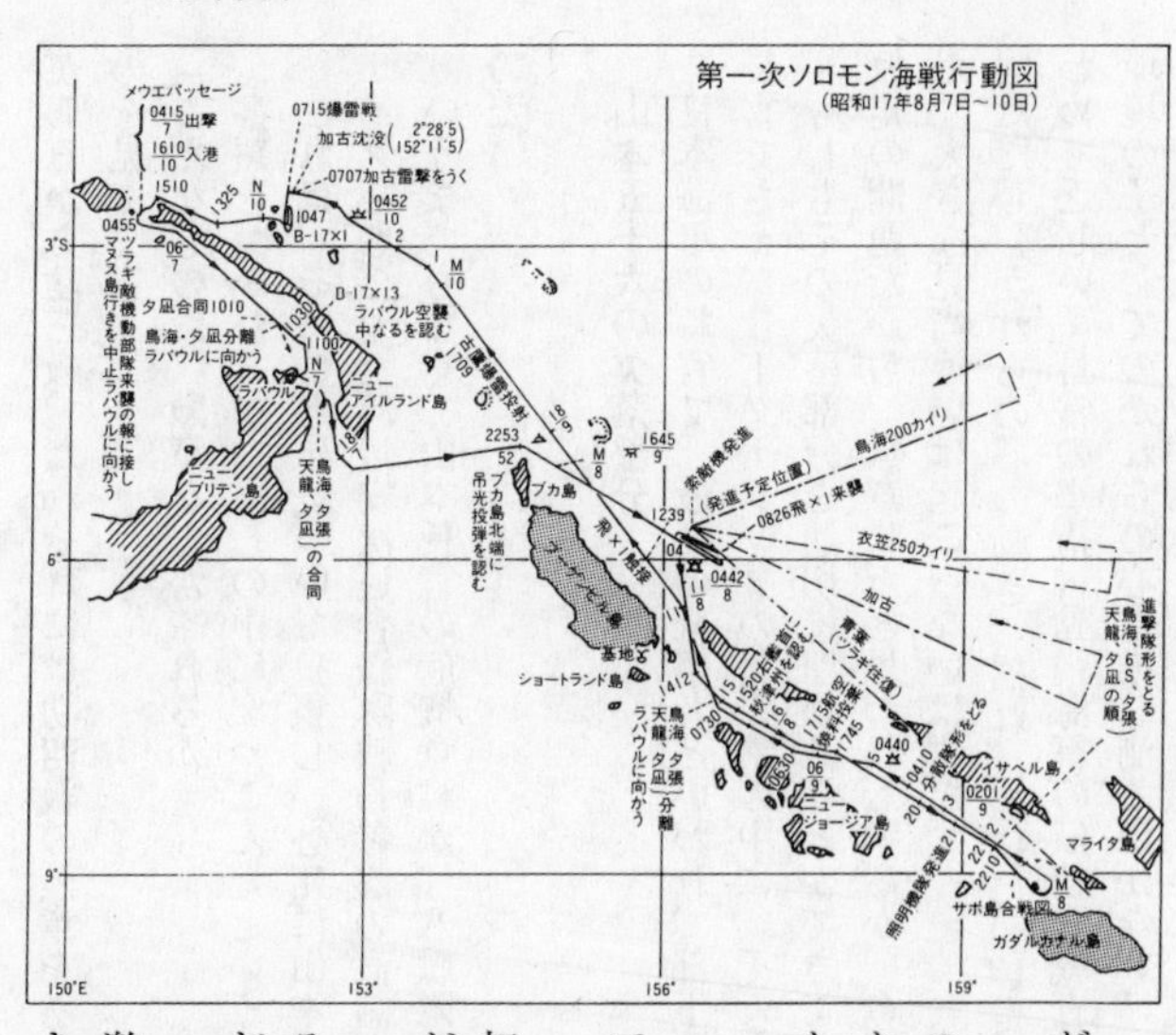

というのが、もっとも真実に近い理由だったろう、と考えられている。

こうして引き揚げてくる途中、六戦隊の重巡「加古」は、ラバウル近くまで来た早朝、敵潜水艦の雷撃をうけ、沈没した。

「加古」砲術長によると、

「その当時は、乗組員は疲労の極に達していて、警戒にも緩みがあったようだ」

という。ほとんど信じがたい話だが、初陣とはそんなもの。緊張続きで、精根が尽きたのだ。

だが、戦場には、不眠不休はザラである。不眠不休くらいで腰砕けになって、どうするものか。

山本長官は、この引き揚げを聞いて、激怒したという。八艦隊から上げられてきた功績調書で、だれそれはどんな功績

があるから功三級、だれそれには功四級の勲章をあたえてしかるべし、などと具申しているのを見て、

「こんなものに、勲章なんかやれるか」

書類をつかむと、抽出しの中に突っこんだという。

これは、そのことに気づいて狼狽し、必死に山本長官を説得、やっとのことで提出書類にサインをもらった渡辺安次連合艦隊戦務参謀の直話だった。

いうまでもなく、山本長官の危機意識が、八艦隊首脳に伝わっていなかったことが問題なのだ。

山本五十六の欠落部分

日本海軍の将官で、最高の統率者といわれ、部下たちすべての「希望の星」であった山本長官でさえ、リーダーシップの諸要素の中に、そんな欠落部分を持っていた。

もしもその欠落部分を適切に埋めることができていたら、どんなことになっていたろう。仮定の問題だから、無意味だと思われもするが、今日では、ほとんどの状況が明らかになった。大きな見当違いは起こらないはずだ。

ただし、かれらの心の動き、揺れ、起伏については、「正直に」語られた談話や手記がきわめて乏しい。日常の挙措言動、海軍の伝統や教育、艦内生活、時代背景などを網羅した、環境の子としてのかれらの心を推し測るほかない。

たとえば、真珠湾。

山本作戦の中枢とされる真珠湾作戦でも、かれの部将、南雲機動部隊指揮官は、真珠湾を予定された計画どおり攻撃したあと、再度の攻撃をせず、そのまま回れ右して引き揚げてきた。

作戦行動中は、敵にこちらがどこにいるかを摑まれないよう、無線を一切打たず封止する。だから、南雲部隊がいまどこにいるか、何をしているかは、旗艦「赤城」に電報を打って聞くわけにもいかず、聞いても返事をするはずはない。

ただ、この場合は、米海軍のハワイ放送と民間のラジオ放送が、いきいきと状況を語っている。

米海軍司令部は、暗号に組む時間もないとみえ、平文の緊急信で、ドンドン電報を打った——総艦艇に真珠湾から出港せよと命じたり、真珠湾の南方に敵輸送船がいる、とか、敵味方の区別がつかない軍艦六隻がいる、とか。それに、機動部隊攻撃機隊からの、

「ワレ敵戦艦ヲ雷撃、効果甚大」

「ワレヒッカム飛行場ヲ攻撃、効果甚大」

などという電報が混じって、まるでハワイからの実況中継放送を聞いているようだった。

「大成功だ。大損害をあたえている」

血湧き肉躍るふうで、ジッとしていられずにいる参謀たちが、不審を持った。

「南雲部隊は再度攻撃をしないのじゃないだろうか。作戦計画には、なるほど攻撃を反覆せ

よとは書いてないが、計画を立案したときには、これほどにも奇襲が成功するとはだれ一人考えていなかった。このような事態になったら、反覆攻撃をやって戦果の拡大をするのが常識だ」

「南雲さんは、やらんのじゃないか。南雲さんはもともとハワイ作戦には反対だったし、何かと抵抗してきた経緯がある」

どうも南雲部隊は、第二撃をしないまま避退しているらしく、ハワイからは、再度攻撃を受けているらしい電報は何も来ない。

幕僚は、あわてた。時間はどんどん過ぎ、これから電報を打っても、攻撃は夜になる。ないしは翌朝になるが、こんな機会は二度と来ないかもしれない。

たまりかねて、山本長官に具申した。

長官の対応は、意外だった。

「もちろん、それをやれば満点だ。私もそれを希望するが、それに被害の状況もまだ少しもわからんから、ここは機動部隊指揮官にまかせておこう」

三和義勇作戦参謀は、そう手記したが、黒島亀人先任参謀の言い方は、ちょっと違った。

「閫外の任（軍を率いて外地に出征した将軍の任）にある機動部隊指揮官にまかせておこうといわれ、私の提出した第二次ハワイ攻撃に関する発令案は採用されなかった」

佐々木彰航空参謀は、山本長官が、

「南雲はやらないだろう」

と洩らすのを聞いた。

いい換えれば、山本作戦の中核となるハワイ作戦では、連合艦隊の最高指揮官と、その作戦を担当するかれの部将との意思疎通と信頼関係が、まるでうまくいってなかったことになる。

山本のリーダーシップには欠陥があった、といってもよい。

横山一郎少将は、山本長官について、

「統率は申し分のない立派なものだが、作戦は落第」

と歯に衣着せない。だが、その統率――リーダーシップにも盲点があった。人間関係のなかで、意思疎通の部分。コミュニケーションというよりは、好き嫌い、信頼関係。まずその間に十分な信頼関係が成り立っていず、こいつ嫌な奴だと思えば、心を開かない。打ちとけた話もしない。ムッツリと押し黙って、ニコリともしない。それでは困る。

かれは「無口」で通っていた。

ただ、かれの好む将棋など、もっとも得意とするホビーを、部下の幕僚たちと楽しむときは、気が向けば、喋り(しゃべ)まくった。

「敵は新兵器を装備してきたぞ」

山本が大声で指さす対戦相手の参謀の両耳には、医務室から持ち出した脱脂綿が、こぼれるほどに押しこまれていた。

「長官の喋られるのが耳に入って、頭がまとまりません。これは、正当防衛です」

山本は、怒ったフリをする。

「何をいうか。砲弾雨飛の戦場では、キミは頭がまとまらんというのか」

和気靄々というべきか。これが山本の盲点だった、という人もあるが、ともあれ、主将と部将の意思疎通を欠いたまま、ハワイに失敗し、ミッドウェーに失敗し、サンゴ海に失敗し、ガダルカナルに失敗する。

第一次ソロモン海戦で、早川「鳥海」艦長が強く意見具申したように、一回戦場を走り過ぎただけでは、いわゆるヒット・アンド・ランで、どうしても討ち漏らしができ、「作戦目的」を完全に達成することはむずかしい。

出発前の作戦打ち合わせで、八艦隊司令部は指揮下の各指揮官に、「第一目標は敵輸送船」であることを、とくに強調していた。だが、第一次ソロモン海戦で、それまでに叩き伏せた敵は、軍艦ばかりで輸送船ではなかった。輸送船は、その位置からいうと少し奥にいた。護ってくれていた海軍艦艇を片端から沈められ、いわば裸のまま放り出されていた。

「日本艦隊がもう一度突っこんできたら、われわれは皆、沈められてしまうだろう」

だれも指揮してくれる軍人がいないというのに、船団の上空には日本の飛行機がハリつき、ときどき眩しいほどの凄い吊光弾を落として船団のありかを知らせている。生きた心地もなく、ただ泊地のあたりをウロウロ動いているだけだった。

しかし三川長官は、前に述べた理由で、意見具申を斥け、引き揚げを命じた。

これについて、戦闘が終わったあと、その艦船、航空隊が戦闘状況の詳細を提出する「鳥海戦闘詳報」で、早川艦長は憤懣やるかたない気持ちをぶつけ、つぎの戦訓所見を書き加えた。

『一　ツラギ海峡夜戦（第一次ソロモン海戦）ニ於テ敵艦隊ヲ撃滅シ得タル際、再ビ泊地ニ進入、敵輸送船団ヲ全滅スベカリシモノト認ム

(イ)　一般ニ小成ニ安ンジ易シ

ツラギ海峡夜戦ニオイテ我艦隊ハ敵艦隊ヲ撃滅シタル際、ナホ残弾ハ六割以上ヲ有シ、被害マタ軽微ナリキ。ヨロシク勇気ヲ揮ヒ起シ、再ビ泊地ニ進入、輸送船ヲ全滅スベキモノナリト確信ス

(ロ)　同輸送船ニハ、ガダルカナル基地ヲ強化スベキ人員資材ヲ搭載セルハ明カナリ。マタコレヲ全滅セル場合、敵国側ニ及ボスベキ心的影響ノ大ナルベキハ、察スルニ余リアルトコロナリ』

じつは、このとき山本司令部では「八艦隊は引き揚げ電報を打ってきたが、まだ作戦目的を達成していないから、ショートランド基地で補給の後引き返し、もう一度戦場に突入するつもりだろう」と思いこんでいた。

だから、命令したり、指示したりはしなかった。

ところが八艦隊は、ショートランドを通り越し、北上するうち、前記の重巡「加古」が敵潜水艦にやられ、そのままラバウルに入ってしまった。

「作戦目的を達成せずに、何だ」

これが、先の山本長官の怒りにつながるのである。

だが、くり返すようだが、こんなことは、後になって怒ってみても、どうしようもないのだ。事前に、最高指揮官の意図、狙いを十分に説明し、徹底させておくしかない。徹底させないのは、最高指揮官が悪い。それでは、最高指揮官の責任を果たさないことになるではないか。

撤退命令〈ガダルカナル警備〉

——舞四特　荻野輝三主計大尉（東北大出身）の場合

腹が減っては戦ができぬ

つぎにガダルカナル戦の終末期にかけて戦闘に参加した舞鶴鎮守府第四特別陸戦隊（舞四特）主計長荻野輝三主計大尉の手記で、ガダル放棄撤退直前の状況を再現したい。

『——十七年十二月（撤退の約一ヵ月前）ころは、戦死者、戦病死者（熱帯性マラリア、アメーバ赤痢に罹った者を主とする）は、ふえる一方で、食糧は減り、軍規も乱れた。

年が明けた一月半ばころ（撤退の約半月前）、撤退援護のため、精鋭の陸軍矢野大隊と憲兵が上陸してきた。

出迎えた陸兵たちは、憲兵には丁寧に挨拶していたが、一方で、矢野部隊の食糧をかすめとって引き揚げた。のち、憲兵は激怒したが、どうすることもできなかった。

「武士は食わねど高楊枝」といわれたが、とにかく「腹が減っては戦ができぬ」のが現実だった』

その一月、「舞四特」は撤退を命じられた。

荻野主計大尉は、約二ヵ月前、ジャングルの中でP38双胴戦闘機の機銃掃射を受け、四発が右大腿部に命中、二日間も出血が止まらぬ重傷を負った。しかし、そんなことをいってはいられない。

負傷者だからと、本隊の出発より三日前、他の負傷者やマラリアで気の狂った者など四十人を引率させられ、三日間、毎日十二キロの道を歩いた。杖をつき、喘ぎ喘ぎ歩いた。途中、マラリアで気の狂った者が逃げ出し、全員で探しまわるハプニングもあった。

撤退部隊の集結地とされたカミンボは、ズングリしたサツマ芋を転がしたような形をしているガダルカナルの、西北端あたりにあった。このあたりは、それまで海軍部隊がいた戦場からすると、人家もない、深いジャングルに閉ざされた山である。

そこに行くには、ジャングルの中を突っ切ればよいが、一ヵ所、どうしても海沿いの絶壁の下を通らねばならないところがあった。

「これは危険だ。あの道を昼間通ったら、沖合いの敵駆逐艦に狙い打ちされる。どんなに急いでいても、あそこはかならず夜、通れ。そうしないと、死ぬぞ」

せっかくここまで生き延びて、島から撤退しようというとき、その前に死なせては、あまりにも可哀そうだ。

そう思って、かれは、同じことをくどいほど繰り返した。

だが、かれの指示を無視した陸軍部隊に、ひどい目にあったところが出た。かれらは、昼間、その切り通しを歩いた。そして敵の砲撃を浴び、全員戦死した。

　夜、灯火を出さず、海の薄あかりを頼りに切り通しを歩き、荻野主計大尉の率いる約四十名は、ふたたびジャングルに入った。折りから雨季で、泥濘膝を没し、負傷と栄養失調と、もう一つ赤痢に悩まされていた荻野大尉の体力では、突破できる難関ではなかった。

「気力を振るい起こせ。生死が、ここで分かれる」

　かれは自身を叱咤し、とにかく、歩いた。

　その泥濘の中に、立ったまま死んでいる陸軍兵士たちに、数多く出合った。

　このようにして、かれら四十余名は、やっとのことでカミンボにたどりついた。

　そして、二月一日、迎えにきたわが駆逐艦に助けられ、無事、撤退することができたが、駆逐艦に助けられ、ホッと安心したあまり、空腹を訴え、駆逐艦乗員の好意で腹いっぱい米の飯を食べ、そのまま死んだ者が何人かいた。

『ほんとうに、哀れというほかなかった』（荻野手記）

4　ソロモン諸島攻防戦

日本海軍最大の失策

ソロモン諸島は、戦場でさえなければ、いわゆる南海に浮かぶ真珠。それが、ブーゲンビル島を頂点として左右二列に分かれ、ほぼ千百キロ（青森から下関までの直距離）にわたって北西から南東に点綴する。

北東側の列には、北からブーゲンビル、ショアズル（チョイセルとも呼んだ）、イサベル、マライタの諸島、南西側の列には、ベララベラ、コロンバンガラ、ニュージョージア、ガダルカナル、サンクリストバル諸島がつづく。

赤道多雨地帯にあるので、島々はみな熱帯雨林で覆われる。戦後、私はブーゲンビルから南西側の島沿いに、チャーター機でガダルカナルまで飛んだが、この濃緑の熱帯雨林、つまりジャングルは、いまにも吸いこまれそうな、ブラックホールが青黒い口を開けているような、なんとも気味悪い存在だった。

ただ、高度をもう少し下げ、海の色の変化が見えるところまで降りていくと、飛行機の窓から飛び出していきたいくらい、美しい情景が連なっていた。ことに、ベララベラ、コロンバンガラ、ニュージョージアの三つのグループは、島の一つ一つに首飾りをかけたようにサンゴ礁をめぐらし、岸辺に発達した礁湖が陽光に輝き、目が釘づけになってしまう。

「ここは難所です」

私のすぐ前に座っているオーストラリア人のパイロットが、笑ってみせた。

「通るたびに美しさが違うのです。つい、ワキ見運転をして。危なく落っこちそうになったりして」

いや、これから時計を四十何年もどして、ここがもっとも苛烈な戦場であったころ、若かった主計中尉たち何人かの働き、リーダーシップを描こうとする。

島々の平和な、半ば眠ったような今日のたたずまいが、そのころはこの地で人間の能力の限界を試されていた。その生死を賭けた正念場を、かれらはどんな発想と行動で乗り越えていったのか。

ガダルカナルを撤退した後、日本軍は、中部北部ソロモン諸島方面と、東部ニューギニアのラエ、サラモア方面に向け、兵力を増強しはじめた。その方面で、米軍の攻勢を食い止め、南東方面の戦略態勢を立て直すつもりだった。

だが、日本軍が南東方面に顔を出した昭和十七年四、五月ころと、ガダルカナルを敵手に渡した十八年四、五月ころとは、一年しかたっていないながら、状況は思いもよらないほど大きく変わっていた。

最大の理由は、飛行機のための中間基地が、必要な時に必要な場所になかったこと。それと、もう一ついえば、飛行機と搭乗員、つまり物と人とが、航空主兵の戦争形態に、つまり大量生産、大量消費に適合していなかったことである。

そして、その基礎となる考え方、認識の誤りがあった。

明治時代、たとえば日清、日露戦争など大艦巨砲が主兵であったころは、攻撃しなければ勝利は得られなかった。防御をいくら固めても、攻撃しなければ勝てない。「攻撃は最良の防御」であった。

ところが、航空主兵時代になると、価値観がガラリと変わる。日本海軍最大の失策は、この航空主兵の時代になったというのに、依然として大艦巨砲時代の考え方、認識を変えず、変えないばかりか、それを盛んに振り回したことである。

前時代のモノサシ（価値基準）を振りかざして新時代に立ち向かう。戯画的にいうと、ドン・キホーテとその従者サンチョ・パンサ。これを滑稽というのは不謹慎だ。あまりにも真面目で真剣で、悲痛である。国運を賭し、生命を賭けた戦争だから、なおさらである。

価値観のすれ違い

ラバウル（ニューブリテン島）を占領したのは、開戦一ヵ月半後の昭和十七年一月二十三日。向こう隣のニューアイルランド島にあるカビエンの占領と同時だった。

開戦当初の、堰を切った水のような勢いで南進していった日本軍が、開戦前に立てていた綿密な計画どおりに進撃し、占領した。アッという間もなかった。相手の準備ができていないところを狙いすまして急襲するから、真珠湾や南方と同じだ。相手は鎧袖一触でやられてしまう。

海軍は対米作戦を遂行するための策源地として、トラック諸島を死守しなければならなかった。トラック基地を失えば、米艦隊を西太平洋に迎え撃ち、唯一の勝つ手である艦隊決戦に持ちこむことができなくなる。

だが、トラック基地は、南側が弱い。敵がアメリカ一国ならばまだしも、イギリスも敵に回した以上、豪州が戦略的に巨大な対日反攻基地になる。この豪州から衝き上げてくる敵反攻勢力を、ラバウルで防ぎ、撃退しなければならない。

その目的で、南雲部隊まで動員し、一気にラバウルを占領した。

こうしてラバウルに入ってみると、さすが南東随一の戦略要点といわれるだけあって、大艦隊が安全に停泊できる良港であり、平地も十分で、戦闘機はむろん、陸上攻撃機の大部隊も展開できる。

ところが、占領直後から連日のように敵機が空襲してくる。十七年二月二十日には、敵空母部隊も空襲をしかけてきた。地球の裏側にある人跡まれなところのつもりでいたのが、被害もふえるし、このままにはしておけなくなった。

こんな辺鄙なところに進出したというだけなのに、敵が躍起になって妨害する理由が、日本軍には読めなかった。いや、読まなかったと言い換えた方が、正しいかもしれない。日本軍は、不思議なほど戦略情勢には無頓着だったから。

連合軍側は、そのころ、米本土から南太平洋回りで、フィリピンを含むアジア方面に、兵力や物資を増強していた。ラバウルに進出してきた日本軍は、だから脅威だった。

「おそらく日本は、ラバウルを拠点として南に下り、この交通路を遮断しようとするだろう」

この日本軍の動きはニミッツ米太平洋艦隊司令長官がキング米作戦部長から受けた十六年十二月三十日付の命令に挑戦するものだった。

ニミッツがキングから受けた命令には、こうあった。

一、ハワイからミッドウェーにいたる線をカバーし、確保するとともに、米国西岸との間の交通線を維持する。

二、できるだけ早く、ハワイからフィジーを含みサモアにいたる線をカバーし、確保するとともに、米国西岸と豪州の間の交通線を維持する。

これを米国側に立って言い直すと、アラスカのダッチハーバー（アリューシャン列島）からミッドウェーを通って、サモア、ニューカレドニアからポートモレスビーにいたる線の内側（アメリカ側）には日本軍を絶対に入れない、というわけだ。

これを見るたびに、アメリカ人の考え方は、現実的、即物的で、わかりやすいナと感心するが、「いま」は「感心」などしていられない。

日本軍が、トラックの防壁を作ろうとして、裏道の、「文化果つるところ」みたいなラバウルに渋々ながら出ていったつもりでいたものが、じつは、連合軍側のもっとも痛いところに居すわったことになった。

価値観の悲劇的なすれ違いである。

この後、日本軍の判断が、つぎつぎに覆されていくが、もともと現実認識が食い違い、日本側はあくまでもその認識を改めようとしなかったから、予想が狂うのは当然だった。

航空部隊司令部の思考

さて、その食い違いが、日本軍のガダルカナル進出にたいする敵側の対応と、それへの日本軍の逆対応に出た。現場の戦闘員の話ではなく、各級司令部幕僚たちの話である。

ガダルカナル戦で日本軍が敗れた第一点は、制空権を結局とれなかったことだ。が、その直接原因は、述べたようにラバウルとかガダルカナルの中間に航空基地を持たなかったからだ。

零戦の巡航速度は約三百三十キロ。航続距離は約二千二百キロだが、ラバウルからガダルカナルまで飛び、ラバウルに帰ってくる距離は約二千百キロ。その差百キロしかない。ガダルカナルで、下手に空中戦に熱中すると、ラバウルに帰れなくなる。

さらに、ラバウルからガダルカナルまで、約三時間十分。往復六時間二十分、プラス空中戦の時間。単座の搭乗員席で、交替はできない。しかもパイロットはマニュアル操縦をつづけなければならぬ。

これはレーダーを持たぬ戦闘機にとって、一日一攻撃がマキシマムであり、ラバウルに帰着するためには、ガダルカナル上空には十五分しかいられないという枠組みを、動かせなくする。

一日一回しか攻撃できず、しかも零戦はガダルカナル上空に十五分しかいられない——これがラバウルに二千機ぐらいもいて、百機ぐらいのグループが十五分間隔ぐらいで、エスカレーターが動くようにガダルカナルに飛びつづけることができれば別だが、そんな飛行機と人はなかった。

一日、それも途中に天候の障碍がなく、飛べた日だけのことだが、一日に十五分だけ、二十機から三十機の飛行機が現われても、ソロモン諸島に潜ませたスパイ（コースト・ウォッチャー）の急報で大型機を緊急避難させ、戦闘機を飛ばせ、日本機のパイロットたちが、半ばくたびれて集中力が弱くなったところを急襲させる。

これでは、物理的に、日本が制空権を奪い還せるはずがない。

いったい、日本の航空部隊司令部は、何を考えていたのか。

ここに、前に述べた「攻撃重視、防御無視」の考え方が登場する。

十七年五月のサンゴ海海戦で、海上路によってポートモレスビーを占領する計画が頓挫。陸上路をとり、スタンレー山脈を越えて攻撃しなければならなくなった。

そして、六月のミッドウェー海戦では、主力空母六隻のうち四隻を沈められ、サンゴ海海戦で主力空母二隻が使えなくなっていたので、空母機動部隊を使った積極作戦がとれなくなった。

ミッドウェー作戦の後に決行する予定だった米豪交通遮断作戦（FS作戦・フィジー、サモア、ニューカレドニア攻略作戦）は、中止された。その結果、FS作戦で使う予定の飛行場建設用の設営隊が、数隊あまった。

「これを活用して、南東方面の飛行場建設を急ごう。空母機動部隊を使えなきゃ、陸上機があるさ」

ミッドウェーの後始末をすませると、連合艦隊司令部は、すぐにソロモン諸島、ニューギニア東部地域への飛行場設営作戦に乗り出した。

ソロモン方面では、ガダルカナルの造成を急ぎ、八月上旬には完成させることを命じる一方で、ラバウルとガダルカナルの間に中間基地の適地がないか、調査をラバウルの航空戦隊司令部に要望した。連合艦隊は、ブーゲンビル東岸のキエタはどうか、と問題提起した。

日本海軍航空の誤り

さきほどもいったように、日本海軍は「攻撃一点張り」主義である。価値判断の基準を、いつも攻撃面におく、飛行機でいえば、攻撃機を重視し、戦闘機を軽視する。

「中攻（中型双発陸上攻撃機）がある。戦闘機なんか要らん」

事実、そう主張して、戦闘機を捨てようとした時期があった。

日華事変で、台湾と大村の両基地から中攻隊を揃え、意気揚々と中支の飛行場を渡洋爆撃した。

その結果、なるほど大量の爆弾を敵施設に投下することはできたが、アメリカ人やソ連人のパイロットが操縦する戦闘機が反撃に出てきて、中攻がつぎつぎに撃墜された。

「あの自重五トン以上もある巨大な飛行機が、虻のような小さな戦闘機の豆鉄砲を食って撃墜されるなんて、だれが信じるか」

海軍の航空関係者や設計製造を担当した航空技術者たちは、事実を知ってパニックに陥った。

お伽話をしているのではない。実際にあったことである。

そのくらい、海軍は、航空関係者でも攻撃一辺倒で、防御は抜かっていた。

だから、ブーゲンビルのキエタを、連合艦隊司令部から新設航空基地候補に挙げられると、

「キエタは周囲が狭く、陸上攻撃機用基地には適しない。その他、ブーゲンビル島内には、航空基地となりうる候補地はない」

一応は、航空偵察をしたり、人を派遣したりした後の話だが、それにしても連合艦隊に「ニべもない」断わり電報を打ったものだ。なにしろ真珠湾、マレー沖以来、飛行機乗りは意気軒昂、当たるべからざるものがあった。

「なあに、鎧袖一触だ。アメさんも、シナさんとオッツカッツだ」

昂然と胸を張っているから、「中間基地」がどうしても必要だとは考えていない。それよ

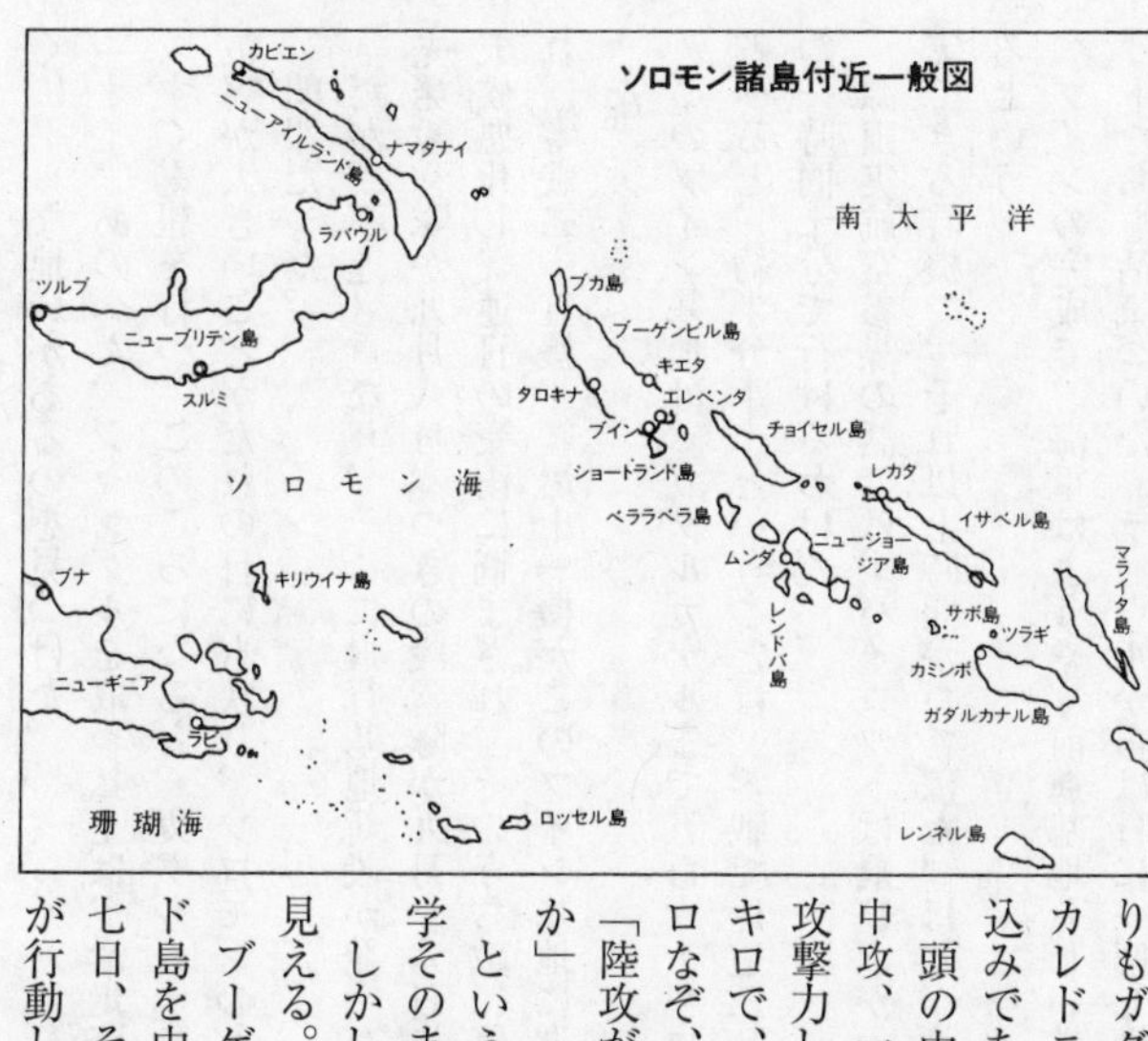

ソロモン諸島付近一般図

りもガダルカナルに早く出て、そこからニューカレドニア、フィジー、サモアと進出する意気込みである。

頭の中には、陸上攻撃機（双発、七人乗りの中攻、一式陸攻を引っくるめ、陸攻と略す）の攻撃力しかない。航続距離は、およそ四千六百キロで、ラバウルからガダルカナル間千四十キロなぞ、朝飯前だ。

「陸攻が往けるんだから、それでいいじゃないか」

という気がまえである。「攻撃一辺倒」の哲学そのままだから、専門家はみな合点する。しかし、素人は、色がついていない。真実が見える。

ブーゲンビル島の南端に近く、ショートランド島を中心とした優秀な泊地がある。八月二十七日、そのあたりを、たまたま六戦隊重巡三隻が行動しているとき、ブーゲンビル島の南端近くに平らな地域があるのを見つけた。

「オイ。あのへん、ジャングルを取っ払えば、滑走路になりそうだぞ」

すぐ電報を打つ。このころになると、ガダルカナル攻撃に中間基地がないため、味方機の被害が大きいことがだれの目にも映り、ソロモンのどこかに候補地を探していた。

朗報だった。

だが、不運も重なり、そこに飛行基地新設が発令されたのは、八月三十一日。設計を急ぎ、先発設営隊が九月八日、つぎの設営隊が九月十六日に到着して突貫作業にかかった。途中、天候悪化し、連日の豪雨に悩まされ、そのうち敵に気づかれて空襲を受けたりして工事が遅れ、零戦二十五機、艦爆十一機がこのブイン基地に進出したのは、十月十五日になってしまった。

このブイン基地は、ガダルカナルまで五百六十キロ。ラバウルからの場合の千四十キロに較べると、約半分——ということは、零戦で片道三時間あまりかかっていたガダルカナルに、約一時間十分で行けるわけだ。

源田実航空参謀の話では、パイロットは飛び上がってから一時間たつころが、もっとも充実できる時機で、それ以上時間がたてばたつほど、注意力が散漫になり、集中力が劣ってくるという。

ブインの完成で、海軍はようやく前進基地らしい航空拠点を持つことができ、零戦パイロットたちも活気づいた。ラバウルからは日に一回しか行けなかったガダルカナル攻撃が、少なくとも二回、うまくすると三回行ける。稼動率が二倍、三倍に高くなる。

なぜ、もっと早くブインを造らなかったのか。

「大型機が使えない。規模も小さくて不十分だ」

そんなもの造っても、陸攻の役に立たない、という。

しかし、ガダルカナル攻撃に行く陸攻の被害が、こわいほどふえるようになって、はじめて考え直した。

「これまで、戦爆連合の編隊をつくり、零戦に陸攻の直接護衛をさせてきた。しかるに敵の戦闘機は零戦には目もくれず、一直線に陸攻に殺到。連射すると、そのまま雲を霞と逃げていく。零戦は敵戦闘機を迎撃撃退する余裕もなく、火の玉になって堕ちていく陸攻を呆然と見ているだけになる」

つまり、零戦に陸攻のお守りをさせるのでなく、ブインやもっと戦場に近く新設した基地から、零戦隊を飛ばし、まず敵戦闘機を一掃した後、陸攻隊を飛びこませる。これしかない。

——攻撃機が主兵だ。戦闘機はその直接護衛に徹すべきだ。

そう考えた日本海軍航空は、ここでその誤りに目覚めなければならなかったが、残念ながら終戦まで、不徹底のままに終わるのである。

それよりも、さきほど述べた「零戦の稼動率」の問題。

「飛行機が少なければ、もっと頭を働かせたらどうだ」ということである。

経済性とか経済観念とかいうことについて、海軍では、極端という方がいいくらい、忌避した。有名な戦艦艦長（古参の大佐）だが、着任してきた少尉候補生を猛烈に叱りとばした。

「近ごろの若い奴は、能率的とか効率的とかぬかしおって、何もせずに良い結果を手に入れようとする。最小の努力で最大の結果を得るなど、虫のいい話だ。われわれは最大の努力で最大の成果を挙げるよう努力せにゃいかん。わかったか。ズべるんじゃないぞ」

これでは、どうにもならない。

こうして、ブインはガダルカナル戦に重要な役割を果たすことになった。いわば、南東航空決戦のヘソである。十月十五日に零戦と艦爆が、それぞれ二十五機、十一機進出したことは前に述べた。

ちょうどサボ島沖海戦が戦われ（十月十二日）、日本海軍が「お家芸」として絶対の自信を持っていた「夜戦」の立ちあがり、敵のレーダー射撃が、まず旗艦重巡「青葉」の艦橋に命中、一瞬にして五藤存知司令官以下幹部多数が死傷した三日後のことである。

このレーダー射撃のショックは大きかった。ミッドウェー海戦後、「ミッドウェーの二の舞いにならぬため」といい、敵機の攻撃を過剰といえるほどまでに怖れるようになったのと同じように、すっかり夜戦に臆病になってしまった。戦場で、自信を失うことは、もっとも避けなければならない。

さて、ここで時計を一ヵ月前にもどす。

敵と飢えと〈ブイン警備〉

——佐六特　新川正美主計大尉（東大出身）の場合

生ける屍と化して

そのころ、ブインでは、設営隊二隊を注ぎこみ、特急作業で滑走路と誘導路の建設を急いでいた。そして、九月半ば、佐世保鎮守府第六特別陸戦隊（佐六特と略す）がブインに進出、警備についた。

戦場では、しだいに雲行きが怪しくなろうとしていた。一方、ブインの陸戦隊は、ジャングル暮らしをしているせいか、「太古の神兵」と内地の新聞で呼ばれていた。「太古の神兵」とは、言い得て妙だ。

佐六特主計長を命じられ、北太平洋警備の任務先から飛行機を乗り継ぎ、ブインに着任した新川正美主計大尉（二十年五月主計少佐）は、二年現役主計科士官だ。着任四日目から、途中のラバウルでもらったデング熱のため、天幕の中の折り畳みベッドで高熱にうなされる。

全快した新川主計長が第一に直面したのは、ガダルカナルを撤退してきた部隊の収容だった。

半年もの死闘の後、刀折れ矢尽きた日本軍は、昭和十八年二月一日から七日までの間にガダルカナルから撤退、そのとき撤退輸送に使える最大限に近い決戦駆逐艦二十隻に分乗、三次にわたってブーゲンビルに帰ってきた。

ブーゲンビルの食糧事情も、けっしていいとはいえない程度だった。しかし、撤退してきた者は、「まったくの骨と皮」というより言いようがなかった。太腿というが、陸戦隊の人たちの腕の半分もない。胃腸をすっかりやられているので、どんなに欲しがられても、米飯など食べさせたら死んでしまう。重湯からはじめ、そろそろと粥に変えた。

まるで、生ける屍。

こうして、海軍部隊はショートランド、陸軍部隊はブインの東方海岸地区域にあるエレベンタに集結、体力の回復と戦力の充実を急いだ。

ガダルカナル来攻を皮切りとして、米軍は、日本軍が敗戦の衝撃から立ち直らない前を狙い、つぎの攻勢をかけてくるようになったが、ガダルカナル撤退の後も、同じだった。

日本軍撤退前の十一月下旬、ガダルカナルには滑走路四本が整備され、飛行機百数十機、地上兵力三コ師団、ツラギには駆逐艦、魚雷艇を配備して、この方面の制空権と制海権を握っていた。また東部ニューギニア方面ではポートモレスビーとラビに大がかりな航空基地を整備したほか、ブナ付近にも数ヵ所に滑走路を造り、ポートモレスビーだけでも二百数十機の大型小型機がいるらしかった。

しかも、豪州北東部のタウンスヴィルには、米欧につぐ三番目の規模の後方基地ができ、大型小型の爆撃機約二百六十機、戦闘機約三百三十機、その他を合わせて約六百機が詰めていた。

これが動き出した。あちこちに火の手が上がった。迎え撃った味方機は、推定だが零戦約百機、艦爆約二十機、陸攻約五十五機、合計約百七十五機。一人で六倍の敵と戦って勝たねばならぬ。死闘である。

三月上旬、日本軍は南東方面の防備強化を急ぎ、佐六特の本隊はイサベル島北東部のレカタに移駐することになった。

佐六特は、ブーゲンビルを担当している。この移駐は、敵機がそのころ妙に執拗にレカタを爆撃するので、応急措置であり、事態が片づけばブインに復帰する予定だった。

佐六特司令は、そこで本隊といっしょにレカタに行こうと準備していた新川主計長に命じた。

「君は来なくていい。それより、ブインに残って補給体制を立ててくれ。敵が本格反攻してくる場合、あわてずにすむようにな」

佐六特司令町田喜久吉中佐は、たいへんな先見の明の持ち主だった。五月上旬、交替部隊が到着して、かれらはブインに帰ってきたが、それから間もなく米軍がレンドバに来攻。ニュージョージア島は死命を制せられた。そしてブーゲンビル島にまで睨みを利かされ、ラバウルとの交通杜絶。ブインも現地自活を余儀なくされ、そこで、新川主計長が余裕をもって作り上げていた補給体制が、モノをいうことになった。

『もしその準備がなかったら、いや、もし私がレカタにいっていたら、ブインの海軍の生活は、もっとキビしいものになっていたでしょう』

新川主計長が手記でいう。

中でも圧巻は、かれの現地生活への態度であり、原住民とのつきあい方である。新川手記の中から、そのアウトラインを描いていこう。

現地自活への道

――ブインにおける戦いは、敵軍にたいするものと、飢えにたいするものの二方面にわたっていた。

ブインには、一番多いとき、六万八千名の将兵がいたけれど、その三分の二は、直接間接、飢えのために命を失ったといわれる。

ブーゲンビルのような、近代文明から遠く離れた南東の島、しかもジャングルの中に、味方将兵が閉じこめられ、十八年六月末ころからは食糧、医療品、兵器弾薬の補給を絶たれてしまった。

現地自活するほか、生きる道はない。

みな、知恵を絞って現地自活の方法を工夫し、実行し、ついにはある程度の成功を収めた。

が、食糧の生産には、種子の選定から整地、種蒔き、施肥育成、管理などと、収穫をあげるまでに、どうしても三ヵ月、半年の時間がかかる。飢えと病に衰えた体力に鞭打って、応戦し、重い兵器弾薬を運び、移動する。まるで、地獄図である。

その間にも、敵は容赦なく攻撃してくる。飢えと病に衰えた体力に鞭打って、応戦し、重い兵器弾薬を運び、移動する。まるで、地獄図である。

地獄図にもかかわらず、驚くべきことに、かれらはブインを終戦まで持ちこたえた。幽鬼のようになりながら、敵と対峙し、力をふり絞って戦い、ついに陣地を守りとおした。

こんな姿の戦場は、おそらくほかにはないだろう。

――新川主計大尉が、現地自活のことを考えはじめたのは、ブインに着任した二ヵ月後だった。

ブインの警備に当たっていた佐六特のある部隊が、味噌に使う大豆を海岸の砂浜に蒔き、モヤシを作っているのを見て、

「これを味噌汁のミに使ったら皆が喜ぶだろう」

と、さっそく試みた。案の定だった。

「こりゃあ、いい。大成功だ。それにしても……」

と思った。野菜などの生鮮食料品――そんなカサばる重い膨大な量のものを、わざわざ日本から運んで来るのは、貴重な船舶のムダ使いではないか。それよりは、野菜の種子を送ってもらった方がいい。

お仕着せを黙って受け取るのに慣れた画一化された人たちには、できそうにもないユニークな発想。山本五十六長官が真珠湾空襲を思いついたときと同じような、思考の組み立て方

である。

かれは、すぐに野菜の種子を送ってもらうように要請する一方、三月ころからときどき顔を出すようになった原住民に頼んで、ジャングルの空地を拓き、ナスやキュウリを作る。さらには甘藷づくりに成功、西瓜、落花生、莢豌豆（さやえんどう）、トマトなどを栽培し、生野菜を供給した、という。

まさにこれは、熱帯地域ブーゲンビルに作られた見事な日本菜園だったが、これについては、あとでまた触れる。

十八年九月三十日から、ブインでは自活体制に入ることとしたが、十一月一日に米軍がブーゲンビル西岸中部のタロキナに来攻。味方の反撃も思うに委せず、いよいよ現地自活のほか、方法がなくなった。

あとは、なにがしかのストック米を、食いのばすだけである。

十九年一月一日から主食米一人一日当たり四百グラムとする。

事態は深刻だ。新川主計長は、指揮下の部隊の主計長を集め、協議した。

まず、何を食べて生きるべきかを考えねばならないが、かれはそれよりも、何が食べられるか、を考えた。

「米、麦、粟、稗（ひえ）、高粱（こうりゃん）、玉蜀黍（とうもろこし）――」

つぎつぎに名前を挙げる。ではここでそれが作れるか、となると、みなダメである。甘藷しかない。それも、このあたりの原住民が、タロ芋を主食としながら、非常用の貯蔵食として甘藷を作っている。ならば甘藷は作れるのだろう、と推測しただけのことだった。

協議の結果、それでは、甘藷を主食として、三度三度食べていけるかどうか、調べなければならぬ。部隊の中にその経験者がいないか探したが、だれもいなかった。困った、と頭をかかえたとき、森谷という一等兵曹が申し出た。

「先だって私は、原住民を連れて集落を回りましたが。そのとき、一日だけでしたが、甘藷だけで過ごしました。別に異常はありませんでした」

ほんとうは、異常があろうがなかろうが、それより他に方法はないのだが、一日だけにしても、そんな実績があり、しかも異常ナシということは、渡りに舟、時にとっての氏神に違いなかった。

「よし、それでいこう」

理詰めである。みなを納得させながら、引っ張っていく。

だが、そんなムダなことはやらぬ、と抵抗する連中も、中にはいた。

「コックリさんのお告げがありました。近いうちに、『武蔵』が迎えに来るそうです」

大真面目でいう。

「それもある。だが、四ヵ月も先にならんと食えない藷など、作ってもムダだ。オレのところははずしてくれ」

そういってくる隊長もいた。

ついでながら、コックリさんとは、戦場のあちこちで流行（はや）った占いの一種。

なかった。

「そんなバカなこと信じてどうする」

などと禁止したところもあったらしいが、すぐに隠れてはじめるから、黙認するより仕方なかった。

コックリさん部隊

戦場、敵と向かいあっているようなところでは、戦争がどう動いているかなど、何もわからない。しかも状況の変化一つで、自分が明日も生きていられるかどうか、わからない。戦場では、こんなところに、人の心の姿が現われるのだ。

三十センチくらいの三本の棒を、まん中あたりで縛り、三つ股に開いて立て、上に盆などを伏せて置く。そのまわりに三人が座り、めいめい右手を伸ばし、それぞれ一本の棒と盆が接したあたりを軽く指で押さえる。そこで一人が、真面目な顔でいう。

「コックリさんにお伺いしたいことがありますから、お出で願います。おいでになりましたら、そのしるしに足をお挙げ下さい」

不思議なもので、どれかの棒の先が、少し持ち上がることがある。すかさず尋ねたいことをいい、

「吉ならば一度、凶ならば二度、足をお挙げ下さい」

などとお願いする。だれも意識して指に力を入れたり、動かしたりするのではなく、指の自然の動きがそんな結果を生む。

「それが、コックリさんの霊の現われなんだ」と解釈して、信じるわけである。ちなみに、コックリとは、狐狗狸と書き、キツネとイヌとタヌキを意味する。「武蔵」が近いうちに迎えに来るという朗報は、こうして受けたお告げだったに違いない。

新川主計長には、かれらを説得する余裕はない。甘藷を主食にすることができそうだとはわかったが、どれだけ食べれば健康を保てるのか、どれほどの広さを開墾すればそれに十分な甘藷の収穫が得られるのかがわからない。

内地には必要な資料があるだろうが、いまとなっては、送ってもらう方法がない。ともかく、一日の甘藷の定量千四百グラムとして、各部隊が開墾作付けすべき面積を計算し、それを通達するところまできた。

十九年五月下旬には、主食を米二百グラムとした。そして七月下旬には、百グラムに制限しなければならなくなった。

こうなると、コックリさん部隊も、ジッとしていられなくなった。あわててジャングルを開墾したり、作づけを急いだりしたが、甘藷が育つためのリードタイムは、短くするわけにはいかない。自給が軌道にのるまでに、栄養失調によるかなりの犠牲が出たのは、かえすがえすも残念だった、と新川主計長はいう。

十九年八月二十八日からは、米の供給を停止し、甘藷を一人一日八百グラム、のちに千四百グラム配給することに改めた。その後、甘藷の収穫がふえるにつれ、配給量をふやしていったが、この状態は終戦までつづいた。

つまりブインでは、主食の米はなくなったが、大まかにいって、ガダルカナルのような多数の餓死者を出すことはなかった。

以上は主食の話だが、蛋白源としては、魚はむろん、陸上で動くものはみな食べた。

ブーゲンビルはソロモン諸島最大の島で、それも鎗ヶ岳級の三千メートルを越える高山がほとんど全島を占めて聳え、すっぽりと濃密なジャングルに覆われて、平地はごくわずかしかない。

海岸に連なる平地には椰子が広く植林されて、後背地の山岳地帯、すなわちジャングル地帯に接続している。ガダルカナルと違うところは、そこである。ガダルカナルでは、本格的なジャングル地帯とは遠く、戦場から離れすぎ、だれも近寄らない、いや近寄れなかった。しかもそこへ、ドンと四万人が送りこまれ、補給が届かなくなったから、二万八千人が餓死を含めて戦病死した。

「(ブインから) 生きて帰れたのは、佐六特のシケ (主計長の略語) のおかげです」

ブイン帰りの元将兵から、いまでも、そういって新川元主計長は感謝されるそうだが、そのたびに、かれはくり返す。

「いや。そういって感謝されるのは、身にあまる光栄ですが……」

「光栄ですが?」

「私としては、その光栄は、むしろ上野兵長にあたえるのがふさわしい、と思っています」

じつは、その上野兵長、年齢はよくわからないが、故郷の奥さんに甘藷の作り方をコト細かく手紙に書いた。戦場にいる軍隊の習いで、手紙に機密事項を書いていないか検閲があり、それを読んだ直接上司の小隊長が覚えていた。

どんな種類の甘藷を植えたらいいか、決定しかねていた主計長は、その話を聞くと、すぐさま上野兵長を呼び、いろいろ芋の話を聞いてみると、とても詳しい。新川主計長も、

「これは相当に理論的だ」

と判断した。

「よし。上野兵長に甘藷主任を命ずる。まず、植えつける芋の種類をきめ、植えつけから収穫までの計画と実行だ。お前の思うとおりにやってよろしい。責任はオレがとる。ただし、報告することを忘れるな。小隊長にはオレから話しておく」

これは秀逸だった。責任は主計長がとるが、あとはお前に委せる。思うようにやれ、といわれたら、だれでもハリ切る。

もう一つ感心するのは、上野兵長を十分に事前テストし、知識があるかどうかだけでなく、それが理論的であるかどうかを評価し、賭けになることを承知で、委せようと決断したことである。

兵長といえば、兵隊の位ではずいぶん下だ。隊員全部に敬礼しなければならない二等兵が一番下で、一等兵、上等兵、兵長。そして二等兵曹、一等兵曹、上等兵曹、兵曹長と上がっていく。

だから、主計長は、いつも上野兵長から目を離せない。バックアップしていないと、上野兵長は自主的、主体的には動けない。軍隊の指揮系統は、上から下への一方通行だからだ。残念だったのは、それだけの努力をしていても、マラリア、栄養失調、熱帯性潰瘍で病死する者が、爆撃で戦死傷する者と併せて、相当の数にのぼったこと。もっと早く現地自活体制を作ることができていたら、この人たちのうち、どれだけかは救うことができたであろうに、という。

原住民との交流

もう一つ、つけ加えておきたいのは、原住民との間の問題である。

ガダルカナルのところでも述べたが、このあたりの原住民は、褐色の皮膚の人が多く、一般にナイーヴで温厚である。しかも、土語のほか、ピジン・イングリッシュ（英語の単語を中国語ふうに並べた原住民語）を話す者がいて、英語の知識のある者には、相当程度まで意思を疎通させることができる。

新川主計長は、このピジン・イングリッシュを学ぶことからはじめ、原住民との交流を深めていった。

最初は、南東方面の警備を担当する第八艦隊司令部から、戦前この地域で商売していた邦人を派遣され、その人が原住民を説得、日本軍に協力するよう道をつけてくれた。

それからは、その邦人の話に納得した原住民が荷役とは烹炊所とかに手伝いに来るようになった。

この輪をひろげなければならない。

新川主計長は、有無をいわせず、宣撫主任を命じられ、原住民の宣撫に当たることにされた。住民に、日本の政策などを伝え、人心を安定させる仕事だが、英語がわかることと、宣撫用の品物を管轄しているのは主計長であることを条件に挙げられては、引き受けないわけにはいかなかった。

かれは、くり返すが、ピジン・イングリッシュから入った。意思を疎通させる最大のメディアは、言葉である。ピジン・イングリッシュ＝ジャパニーズ辞書を作ろうと思い立った。かれによると、金田一京助氏がアイヌ語を覚えるときに使われた方法を役立たせたという。金田一氏は、まずアイヌたちの中に入り、画用紙に何やらワケのわからぬ画を描く。するとかれらは、「…………？」と聞いてくる。これを繰り返して、おそらくその言葉は、「何か？」という意味のものであろうと推測し、こんどはこちらから、かれらにモノを指して、「…………？」と聞いてみる。するとかれらは、「○○○」と答える。すなわち、そのモノが○○○という名であること、ほぼ間違いなかろうと察する。

それ以後、金田一氏は、さかんに「…………？」を連発し、答えをメモして辞書を作った。新川主計大尉も、これを踏襲し、「これ」とは土語でエムであり、「何か」はワアネンであることを突きとめた。あとは、その二語を連発して、ヴォキャビュラリーをふやせばいい。

かれは、原住民と接して三ヵ月たらずで、一応の辞書を作ったという。

そんなことで、原住民と接していると、いわゆる文明社会から隔絶されて、まったくの原始生活を送っているが、現地自給自足。生活の知恵は豊富で的確で、その生活に満足し、エンジョイしている姿は、感動的でさえあった。

「この生活の知恵と生活技術は、ここで生活するためにはぜひ必要なものだ」

と考えたかれは、宣撫主任のアシスタントとしてついている二人の下士官にも協力を求め、情報収集に精を出した。

十八年十一月一日、敵軍が大挙ブーゲンビル西岸のタロキナ岬に来攻した。ブインにいる部隊にとって、これが大きな区切りになった。

タロキナは、やがて米軍の完備したラバウル攻撃基地となるが、十九年秋、米軍と交替した豪州軍は、ブーゲンビル島内の地域、島の北端に連なるブカ島などに、二十年五月下旬から攻撃をはじめた。七月十三日にはブインに総攻撃をかけようとしていた。

兵力、攻撃力のどれをとっても、格段の差があり、とうていブイン部隊の敵ではない。ブイン地区の第八艦隊将兵は、七月一日から決戦態勢に入った。といっても、自分自身の戦死の日を、指折り数えて待つようなものだったが。

ところが、幸運にも、六月末からこの方面は、連日の豪雨に見舞われた。戦車やトラックなどの車輌は、深い泥濘に足をとられて身動きできず、もちろん人も物も運べない。

したがって戦闘も、雨天順延だ。やむなく、氾濫した川をはさみ、両軍睨み合ううち、一転、終戦になった。

新川主計長の手記に戻る。

『ブインの原住民は、ほんとうによく協力してくれた。二十年五月ころ、かれらは私たちの目から姿を消したが、それは私たちを見放したというよりも、戦況がきわめて悪くなり、かれら自身の生活すら危うくなったからである。

その証拠には、終戦後、捕虜となってファウロ島に移された後、豪州軍の命令で現地自活をすることになり、そのためブインに戻って芋の蔓などをとりにいったが、そのときかれらは、とても懐かしがって会いにきた上、いろいろ協力してくれた。

戦後、日本テレビの者がはじめてブインに入ったとき、日本の海軍はいつ来るかと訊ね、「雨雨降れ降れ」や「愛国行進曲」を歌って歓迎してくれた。ばかりか、「キャプテン・シンカワを知っているか」と聞いてくれたそうである。

また、阿川弘之氏が山本長官の戦死の地を訪れたとき、戦時中、私の任命した大酋長バウケたちが大変に協力して、あの奇蹟的ともいうべき長官機の遭難現場に行くことができたと聞いた。

じつは、バウケ酋長は、日本軍にあまりにも協力したので、戦後は苦しめられているのではないかと心配していたが、阿川氏の「ソロモン紀行」にかれの元気な写真がのっていたので、安心したものだ。

さらに先年、日本の遺骨収集団がブインに行ったとき、そこの原住民が遺骨収集によく協力、池上巌団長も、挨拶の中で、「原住民の協力があったればこそ、これだけの成果を挙げることができた」と言われていた。

今日からいえば四十年前の私たちの努力が、これらのことに多少ともお役に立ったのではないかと、秘かに喜んでいる』

今も忘れられぬ光景

ブーゲンビルで終戦の詔勅を承けた日本軍は、豪州軍にたいして降伏文書に調印した。

占領軍というものは、とかく猜疑心をもち、悪意を含んで被占領軍を規制しようとするもの。このとき八艦隊の連絡参謀を命じられていた通信参謀高橋中佐は、かれのスタッフに、豪州軍との意思疎通がよくとれ、かつ法律の素養のある士官、つまり二年現役主計科士官から適任者を簡抜した。この選択がどれほど適切であったかは、後、豪州軍が少しずつ規制を緩和し、日本軍抑留所にもようやく安定が戻ってきたことから見てもわかる。

そのうち、困ったことになった。豪州海軍が、こんどは炎天下に日本軍を整列させ、原住民に首実検させて戦犯容疑者を引きずり出そうとした。これは、容易ならぬことである。住民の誤認もあろうし、顔見知りを何気なく指すこともあろう。

事態のなりゆきを心痛した八艦隊司令長官鮫島具重中将は、連絡司令部を通じ、豪州軍側に申し入れた。

「部下の行為は、すべて司令長官たる私の責任である」

豪州軍は感銘した。そのせいかどうか、八艦隊のブーゲンビルにいた部隊からは、一人の戦犯容疑者も出さずにすんだ。

ただ、ブーゲンビル本島北端からずっと離れたブカ島には、本島ほどには手が届かなかった。住民の告発で、警備隊司令加藤栄吉大佐と設営隊主計長後藤主計大尉が、豪州軍に拉致されたが、これを防ぐことができなかったのは、かえすがえすも残念だった。

さて、二十一年一月二十九日から二月二十七日にいたる間に、部隊全員は、復員船で何の混乱もなく整然と内地に向かった。

そのとき、最後までブーゲンビルに踏みとどまって指揮にあたった高橋中佐に、豪州軍連絡将校がメッセージを贈ってよこしたという。

『本国から見離された悲惨な状況の下に戦闘を継続したにもかかわらず、将校にたいする部下の反乱がなかったこと、軍属（設営隊員など軍人以外の人たち）にも軍人と同様の規律が保たれていたこと、原住民も最後まで日本軍に好意を持っていたことなどの事実にかんがみ、本官は日本軍に敬意を表するものである』

新川手記によると、終戦後、進駐してきた豪州軍の情報将校が、折衝に当たった高橋中佐に、

「これという物資もなく、自分たちの生活にすら困っていた日本軍が、なぜ原住民をあれだけ引きつけていたか、私たちには疑問だった」

といっていたという。

豪州軍は、謀略によって敵性住民を使い、さかんに日本軍を襲撃させた。そのため、士官

を含む数人の犠牲者を出したことは残念だった。だが、それにもかかわらず、ともかくも終戦まぎわまで原住民が日本軍に協力的であったのは、かれらにとって不思議であり、理解しがたいことだったろう。

『私（新川主計長）にいわせれば、結局は誠意の問題である。白人はかれらを、自分たちと同じ人格、人権を持つ者として扱わなかったのに、私たちはかれらを、私たちと同じ人間として扱った。そこが違っていたのだろう。

ともあれ、ブインの原住民が協力的であったからこそ、海軍だけでなく、日本軍全体が、あの島で激しい戦闘をつづけながら、同時に現地自活をして、相当数の者がともかくも生き延びることができたのである。

もし、反対のことが起こっていたらどうなったか。たとえば、ベトナムでのベトコン・ゲリラのことを考えれば氷解しよう』

そして、新川手記には、エピソードがあげられている。

『佐六特には、台湾の高砂族が配属されていた。戦闘のときはもちろん、とくに食糧事情が悪化してからは、かれらの経験を生かし、たいへん活躍してくれた。感謝の気持ちをもって書いておきたい。

かれらは、復員船の最終便になった空母「葛城（かつらぎ）」に乗りこみ、日本に帰ろうとしていたところ、途中のラバウルで豪州軍に下船を命じられた。かれらは、「自分たちは日本人だから日本に帰るのは当然だ」といって抵抗し、動かない。しかし、隊長から声涙とも下る説得を受け、泣く泣く船を下りていった』
ちょうどその場に居合わせた新川主計少佐は、その光景が目に灼きついて、今も忘れられない、という。

陣頭指揮〈カビエン防衛〉

――八十三警　土屋勝雄主計大尉（明大出身）の場合

わが幸運に感激

同じ南東太平洋地域だが、北西から南東に連なるソロモン諸島の線を、そのまま逆に北西に引き伸ばしたあたり。そこに横たわる細長い大きな島――アラビアの蛇使いに踊らされたガラガラ蛇が、いっぱい首を伸ばしたような格好の、ニューアイルランド島。

この島もほとんど全島ジャングルにおおわれ、平地は少ないが。でも他の島と違って、ドイツ領だったとき、北端にあるカビエンから全長の十分の六くらい南東に下がったところにあるナマタナイまで、自動車道路（ハイウエイ）ができていた。

カビエンは良港である。

南洋諸島のカナメになるトラック島から、千百キロ。ビスマーク諸島のラバウルに行くにも、ソロモン諸島に行くにも、玄関口に当っていた。

「素敵なところだ」

という定評はあったが、

『着任してみたら、聞きしにまさる風光明媚だ。気候はきわめて良好だし、果物はもちろん、エビ、カニ、カツオの豊富さに一驚。わが幸運に感激したものだった』

八十三警主計長として着任した二年現役土屋勝雄主計大尉（二十年五月主計少佐）は、手記したものだ。

そのころ、カビエンは、カツオ漁の基地で、魚の集散、カツオ節の加工生産の中心地でもあった。

土屋主計長は、カツオ節の加工工程を見ているうちに、魚の内臓や腹側を捨てているのに気づき、内蔵の塩辛、腹側の塩漬を作らせたが、これが大好評で引っぱりダコ。ブカやブインの搭乗員に優先配給したが、戦況の悪化が意外に早く、長くはつづかなかったという。

このあたり、平均温度は二十七度くらいで、季節による温度差は一度前後にすぎない。そのかわり、湿度は年平均八十パーセント。雨が多く、雨があがって陽が出ると、陽の光は刺すように強い。暑いというより、痛い。

そんなところだから、気候に慣れ、皮膚の汗腺が少なくなっている人ならばともかく、普通の日本人はすごく汗をかく。塩分が欲しくなる。

塩辛を配られて搭乗員が歓声をあげたのも、もっともなのだ。——昭和十八年四、五月ころの話である。

しかし、十九年に入ると、状況が一変した。述べたように、連合軍（マッカーサー部隊）

はブーゲンビル（タロキナ岬）に上陸する一方で、内南洋諸島の東のはずれ、ギルバート諸島のマキン、タラワに米空母機動部隊（ニミッツ部隊）が来攻した。

それからは、攻勢のピッチを一気に加速。十九年二月一日、マーシャル諸島のクェゼリン、ルオットに襲いかかる。その十七日、十八日には、ところもあろうに金城鉄壁を誇ったトラック島を徹底的に破壊、飛行機も艦船も基地施設も、メチャメチャにした。

めったなことでは動じない日本海軍も、これには度を失った。

大パニック。大将、中将たちが顔色を変え、集められるだけの飛行機を根こそぎ集めて、トラック基地に注ぎこんだ。根こそぎ、というだけに、後には一機も残っていなかった。

たとえば、ブーゲンビルのタロキナ戦線。陸軍部隊が、飢えや病によろめく身体を駆り立て、奪回作戦を敢行。敵の不意を衝いて敵飛行場に突入したが、力尽きた。もしここで友軍機が大挙して来てくれれば奪回できると、矢の催促をした。しかし、要請は叶えられなかった。奪回作戦は失敗した。

トラック基地は、対米戦で、日本海軍の存在意義を左右するキーポイントだった。

対米戦争が起こったならば、前にも述べたように、西太平洋で、日露戦争（一九〇四〜五）のとき同様、戦艦を中心とした艦隊決戦によって勝利を収める決意であった。そのためには、トラック基地が、艦隊の策源地として、どうしても必要だった。

トラック基地を失えば、日本海軍は対米戦に勝てなくなり、存在意義を失う。だからといって、南東方面の激戦地からまで飛行機を引き揚げるとは、ヒドかった。

制空権を持つか持たないかで、戦いの勝敗がきまる航空主兵の時代に、そちらは飛行機なしで戦えというのだから、当然、戦況は急転直下する。

ブインは孤立する。カビエンも孤立する。ラバウルも孤立する。

連日連夜、わが物顔の敵機の銃爆撃にさらされる。ばかりか、白昼堂々、敵艦隊が近づき、砲撃を加え、カビエンでも食糧やその他貯蔵していた物、家屋など、ほとんど全部を壊し、焼いてしまった。

残ったのは、ジャングルの中に分散しておいた米が、約一ヵ月分だけ。そこで、この米は敵が上陸したときのために、決戦用として保管することとした。敵上陸必至と考えていた当時としては、やむをえない措置であった。

すると、当然ながら、カビエンの部隊には、その日から、食べるものがなくなった。

何だかだとは言っていられない。手記によると、

『最初の二ヵ月は木の葉、木の根はもちろん、蛇やトカゲ、蛙、コウモリ、カタツムリ、椰子の澱粉など、無毒なものは何でも食べて生き延びる。つぎの四、五ヵ月はトウモロコシ。そのあと甘藷に切り替え、やがて腹もちのよいタロ芋、タピオカを併用する』

この主食調達計画にそうため、かれは苦心し努力する。以下、その苦心と努力によって、ほぼ計画どおりに進行させることができた経緯、着眼、リーダーシップなどについて、土屋手記を追うことにする。

創意工夫班長

――食糧を現地自給するためには、大がかりの農園作りを急がねばならない。もちろん、土屋主計長の陣頭指揮である。作業員として、主計長の部下には、二、三人の主計兵。それ以外に、原住民約六十名。農園部隊はこれだけである。

まず、カナカハウス数棟ができあがる。農園予定地の中央を走る道路ができる。一キロの道を作るのに、一週間はかからない。

つぎが、大きな木の少ない場所を選び、大木はそのままにして、ジャングルの蔓や灌木などを伐採する。そのまま、二、三日放っておく。熱帯地のことだから、みな枯れて、燃えやすくなる。

それを見計らって、いっせいに火を放つ。濛々と煙が奔騰する。この煙を怪しんだ敵機が飛びこんでき、猛烈な銃爆撃を加える。結果、大木は倒れ、土は掘り起され、良質の肥料となる木灰まで撒(ま)き散らしてくれる。

『一挙両得、いや、敵サンが一挙三得のお手伝いをしてくれる。私の計画がピタリと当たったのだ。ただ、宿舎にしていたカナカハウスの大半まで破壊されてしまったのは、まったくの予定外。おまけだった』

と手記にいう。たいしたものだ。敵サンもアッといったろう。

ところが、農園が機能しはじめると、好事魔多し。

耕作計画によって、タロ芋とタピオカを栽培したが、これは収穫まで六ヵ月かかる。そのつなぎに、四ヵ月で収穫できる甘藷を植えたところ、これが、夜な夜なカタツムリの大群に襲われ、新芽を食われてしまう。

どうすればいいか——といっても、海軍にも、経理学校教科書にも、そんなノウハウを教えたものはない。試行錯誤によるしかない。もう、対米対豪作戦などそっちのけだ。

「そうだ。食ってしまえばいい。糧食にするのだよ」

「カタツムリを食うんですか」

「ヘンな顔するな。フランス料理、食ったことないのか」

「ありませんよ。メシのことになると、主計長、何でも知っているんだから」

「これで蛋白質の補給は、大丈夫だ。嫌だったら食わんでいいぞ」

じつは土屋主計長、カタツムリのぬらぬらに閉口。なんとか除去できないかと苦心して、遂に成功しなかったという。なお、兵員食堂では、カタツムリをごっそり大鍋に入れ、野生唐がらしを加えて海水で煮た野戦エスカルゴ料理が、結構好評だったという。

下士官や兵をスミに置いてはいけないという、教訓であった。

——次は、甘藷が収穫期に入ろうとするころの、野豚の襲来。文字どおり野生の豚で、豚というより牙のある、口の尖った猪。嗅覚がすごく発達しているらしく、完熟した藷だけを食い荒らし、未熟なものは見向きもしない。

これは、カタツムリのようにいかない。落とし穴や罠や仕掛銃では、人間が裏をかかれるだけで、かえって危険なので禁止。原住民の中から豚狩りの専門家を探し出し、専従させて、ようやく小康を得た。

ただし、甘藷は収穫までに四ヵ月かかるので、穴埋めにトウモロコシを植えた。これは収穫まで二ヵ月あればよかった。腹もちは甘藷やタロ芋におよばないが、そんなことをいう余裕はない。

トウモロコシの強敵は、オウムだった。奇麗な格好をしていながら、群れをなして殺到してきた。ふだんならば人も住まないようなところを開墾して、日本軍がそこにかれらの好物を集中栽培する。カタツムリや野豚やオウムの群れが、嬉々として集まってくるのは、いま思えばすこぶる当然のことではあったが。

それというのも、これは、土屋主計大尉の心構えのよさによるところが大きかった。

ブーゲンビル島のタロキナ岬に敵が上陸したのを転機として、南東方面海域の制空権、制海権を失ってしまった。

それまで、曲がりなりにもつづいていた食糧、医薬品、弾薬などの補給が、以後、パッタリ停まった。他は知らず、食糧だけは、どうにもならない。何とかしなければ、人が飢える。

手記にいう。

『昭和十八年四月、八十三警着任のときから、自活態勢に意を用いていた。趣味と実益を兼ねて、原住民集落や捕虜収容所などを訪ね歩き、民情を視察したり、ジャングルを歩き回って動植物の採取観察、とくに食用になるものの研究などしていた。この情勢の急激な変化に遭っても、それほど狼狽せず、計画の転換ができた』

趣味と実益を兼ねてそれができたのは幸せだったが、何としてもかれの危機管理はみごとだ。

今日、「宿に着いたら、まず火災のときの脱出路を確認しておけ」という。しかし、そのころは、大体、無防備だった。リスクなど考えない。「宿に着いたら、一切を忘れ、まず英気を養うことに専念。来たるべき御奉公に備えろ」といわれてきた。

かれは、司令部から、「創意工夫班長」を命じられた。そんな名前は諸例則という規則にないので、おそらく、第十四根拠地隊司令官大田実少将の独創だろう。

大田少将は、この十四根司令官から佐世保に移り、昭和二十年一月、沖縄方面根拠地隊(沖方根と略す)司令官となって、今日の沖縄空港の近く、豊見城(とみぐすく)の司令部壕で部下といっしょに玉砕された(後述)。

誠実で、有能な陸戦の権威だった。私としては、直接教えを受けたことも、いっしょに勤務したこともある。小柄な方だが、丸っこい感じ。円満無比で、人間味に溢れ、ユーモアを解し、正義感を刺戟されると、口を尖らせて機関銃のように物をいう人だった。

かれは自決の前、正義感に衝き動かされたようにして、海軍次官あて、

『沖縄県民の実情について、別に県知事から頼まれたのではないが、現状を見過ごすに忍びないから、これに代わってお知らせする』

と、沖縄県民の陸海軍に対する献身と忍耐による奉仕を、つぶさに述べ、

『沖縄県民は、このように戦ったのである。どうか県民に対し、後世特別の御高配を賜わら

んことを』

と、電文を結んだ（原文は文語体だが、読みやすいよう改めた）。

おそらくいつものように、口を尖らせて電文を口述されたものと思われるが、大田司令官とは、そのような人だった。

「創意工夫」の名前は、傑作である。海軍の誇りである大田司令官の名を、カビエンで語ることができる仕儀となったのも、喜びにたえない。

大田少将転出後、十九年二月、八十三警司令から転じて十四根司令となった田村劉吉少将は、戦後の軍事裁判で、部下たちの罪を一身に背負い、極刑を言い渡され、香港で絞首刑に処せられた上に水葬された立派な人だった。

土屋手記にいう。

『後日にいたって、私は司令官田村劉吉少将から感状を授与された。私の調査研究範囲は糧食だけではもちろんなく、染物、紙、墨汁、塩、石鹸など衣食住全般にわたり、さらに社会学的な事項にまで及んだ。長期間原住民と接触していたため、いわゆる「人心を収攬する」のに非常に役立ち、終戦間近いある日、私が農園を訪ねたことを知った数人の酋長たちが、私のキャンプに押しかけてきて、「キングになってくれ」といい、私たちを驚かしたほどだった』

このエピソードは一方の主人公である陸軍部隊が、終戦で丸腰となったあと、原住民の報復をくり返し受けたことと対照させてあるが、それは、ここでは省略する。

5　ニューギニア攻防戦

緑の煉獄〈ラエ防衛〉

――八十二警　石橋英二主計大尉（東大出身）の場合

何の前ぶれもなく

二年現役の主計科士官は、一期～十二期、三千五百五十五人が、述べたように戦争形態がすっかり変わってしまった軍隊組織の先端部分にまで配員された。艦船でいえば、駆逐艦や潜水艦、ないしは哨戒艇や商船を改装した特設砲艦、特設水上機母艦など。昔ながらの連合艦隊主力にいて、艦隊司令長官の命令どおりに、一糸乱れず動いていればよかったもののほか、そうはいかない、艦船部隊にも配員された。

部隊の方でも、たとえば航空部隊では、航空大増勢大拡張をしただけに、航空戦隊、航空隊、飛行場設営隊がたくさんでき、一方、それまで予想もしなかったほど占領地をひろげたので、特別陸戦隊、特別根拠地隊、警備隊などが多数新設され、おのおの独立体として機能することになり、そこにも配員された。

艦船も部隊も、それまでと違って、上からの命令指示を待つだけでなく、めいめいで考え、生きていかねばならなくなった。つまり、情報収集、情報処理、判断、決心をめいめいが実行し、一方、それぞれ生きるためのロジスティックな努力をしなければならなくなった。

戦力維持のためのロジスティックスは、兵器、弾薬、燃料は艦隊の機関参謀や各艦の科長、掌長（たとえば砲術長、掌砲長）が担当しているが、事務、生活物資、食糧は主計長。それまで短期決戦ばかり考え、ほとんど注意を払っていなかったものが、たいへんな重要性を持つようになった。

述べてきたように二年現役主計科士官たちが、東港空派遣隊、千島根拠地隊、十三設営隊、舞鶴第四特別陸戦隊、八十三警備隊、佐世保第六特別陸戦隊、第九、第二十二特別根拠地隊などと、いわゆる組織の先端部分で苦労し、学問的知識と世間的知識を発揮、柔軟な姿勢ととらわれない発想によって、私たちを唸らせることになったのである。

南東方面最大の「緑の煉獄」といわれたニューギニア防備と転進作戦部隊にも、二年現役主計大尉が、第八十二警備隊に二人（十八年五月まで石橋主計大尉。十八年九月以降、安藤主計大尉）、九艦隊司令部に飯塚主計大尉たちがいた。

かれらの手記によって、状況のあらましを、再構築してみる。

昭和十八年四月といえば、もうガダルカナルから撤退したあとであり、四月十八日には山本長官の戦死が重なり、よほどノンキな人間でもないかぎり、戦争の前途が容易でないことを察することができただろう。

　貨物船を改装した特設砲艦の主計長石橋主計大尉は、内南洋群島の東端にあたるマーシャル群島一帯の防備に当たるうち、何の前ぶれもなく後輩の主計中尉が到着。後任主計長として着任しましたといわれ、びっくり仰天。

「おいおい。ハミ出したオレは、いったい、どこに行けばいいんだ」

あちこち問い合わせてみると、八十二警主計長に発令されているという。

四日後の真夜中、ようやく船をつかまえて退艦。マーシャルの中ながら東側のタロア島から、西側にある主島クェゼリンに向かった。事代（ことしろ）丸という船名はイカメしいが、わずか九トンの豆漁船。そのころ幅を利かせていた焼玉エンジンをトントンと響かせ、時には不整脈のような、トトトトプスンなどとキモを冷やさせながら二日二晩、四十時間かかって、ようやく目的地に着いた。

　平時でもたまには起こるが、戦時は、しばしばだった。転勤する先が、作戦任務であっちこっち移動する。組織の先端にあたる部隊が、いまどこにいるか、司令部でないと掌握していないのだ。

　クェゼリンからトラックまでは、四発の大型飛行艇（大艇）便。着いたと思ったら、デング熱にとりつかれ、発熱四十度。転勤どころではない。水交社（士官クラブ）で、十日間寝込んでしまう。

熱が下がったら、すぐ出発。こんどは双発の攻撃機（中攻）でラバウル着。即日、潜水艦に便乗して、ニューギニアのラエへ。艦内で二泊し、三日目の夜、敵魚雷艇がいないことを見定めて浮上。近寄ってきた交通艇に乗り移り、陸揚物資といっしょに桟橋に急ぐ。

途中、振り返ると、潜水艦はもう潜航をはじめていた。

「さぁ、ニューギニアだ」

制空権も制海権も奪われた戦地への転勤風景だが、なんとも情けない話だった。

ここで付け加えておきたいのは、こんな僻地に転勤するとき、本人はガックリ来ていないか、足が竦（すく）んだりしていないか、ということだが、ふつうは、そんなふうには考えない。病的に臆病な者は知らず、淡々と新しいポストにつく。

戦場では人の生死にはあまり心を動かさなくなる。麻痺してしまう。そうでないと、生きていけない。だからこそ戦争は怖ろしいといえるが、戦場に現に生きている者にとっては、そこで生きることが先である。生きていなければ、戦えない。生きるには、麻痺することだ。でないと、人間は発狂する。常軌を逸する。一日後、一時間後に、自分が生きているかどうか、まったくわからない世界に、人間が、いつもと変わらぬ、平静な心でいられるのだろうか。

テンポの早い米軍の攻勢

さて、ラエに着いてみると、まだここは、静かだった。八十二警の本部は、海岸から百メートルくらいの小高い丘の上にあった。そのころ第一線は、ラエより南のサラモアだったので、ときたま敵機の空襲がある程度。

それから約一ヵ月たった六月二十日。石橋主計大尉は、夕方、烹炊所の横で、ドラム罐に沸かした風呂に入っていた。

昔、五右衛門風呂と称する鉄の大釜があった。水を満々と張って、釜を焚き、湯を沸かす。その湯を適当に埋めて入浴するが、怪盗石川五右衛門が釜茹でにあっているようなヘンな気持ちで、はじめは落ち着けない。ことに、釜の底に敷いて熱気を遮断しているスノコが、木製なので、下手をすると足の裏や尻の下をスリップして、ピョンと浮き上がり、猛烈にあわてふためく。それと同じ要領のものだが、慣れると、じつに素朴で風情がある。

ドラム罐に首まで浸って、石橋主計大尉、すっかりいい気分になっていたとき、いきなりバリバリッと機銃掃射だ。

「ウワッ」

ドラム罐をとび出し、地面に伏せた。ガーッと、空が裂けるほどの爆音が迫り、思わず見上げると、敵のパイロットと目が合い、一瞬後には遠ざかっていった。

もちろん素っ裸だったので、胸から腹から砂だらけ。あわててドラム罐に入り直したことだったが、はじめての経験である。

敵のグラマン戦闘機十六機がひどいやつで、相当手前からエンジンのスイッチを切り、滑空しながら侵入、機銃掃射をかけてきた。だれも気づかなかったから、警報は出なかった。

不意を打たれると怖い。すぐに対応できないばかりか、パニックを起こす。

その日が、キッカケだった。それから毎日、B24四発大型爆撃機の編隊爆撃が激しくなる。

何か敵が大規模な攻勢をしかけてくる前兆だろうと話していたが、そのとおり、六月三十日、サラモアのすぐ南、ナッソウ湾に大部隊を揚陸してきた。

予期できなかったわけではない。米軍の暗号は解けなかったが、無線交信の発受信、宛先、位置、電報の重要性（緊急信か普通か、優先的に扱われている電報か普通信か、長文のものかそうでないかなどによる判断）などを追跡していると、積み重ねによって自然と見当がついてくる。その結果、近いうち、南東方面で大規模な新作戦がはじまるだろうとは警報が出されていた。

しかし、漠然とした警報はあったにしても、現実に沖合いに大船団が現われ、艦砲射撃と銃爆撃を浴びせてきて、自分自身、突然、絶体絶命の境に立たされることとは直結しない。思いもよらない。「大規模」攻勢とは、ナッソウ湾に侵入してきた敵兵の数だけをいうのではない。同じ日、ソロモン諸島のまん中あたりにあるニュージョージア島（海軍のムンダ基地がある）。そのすぐ前にあるレンドバ島に、一コ師団と一コ連隊にのぼる大兵力を注ぎこんできた、その戦略的な駒の進め方を指している。

つまりこれ以後の敵の攻勢は、それ以前のものとまるで性格が違ってきた。敵は開戦後一年半の間に、すっかり日本海軍の手の内を読みとった。強点と弱点を分析し、かれの強大な生産開発能力にモノをいわせ、日本海軍が縦横に使いこなしている兵器を超えた高性能、強

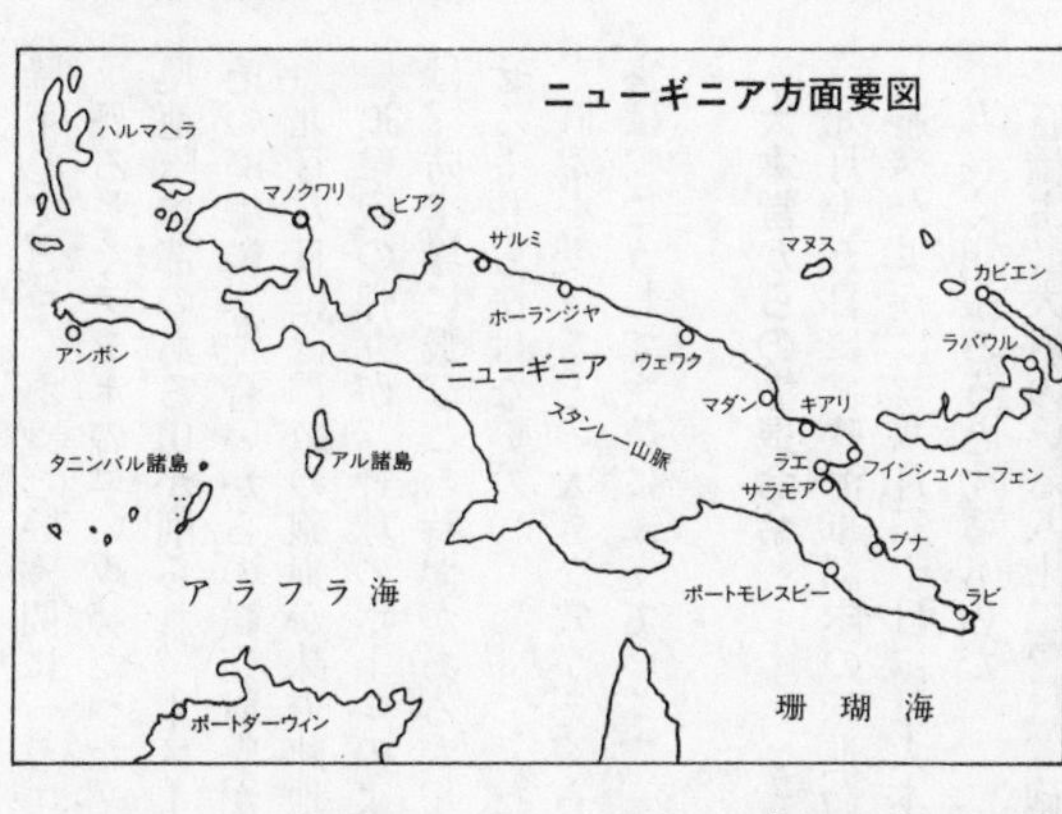

力かつ圧倒的物量の戦闘力を準備し、満を持して衝きあげてきた。

たとえば空母機動部隊の場合。日本海軍の航空部隊がどれほど優秀な（といっても、真珠湾当時の搭乗員とは、練度に大差があったが）搭乗員を選び、十分な機数を揃え、自信をもって突撃させても、実際の（報告そのものでなく）戦果は信じられないほど少なく、被害は信じられないほど多かった。全滅に等しい損害を受けることもあった。

こんなことはそれまでにはなかった。いったいどうしたのだ。

この力のインバランスは、機動部隊だけのことではない。陸上戦、航空戦、海上戦のどれにも当て嵌（はま）った。要するに、体力、気力、術力のありったけを振り絞り、全力を揮い、勇敢に戦っているのに、どうしても勝てなくなったのである。

大本営は、八月三十日、ラエ、サラモアからの撤退を発令する。

九月四日、敵軍上陸部隊が、いわゆる飛び石作戦でラエの東側に来攻、翌日はラエの西側に落下傘部隊が降下してきた。あっという間に、ラエは挾み打ちに遭った。

恐ろしくテンポの早い攻勢だった。連日、百機以上のB24大型爆撃機による絨緞(じゅうたん)爆撃で根拠地隊本部のある山が削られ、十メートル下の防空壕までつぶされ、建物は薙(な)ぎ倒された。その廃墟に、沖合いからの艦砲射撃が容赦なく撃ち込まれた。

九月八日には、敵の砲弾が味方陣地付近に落下した。石橋手記は、いう。

『追撃砲の弾丸が、野球のボールのように山越しに飛んでくるのが見える。空からの爆撃には、防空壕に飛びこむ時間があるが、砲弾には、シュルシュルという音が聞こえたら地に伏せるより方法はない。

直撃を受けると、大きな穴がえぐられ、それとともに身体が宙に飛んでしまう。味方の損害は、こうして次第にふえていく』

大本営からの撤退命令

九月十五日に、陸海軍部隊の転進命令が出された。

述べたように、八月三十日には大本営からの撤退命令が発令されていたが、現地軍は少しでも長く頑張ろうとするものだ。

石橋主計大尉のいる八十二警は、砲弾を最後の一発まで撃ちつくし、撤退部隊の最後尾を進んだ。先頭は、海軍の第七根拠地隊司令部、次が佐五特、陸軍部隊、八十二警。全部で約八千名。

行軍で一番大事な先頭とシンガリを海軍部隊が引き受け、陸軍部隊を護衛する形で行進する。行軍の訓練など、ふだん受けたことのない、陸に揚げられたカッパのような海軍部隊に、そんな重要な任務が果たせると思ったのだろうか。

ともかく、この八千の部隊は、四つのグループに分かれ、四千メートル級のニューギニア脊梁山脈――サラワケット山を越えなければ、目的の北海岸にあるシオには到着できないハメになった。

『出発の夜、十五夜の大きな赤い月が、砲声のやんだラエの陣地を照らしていた。つぎつぎと、声もなく部隊はジャングルの中に消えてゆく。主計隊は、行軍のしんがりとなり、ラエをあとにする。これが地獄の転進のはじまりになるとは、知る由もなかった』

手記は述べる。

ジャングルの中を歩くのは、むずかしい。夜は山に眠り、雨には打たれっ放し。足許に気をつけないと、樹の根に足を引っかけ、手痛い目に逢う。といって下ばかり見て歩くと、こんどは方角を誤る。

十日ほど過ぎて、小高いところに登ってみた。あろうことか、振り出しのラエ海岸に向かって歩いていたではないか。仰天する。

この失敗はコタえた。この転進を予想して、サラワケット山に入る手前の予定地点に、食糧などの補給品を集積しておいた。それが方向を誤ったためにその場所が見つからず、とうとう手に入れることができなかった。

道路のないジャングルの中に、標識などあろうはずはない。道に迷ったら百年目だ。食糧がなくなった。

気をとり直して北に向かい、三日目、川岸に着く。幅五十メートルくらいだが、濁流が腹に沁みる音を立てて流れている。陸軍の工兵隊が苦心して丸木橋を架け、その橋を敵機に気づかれないよう、一人ずつ渡る。陸軍部隊が先だ。海軍部隊も八十二警の主計隊が渡り終わったのは、四日目の日が暮れるころだった。

ジャングルの中で三日三晩待機するのは、辛いものだ。

海軍式行動計画

乾パンがなくなったので、水を呑みながら、ジャングルの道なき道を登る。雨の日が多い。二週間で目的地に着く予定でいたが、その日も過ぎた。あとは何日かかるか、わからない。落伍する者が出はじめる。マラリアと下痢で、動けなくなるのだ。

正面にサラワケット山が屛風のように聳え立っている。

「あれを越えなければいかんのだ」

気が遠くなりそうだった。

『食糧も尽き、疲労困憊していた。

「これでは、とても生還は覚束ない」

とひそかに覚悟する』(手記)

手記をつづける。つぎは、サラワケット越えである。

『サラワケット山は、山また山が幾重にも重なり、尾根に登ったと思うと谷に下り、またさらに尾根に登る。断崖にぶつかると、工兵隊の架けた藤蔓（づる）の梯子をのぼり、あるいは数本の太い蔓を順々に摑まえ、崖をまわって登ってゆく。

部隊は、前人未到の四千メートルの高山に、食糧尽き、夏の衣服のまま、何一つ予備知識もなしに、ただひたすら北に向かい、土民も通らぬ道を登っていった。

私（石橋主大尉）は、本隊から遅れ、山の麓に泊まる。朝目覚めると、隣に寝ていた陸軍の兵士が、そのまま冷たくなっていた。三千メートル以上になると、赤道直下ながら、寒気がきびしい。

山頂をめざし、前の部隊が踏み固めた山道を登ってゆく。

山頂の台地は湿原になっていた。おそろしく寒い。寒さと岩肌とで木も大きく伸びないのだろう。一面、霧につつまれて、あちこちに沼のような水たまりがあった。

前の部隊の通った道を踏みはずすと、足首まで泥の中に潜ってしまう。高さのせいか、息苦しい。

道ばたに倒れ、半ば泥水に漬った死体は、ほとんど衣服を剝ぎとられ、中には股の肉を削（そ）ぎとられているのもある。飢えと寒さと酸素の欠乏で、人の心を狂わせたのか。

ここで倒れたら最後だと、気力を振り絞る。そして、足を早める。

夕闇が迫るころ、前の方にかすかに明るい部分が見えた。霧のむこうに何かある。慎重に近づいてみると、断崖だった。とうとう山の北側に出たのだ。昼間ならば、おそらく太平洋が見えるはずだ。

「暗くならないうちだ。急ごう」

気力が甦(よみがえ)った。さきほどまで鉛を引きずるように重かった足が、軽く動く。踵を踏んばって急坂を滑り降りる。

山を越えた部隊は、編制も何もバラバラのまま、ともかく坂道を降りるだけ。そのうちに土民の集落に出たが、芋畑は先に通った部隊がすっかり掘り返し、最後尾を行く八十二警の主計隊の分け前は、何一つ残っていない。ドッと疲れが襲う。

何でもいい。腹に入れないと、足が前に進まなくなっている。そこで、畑を徹底的に探り、小指ほどの根芋を集め、つぎの芋畑を目指す。

こうして、ついに海の見える集落（キアリ部集）にたどり着き、陸軍の救援部隊の食糧補給を受け、米を炊いた一杯の粥に、地獄で仏に逢った思いを噛みしめるのである。

八十二警の歩いた道のりは四百キロ、四千メートルの山越えを含む四十日にわたる海軍部隊としては初めての難行軍であった』（手記）

じつはこの転進は、距離が、計画と実行で二倍半も食い違った。はじめ、ラエからキアリを経てシオに達する二百六十キロあまりの道を、一日行程十六キロ、十六日行程とし、一日六百グラムとして十日分の携行食糧を持たせ、たりない六日分は食い延ばしをさせれば賄(まかな)える、と計算した。このほか、進路途中数ヵ所に食糧などの集積を計画した。

この計画には、海軍式行動計画の特徴がそのまま出ている。海軍では、海の上を艦艇で走る。エンジンを何回転で回せば、何ノット（毎時一浬（マイル）走る速さ。一浬は一・八五二キロ）の速力が出るから、仮に十六ノットで航海すれば一日に七百十一キロ移動できる。もっとも風や潮のため多少は流されるが、この場合、大した量ではない。

そうして、海図の上に、大ぶりの六十度三角定規二つを、慣れた手つきで上手に操り、角度をもたせた直線を、すばやく引く。つぎは、コンパス（デバイダー）に緯度目盛りを整え、それをクルクルと器用に回しながら直線の長さを測っていく。

「艦長。入港は明日一〇三〇（ヒトマルサンマル）（午前十時半）の予定です。一割の余裕を見ていますから、まず大丈夫でしょう」

「よかろう。電報を打ってくれ」

そんなことだから、陸上には山あり川あり谷あり森あり、そういう地形地勢の変化によって、陸戦は大きな影響を受け、時には予想もしない結果になったりすることへの認識と理解が、どうしても薄くなる。

一年近く前、ガダルカナル戦で、陸軍部隊は総攻撃を二度失敗した。その二回目（十七年十月二十四日）は、連合艦隊も直接、間接の総攻撃支援に出動したから、この認識のギャップが痛烈に表面化した。連合艦隊参謀長宇垣纏中将は、陣中日誌「戦藻録」で陸軍を手ひどくやっつけている。

確かにこのとき、陸軍第十七軍司令官の二十日付電報は、

「日米決戦ノ機正ニ熟シ、軍ハ二十二日ヲ以テ総攻撃スベキ旨本朝下令セリ。将兵一同決死敢闘、一挙ニ敵ヲ殲滅シ　聖旨ニ応ヘ奉ランコトヲ期ス」

という勇壮かつ敵を呑んだ内容で、連合艦隊の各艦隊司令長官、参謀長に宛て打ちこんだものだった。

ところが、二十一日夕方になると、敵陣地前の地形の関係で、総攻撃を二十三日に延期するといってきた。

連合艦隊からいうと、付近に敵機動部隊が出てきている気配があり、それへの顧慮が必要になった。そのとき、総攻撃を日延べされ、帰るわけにもいかず、洋上をボヤボヤ動いていなければならないので、各艦艇に積みこんだ燃料は、確実に減っていく。敵艦隊との決戦では、各艦は全速力で走り回る。当然、燃料消費が一気にふえる。

ジリジリするほどの気持ちである。とても待ってはいられない。しかし、待たないわけにいかない。ところがこんどは、二十三日の総攻撃を、二十四日に延ばすという。

『啞然たらざるを得ず』

と「戦藻録」がいう。

『攻撃を伴ふ陸上戦に、日を限定し、これを基礎として大部隊の艦隊作戦を期すること、これにてこりごりなり』

しかも、その二十四日の総攻撃は失敗してしまったのだ。

飛行場近くまで突っこんでいった部隊もあったが、火ぶすまのような銃砲弾の前にさらされた明治時代どおりの肉弾攻撃は、あまりにも無力であり無残であった。

ボロボロになった身体

——ラエからニューギニア北岸のシオへ、サラワケット山を越える転進は、十六日でシオに着く最初の予定が、三十日もかかった。当然のように、途中で食糧がなくなった。水だけを飲み、川を渡り、ジャングルを抜け、標高三千五百メートルから四千メートルのサラワケット山を攀じ登った。断崖絶壁が、いたるところにあった。大密林地帯だった。断崖から足を踏みはずし、転落死する者、寒さに堪えられず凍死する者、などのほかに、数百名の落伍者が出た。八十二警は、ラエ出発のとき、佐五特（佐世保第五特別陸戦隊）の一部を加え、約千名はいたものが、シオに着いたときは、三百十五名に減っていた。

佐五特の本隊約千名はサラモアから転進してきたのだが、八十二警よりも早く、九月十二日にラエを出発、シオに着いたときは、三百名たらずになっていた。一日で三百五十名、三百六十名の落伍者が出た記録があった。

シオでは、潜水艦から食糧を受け、そこで十日分の貯蔵食もでき、はじめて生き返る思いがしたという。無理もなかった。

人跡未踏といわれた東部ニューギニアの海岸地帯。サラワケット越えでも見られたように、中央脊梁山脈に連なる高地は、熱帯圏ではあっても、千メートルも登ると急に涼しくなる。トマトやジャガ芋が収穫されるほどで、それをよく知っている連合軍、ことに豪州軍は、海岸地帯には降りてこない。高地地帯に飛行場をつぎつぎに造り、海岸を歩く日本軍を銃爆撃する。

日本軍が行動したニューギニアの北側、海岸地帯は、猛烈に湿度が高く、雨が多く（年二千から三千ミリ）、ことにダンピール海峡に面したフインシュハーフェンは、年降雨量六千ミリ。東京、大阪の約四倍もある。

それにもかかわらず、ダンピール海峡は、万難を排して遮断しておかねばならなかった。豪州を大策源地とする連合軍の反撃、とくにマッカーサー軍がフィリピンに向かう最短ルートに当たる。フインシュハーフェン、その前方（敵に近い方）のラエ、サラモアは、どうしても抑えておかなければならなかった。

その証拠に、サラモアから七根、ラエから八十二警、フインシュハーフェンから八十五警が撤退、北岸のシオに集結すると、連合軍はなだれを打ってダンピール海峡（隣のビティアス海峡を含む）を通り、北岸を西へ、蛙飛び作戦のピッチを上げた。

八十二警の石橋主計長は、十月二十二日、シオにたどりつくことはできたが、さすがに発病。輸送任務で入ってきた潜水艦に担ぎこまれ、ラバウルに到着。海軍病院に入院する。そのうち、入港した病院船に移され、ボロボロになった身体を、内地に戻って、ようやく修復することができたという。

分岐点〈マダン防衛〉

——八十二警　安藤重義主計大尉（東商大出身）の場合

幸運と不運の分かれ目

三百十五名に減った八十二警は、フインシュハーフェンから撤退してきた八十五警といっしょになり、一月中旬、陸軍五十一師団長の指揮下に入り、シオから海岸沿いに西進、マダンに向かうことになった。

その間、石橋主計長の後任として、二年現役一期上の安藤重義主計大尉（二十年五月主計少佐）が着任する。その経緯が、このように安藤手記に述べられている。

『（十八年九月、在ニューギニア八十二警備隊主計長兼分隊長という辞令をもらい、さっそく八十二警がどこにいるかを問い合わせたところ）部隊はラエの戦闘でほとんど全滅し転進中とかで、いまどこにいるか、大本営も知らないとのこと。そこへ転勤しろとは、チト酷な話と思ったが、平素の国恩に報いるにはこの時を措（お）いて他にないと固く決意し、一族と別れを告げ、ない便（びん）をムリして探し、横浜からラバウルに行く。そこで、食糧を運ぶ潜水艦に頼みこみ、暗夜ニューギニアの海岸に近づき、食糧といっしょに海中に放り出してもらう。陸から来る発動艇に首尾よく拾われる確率は、十分の三くらいだそうだが、運よく拾われる。手には、軍刀と潜水艦士官室から餞別にもらった鰹節二本残っただけだ。

それから数日、部隊を探した。そして、湿気で白く煙った谷間に、蛭のようにへばりついたわが八十二警を見出したとき、正直なところ、しまった、と感じた。何も来る必要はなかったのだ！』

主計長兼分隊長としての仕事は、あれではとても果たせるわけはないのに、食糧を消費する「口」は、一つだけ確実にふえる。

しかし、そうも言っていられない。気を取り直して着任した八十二警は、『司令以下百名あまり。一日一合の米を炊き、塩と、パパイアの青い皮を漬けたもので過ごす』日々が実情。

艦砲射撃を、夕方二回、かならず受けた。

そして、述べたとおり、八十二警はマダンに向かう。このときの部隊総員三十三名。ラエでは千名いたものが、三・三パーセントしか生き残っていなかった。

マダンに近づくころ、思いもよらず食糧の補給を受け、同時に隊員も補充された。このとき主計科には、台湾義勇隊員二名が配属された。

この義勇隊員がすばらしい人たちだった。『勇猛無類。夜陰、敵のテントに忍び入り、ダイナマイトでこれを爆破し、ドクサクにまぎれ食糧を奪う』

マダンからさらにウェワクに転進するうち、安藤主計長も発熱、落伍。草原に行き倒れ、自決しようとピストルを出したら錆ついて動かず、死ぬにも死ねぬ思いで投げ捨てたところ、それを偶然にも主計科配属の義勇隊員に発見され、背負われて夜の闇に進むことができた。

そこで、たまたま故障して本隊に遅れた陸軍の発動艇をつかまえ、頼みこんでウェワクまで送ってもらう。転進中だから、味方はみな移動している。その流れの中で、発病して動けなくなると、その瞬間からその病人は取り残される。安藤主計大尉は、途中から加わった台湾義勇隊員に背負われて移動をつづけることができ、そのために救われた。

戦場の幸運と不運の分かれ目である。いや、戦場では、幸運が訪れるのは一度しかない。それを摑みそこねると、その幸運は二度と訪れないともいう。

湧いてきた希望

ウェワクの陸軍野戦病院跡に着いた。そこには、病舎だったらしい崩れた小屋があちこちにあり、たくさんの動けない病人が、暗いアンペラの上に横たわっていた。

元気で、歩くことのできる者は、軍医官が引き連れて、転進してしまったという。

夕方になって、敵機十数機が来襲した。このころは、連合軍の搭乗員も腕が上がっていて、二年前の開戦初期とくらべると、別人のようにうまくなっていた。チーム爆撃とも言えそうな、編隊で椰子林の上をガーッと航過し、銃爆撃すると、たちまち、立っている木は一本もなくなり、そこら一面、平らになってしまう。ところどころ、白い煙が立ちこめる。このため、アンペラに寝ていた病人たちは、ほとんど戦死してしまった。

そのうち、四月に入って、また幸運がやってきた。ホーランジヤに行く陸軍の便船に乗ることができた。ウェワクからホーランジヤまで、陸路を歩いて行こうとしても、とてもとても行けるものではない。僥倖で船便が手に入らなければ、そのまま、ニューギニアの土になっていたであろう。

ホーランジヤの海岸を出、四キロの道を、ついてきてくれた高砂義勇隊の二人に守られながら、九艦隊司令部に着いた。

着いてみると、後任副官に同期の飯塚主計大尉がいて、それまですべてに絶望していた安藤主計大尉にも、少しずつ希望が湧き、身体も回復していくことになる。

何ヵ月の間の飢えと、マラリアの高熱で、安藤大尉は骨と皮になっていた。毎日が、野宿の連続であり、着ていた陸戦用の三種軍装も汗と泥まみれ。緑がかったカーキ色から、色もあせて、褐色に近くなっていたという。

かれの食事が、重湯からおかゆになり、少しずつ食欲が出てきたころ、例のドラム缶の風呂に入れてもらった。ところが、入ったら目をまわし、倒れてしまった。おかしなことがあるもので、それから憑物（つきもの）が落ちたように、食欲がもとに戻った。

同期の飯塚副官の苦心と配慮によって、四月二十一日夕刻、設営隊のポンポン船に便乗、西部ニューギニアのマノクワリに向け、ホーランジヤを出港することができた。おそるべきオンボロのポンポン船だったが、そんな贅沢はいっていられない。

出港翌朝、米哨戒機がポンポン船を発見、頭の上にまで近寄ってきたが、そのまま飛び去った。考えられないことだった。いつもなら、日本の船と見ると、禿鷹のように襲いかかり、食いついたら殺すまで離れないものを、そのまま飛び去ったのは、何かよほど大きな作戦行動をはじめているのだろうか。

その推測は、当たっていた。それも、昨日出てきたばかりのホーランジヤに、連合軍大部隊が攻めこんだのである。

そして五月、安藤主計大尉はニューギニア西部のマノクワリ着。第八十五警備隊司令部にたどりついた。司令部では海軍省人事局から安藤主計大尉にたいする「横須賀鎮守府付仰セツケラル」の異動電報を渡され、つづいて、「敵のホーランジヤ来攻により九艦隊司令部、長官以下全員消息不明」というニュースを受けとった。「全員」という二字が、胸を裂いた。その中には、別れてきたばかりの飯塚副官も、含まれていた。

蠅と蛆と〈マヌス防衛〉

――八十八警　中村幸男主計大尉（日大出身）の場合

死ななきゃ帰れん

ブーゲンビル島の西岸にあるタロキナ岬に、昭和十八年十一月一日、米軍大部隊が来攻したことは、既に述べた。

この来攻は、南東方面の戦局にたいして、「王手」をかけたもので、その一手を打たれた後は、戦況は雪崩(なだれ)を打つようにして悪くなった。

対米海軍作戦の心臓にあたるトラック基地。それを、北進してくる脅威から護る鉄壁、ラバウル。そのラバウルが、タロキナ飛行基地から飛んでくる小型機に制圧されるようになった。

十九年一月になると、毎日四、五十機から三百機くらいが来襲する。二月は十九日までしか記録はないが（以後、味方機は全部トラックに移り、南東方面には一機もいなくなった）、一月よりもさらに機数がふえ、ほとんど毎日百機以上が来襲した。

敵機は、ソロモン方面（カダルカナル、ムンダ、タロキナ、ルッセルの各基地）に、大型機百機、中型機二百五十機、小型機三百五十機、ニューギニア方面（ポートモレスビー、ブナ、ラエ、フインシュハーフェンの各基地）に、大型機百三十機、中型機三百五十機、小型機五百機を展開。このほかに空母部隊の約三百機を加えると、約二千機。

それにたいする日本側は、約二百五十機（うち戦闘機約九十機）で、みな一直配置。何号機の搭乗員は、何某航空兵曹の配置で、交替要員はだれもいない。

「われわれは、死ななきゃ内地には帰れんのです」

そんなデスペレートな言葉さえ口にするようになる。

日本海軍というところは、なぜ部下を休ませて体力、気力を回復させ、ベストコンディションで戦わせ、敵をやっつけて帰って来させようとしなかったのか。

貧乏海軍なら貧乏海軍らしく、人や物をなぜもっと大事に使わなかったのか。もっと勉強をして、航空戦や潜水艦戦、ないし近代戦の本質を突きとめ、もっと適切に、最大効果をあげるように、指導しなかったのか。

勝たねばならぬ戦であればあるほど、指揮官や参謀は、部下が勝ちやすい戦を戦い得るよう、心を砕き、創意工夫を凝らすべきだ。

しかしそれは、太平洋戦争では、例外を除き、ほとんど行なわれなかった。これから述べる話の多くは、まさにそれを例証する一つ一つであった。それにしても二年現役主計科士官たちは、こんなところにまで行っていたのか、と嘆息させる。

この世の生き地獄

昭和十八年十二月も押しつまって、第八十八警備隊はカビエン出港。東部ニューギニアの北岸、沖合い遙かに横たわるアドミラルティー群島、その中で一番大きなマヌス島（淡路島の約三倍の大きさ）のロレンゴウに上陸。急いで対空火器を据えつけ、飛行場周辺を固めた。

一応、セットし終わった十九年一月一日。

「敵サン、よく研究しているから、今日あたり来るぞ」

半ば冗談に言っていたら、ほんとに来た。爆撃である。そして、それをキッカケにして、攻撃をエスカレートさせてくる。

八十八警はムンダから来たので、心得ていた。

そのころ、内地から「大和」「武蔵」で連れてこられた善通寺師団の一部、約三千名が上陸してきた。制空権、制海権を完全に敵に奪われているマヌス島に上陸するのだから、ガダルカナル式のヒット・アンド・ラン上陸である。

八十八警主計長中村幸男主計大尉（二十年五月主計少佐）は、見ていて重苦しい気持ちになる。制空権や制海権はとられたまま、ガダルカナルのように兵力を送りこめば、ガダルカナルの二の舞いになるのは、当然じゃないのか。

二月二十九日、敵はついに上陸してきた。ウンカのような大軍とは、このことだった。もちろん、味方は猛烈に反撃し、上陸用舟艇はもちろん撃退、敵輸送船三隻、駆逐艦二隻、巡洋艦一隻を撃沈した。

だが、そのあとが凄かった。空母機の爆撃、水上艦艇の艦砲射撃を、これでもかこれでもかと繰り返した。制空、制海権を握った上、日本軍の反撃力を根こそぎ無力化し、状況を見きわめて上陸して来るので、防ぐ側にとっては、生身の人間であるかぎり、手も足も出ないのが当然だ。

『マヌス島には、一万人にたいする三年分以上の食糧を装備してあった。飛行場近くの倉庫に三分の二、ロレンゴウに三分の一を分けて備蓄していたが、飛行場一帯は敵に占領され、倉庫は爆撃で飛散するか炎上しており、ロレンゴウの倉庫が命の綱となったが、今となっては、それさえ危なかった』(中村手記)

しかも、敵の上陸以来、戦死者が、毎日百名、百五十名と続出。警備隊司令も意を決し、最後の総突撃の日どりまで決めた。が、ジャングル内の突撃には、手榴弾が欠かせないのに、それまでの戦闘で使ってしまって、手持ちが一個もなくなっていた。

ラバウルに請求するが、輸送の方法がない。そのうち、飛行場を敵機が使いはじめ、ピストン攻撃を始めたので、事態は急転直下した。

それ以後は、司令と分かれ、島の南側につづく二百メートルくらいの台地のまん中あたり、高さ四百メートル前後の山を目あてにジャングルの中を歩く退避行になる。そこまで行けば、サゴ椰子が密生しているので、食糧を確保できるという見込みだった。

そこまで、約四十キロ。何一つ食べる物を持たず、すでに包囲態勢をとる敵の目を避けながら、どうすれば歩き通すことができるだろうか。

中村手記にいう。

『昼なお暗いジャングルを彷徨し、木の根、草の根を嚙む。食物はまったくない。見渡すかぎり大木ばかり。この大樹に下から生え上がっている水苔が、唯一の主食である。しかし、これがなかなか咽喉を通らない。一度通ればもう大丈夫だが、これを通すことのできなかった者は、つぎからつぎに倒れていった。

山中でときたま見かけるヤモリがいると、大切な食糧だ、捕まえて食べる。焼く火はない。ナマで、そのまま呑み込む。のどぼとけから食道に下がっていくころ、ヤモリが最後のあがきを見せる。ピクピクと動くのが手にとるようにわかる。

「おれも命がけだ。許してくれ」

無意識のうちに頼んでいる。南無阿弥陀仏。

だが、この小さな動物に哀れを感じるのに、敵と渡り合っているとき、なぜこのような気持ちが起こらないのだろう。

人間の闘争心、憎悪ほどむごたらしいものは、ほかにあり得ないだろう』

『野良犬のように、ジャングルの中を歩き、米兵の捨てた食べ残しのレーションを野良犬と争ううち、友軍らしい人が泥沼の中に立っている。声をかけても返事がない。近づいてみると、沼の中で休んでいるうちに、事切れたようだ。二本の足と杖とで、三脚を立てたようになり、硬直している。二時間もすれば硬直はとれ、崩れるように倒れてしまう。こうした姿が、あちこちで見受けられた。餓死した人たちである。まさにこの世の生き地獄である』

　このような状況では、もう、

『死の恐ろしさもなく、生きている歓びもない。意識は朦朧として、自分に敵対してくるものを斃し、自分の生命を保っているだけ』（手記）

になっていた。こんな、おそろしい記述もある。

『丸腰となって山に入ったわれわれは、来る日も来る日も、前夜見た夢の話に花が咲いた。

会話の内容は、ほとんど食べることばかり。

「おれは、昨夜故郷に帰り、マグロの握り寿司を腹一杯食べ、苦しくて目が覚めた」

「おれはスキヤキをたらふく食った」

「おれは天ぷらだ」

　などと、自分の一番好きなものを夢に見て、それから二、三日もすると、かならず死んでいった。

　私の場合も、好きなものの夢を見た。目の前にご馳走を並べられた。なぜかわからないが、待たされていた。つい、舌なめずりする。生唾を呑みこむ。その間のツラいこと。やがて食べることになった。飛びつく思いで、箸をとろうとすると、手が動かない。オイ、手が動かないぞ。どうしたんだ、この手は。動かんはずはない。なにくそ。エイッ。

　思い切り両手に力を入れたら、パッと目が覚めた。それで私は助かった。夢の中で好物を食べることに成功した者は、助からなかった。そして、夢に出てきた家族と言葉を交わした者もまもなく死んだ』

中村手記はつづく。

『夢の中で食べ物を腹一杯食べた人、または家族と話をした人たちは、その時点で霊魂が故郷に帰っており、その同じ時、内地の家族の人たちもきっと戦地に出征している父や兄弟たちの夢を見られたことだろう。霊魂不滅というのは、このような事実を認めているからで、また私たちも、それを認めたいのだ。第一線にいると、ほんとうに不可思議なことが、つぎからつぎへと起こってくるものである』

戦場とは、つまるところ、人間を動物人間に引き戻してしまうところなのだ。原始人間、と言い換えてもよい。霊魂が南半球から北半球に、ビスマーク、ソロモン諸島から日本へ、五千キロを瞬時に飛び来り、飛び帰るなど、起こるはずはないとしか思えないが、それが起こるから尋常ではない。

嚙みしめた母の愛

じつは、似た話を、私（筆者）も前に述べたクラスメートの高橋義雄中佐から聞いている。かれは、南東方面の防衛を担当する第八艦隊通信参謀に補任され、十八年十月末、ブーゲンビル島南部、ブイン基地の艦隊司令部に着任した。そのころの、文字どおり最前線である。

大本営で定められた戦争指揮要綱を見ると、ソロモンは、「絶対国防圏」には入っていなかった。一言でいえば、「捨て石部隊」、ないし「玉砕部隊」であり、敵が来たら極力持ちこたえて敵にできるだけ損害をあたえ、それによって、絶対国防圏の防備が固まるまでの時間を稼ぐという、おそるべき任務をあたえられていた。

そこに、ブーゲンビル西岸のタロキナ岬に、敵大部隊が上陸した。タロキナからラバウルまで、三百七十キロしかない。小型機が自由に飛べる。ラバウルに王手がかかった。

飛行機の搭乗員にも、艦隊の乗員にも、危機感がのしかかって、戦いは凄絶をきわめた。しかし、どれほど勇敢に戦っても、日本軍は勝てなかった。まず、量が圧倒する。そして、質も大きく差をつけられた。どうしようもないほど、力の差が開いていた。

陸軍第十七軍が動き出した。このまま何もせずに朽ちるよりも、十七軍主力一万を挙げて敵を攻撃、敵の大軍を牽制、状況許せば飛行場を奪取して、ラバウルへの敵の圧迫を阻止しようという。

作戦の初期は、予想以上にうまくいった。だが中期——立ち上がりの好結果をひろげ、さらに王手をかける強大機敏な集中力、海軍航空の来援に望みがかけられたが、ダメだった。

米軍の巧妙な戦略だったかもしれないが、十九年二月半ばのトラック空襲で、あまりにも決定的な大打撃を受けた。くり返すが、最高指導部——連合艦隊長官と大本営がパニックに陥った。後詰めの予備機はもちろん、南東方面の飛行機一切を引き揚げさせ、潰滅したトラックの防衛に注ぎこんだ。

ブーゲンビルの危機など、眼中になかった。トラックを失えば、日本海軍の存在価値がなくなるのだ。

タロキナ戦場は、たちまち奈落に陥ちた。ガダルカナルと同じ状況になった。三月下旬の総攻撃に失敗した十七軍は、第一線部隊の九割を失い、飢えと疲労に苦しみながら、戦場を捨て、約一ヵ月かかってブイン地区に戻ってきた。

ボロボロの状態だった。

隊員のほとんどが、栄養失調症にかかっていた。悪くなると、骨と皮になり、胃腸が弱り、異様に下腹がふくらんでくる。消化吸収機能がやられ、動作がにぶくなる。それほどひどくやられていない者でも、マラリアとの合併症にかかれば、どうしようもなくなる。

マラリアにかかると、まず激しい悪感戦慄に襲われ、身体中ふるえがとまらず、熱帯地なのに毛布を何枚かけても寒い。つぎは、発熱期だが、とたんに三十九度、四十度の熱が出る。猛烈な汗をかく。

マラリアでも、三日熱は一日おき、四日熱は二日おきにこの病状をくりかえすが、熱帯熱は、はじめから毎日高熱がつづくからたまらない。二日目くらいから意識が混濁しはじめ、やがて脳をおかされて意識不明になる。

栄養失調にマラリアが合併すると、体力は凄じいまでに消耗する。

隊伍を組み、重い荷物を担いでジャングルを歩くとき、無惨だった。もし落伍して列を離れたら、それで最後だ。

列の人たちは、自分一人を支えるだけで精一杯。落伍した者を背負って歩くなど、とてもできる状態ではない。

その上、始末に困る風土病があった。熱帯性潰瘍だ。虫に刺されたところを、掻いてもいけない。たちまち腫れる。そこから潰瘍がはじまる。崩れて、肉がはじける。ひどくなると、骨が見えてくる。そこに、蠅がたかる。

疲労しきっているから、蠅を追う力はない。蠅は、傷口はむろん、目、口、鼻にたかり、蛆（うじ）がわき、腐爛し、熱帯のはげしいスコールに叩かれて、白骨だけがそこに残る。地獄である。

タロキナ作戦中、高橋参謀が、要務で、ジャングルの中を急いでいた。ふと、途中、大きな樹の根もとによりかかり、銃を肩で支え、腰を落としてまどろんでいる兵を見かけた。

「おい。眠っちゃだめだ。元気を出せ」

大声で呼ぶと、ポッと目をあけ、鉄兜の下から、うっすらと微笑んだ。

やれやれよかった——と、そこをあとに、司令部に急いだ。

一週間くらいたったあと——だったか、また要務のため、同じ道を通った。何気なく、あの兵はどうしたろう、と思い、立ちどまって薄暗いジャングルの中を見回すと、いた。同じ姿勢で、同じ樹の根もとに、同じようによりかかった、白骨があった。

「戦場では、人が死ぬのは日常茶飯事のようになって、人間らしい感覚が麻痺してしまうものだが、このときは違った。司令部に着いたときには、冷汗でグッショリだった」

戦後のかれの述懐である。そして、話を継いだ。

「戦前、ブーゲンビル島には、豪州人の椰子園（プランテーション）があり、椰子を栽培し、椰子の実を集め、積み出していた。そのとき、豪州人たちの住民への接し方が、多分に権柄ずくのところがあったらしい。戦争中は、その白人と戦う日本人ということで、住民はわれわれに、ずいぶん好意を持ってくれた。かれらの使うピジン・イングリッシュが、英語のうまい二年現役の主計長によく通じたようで、酋長との交流を深めていた。

宣撫というと固苦しいが、住民の身になって考えると、われわれは、他人の家に土足で上がりこんできたのと大差ない。かれらはそう思うだろう。とすれば、われわれに敵意を持つ、とまでは行かなくても、不快感を持つのは、あたりまえだ。だが、それでは、部隊の安全は保たれない。

何とかして、住民を味方にしなければならない。それには、相互理解にはじまる心の交流を深めるしかないのだ」

「ある日、私（高橋義雄参謀）は、住民に案内され、ジャングルの中を徒歩で、集落から集落へと巡回した。

途中、小川の前に出て、立ち止まった。どこから流れてきて、どこへ流れていくのか、見当もつかない小川で、もちろん、橋などない。でも、渉らなければ、つぎの集落に行けない。渉ろう、と、水の中に足を踏みこもうとした瞬間だった。突然、亡くなった母の声が、鋭く、

『義雄、お待ち！』

と聞こえ、ハッとして後へ身体を反らした。そのとき、間髪を入れず急降下した敵機が、

川筋に向かって猛烈な機銃掃射を加えてきた。そして反転、もう一回。また反転、もう一回。飽きたのか諦めたのか、そのまま飛び去った。

助かった。危ないところだった。ほんとに生命拾いをした。敵機にしてみれば、ジャングルに阻まれて上空から日本軍の姿が見えず、たまたま小川が光っていたので、これ幸いと、鬱憤晴らしをしたのだろうが」

このあと、一部始終を知った住民たちは、敬虔なクリスチャンだったせいもあってか、

「カピタン（隊長）は神のグレイス（恩寵）をあたえられた人である」

とたたえられ、畏敬され、信頼されるようになった。

「亡くなった母の愛を、しみじみ、嚙みしめたものだった」

とかれは、付け加えたが、ほんとに、そんなことがあったのである。

話をもどす。

念仏をとなえて

人間が生きていくのに、どれほど塩が必要かは、だれでも常識として知っているが、ふだんはそれが身の回りにあって簡単に手に入るので、つい、そのことを忘れてしまう。

はじめのころは、戦場でも、塩五グラムをタバコのピース一箱と不承不承、交換していたものだが、山に入ると、とんでもない。酒豪といわれた人たちも、塩気が二ヵ月も切れると、意識は朦朧とし、関節はみなガクガクになって、一番早く斃れていった。

中村手記にいう。

『二ヵ月半ほど山の中にいて、敵に追われ、偶然、海岸に出たとき、そこに落ちていた友軍（陸軍）の飯盒で海水を一杯汲み、みるみる飲み干した。そして、二杯目を汲んで半分ほど飲んだとき、ものすごく苦くなって、それ以上、どうしても飲めなかった。おそらく、意識が朦朧としていたのだろう。海を見ているうちに、この海が東京湾にまで連なっていると思われて、無性に日本に帰りたくなった。

そこへ、突然の銃声が聞こえた。しまった、と弾けるように後のジャングルにとびこんで、われながら目をむいた。それまで関節がガクガクして、足を引きずりながらでないと歩けなかった私（中村主計大尉）自身が、跳ぶこともはねることもできた。信じられないほどの変化だった』

それから、中村主計長は、ジャングルの中を優勢な敵に追いつめられながら、いっしょにいた部下たちとはぐれたり、死に別れたりして、いつの間にか、かれと、主計科先任下士官との二人になる。

二人で、ジャングルの中をさまようち、先任下士官はマラリアの高熱で、動けなくなった。

『水を持ってきてやったり、頭に水をかけたりする。いちいち水苔に水を含ませて運ぶのだから、たいへんだ。しかし、介抱の甲斐もなく、「主計長。戦死者の報告書をお願いいたしますよ」と言い残して、息を引き取った。よく働いてくれた先任下士官のために、せめて土でも懸けてやろうと思い、少し小高いところに、引きずるようにして死体を運んだ。五十メートルくらいの距離だが、三時間もかかったろう。身体の自由が利かないから、それ以上はどうしようもない。

掘るものを探すが、何も見当たらないので、猫のように爪を立てて土を掘る。全身に薄く土をかけるだけで、二日かかった。かけ終わったころは、こんどは私が気息えんえんになった。

私は、私の分身ともいえるこの仏様と、二晩を抱くようにして寝た。昨日まで、互いに助け合っていたのに、と思うと、立ち去りかねた。

ふだんは蝿一匹いないのだが、息を引き取る三十分くらい前から、無数の蝿が集まってきた。ジャングルでは、いつものことだが、蝿は湧くようにふえる。仏様にかぶせた土の上は、みる間にまっ黒になった。と、素早いのが卵を生みつけると見え、熱帯地だからか、孵化して蛆になり、成虫になり、まっ黒な成虫の間に白い蛆がまじって、刻々に形の変わる異様なダンダラ模様を画き出す。

蝿の数がある程度以上にふえると、それに音が加わる。ジャングル特有の、木や草のそよぎが唸りのように低く聞こえる、その唸りに蝿の羽音が、どちらかというとカン高い唸りになって嚙み合う。嫌な音だ。たまらなくなって水をぶっかけると、いっせいに、ウワーンと叫び声をあげ、サイレンを鳴らしたように谷間に共鳴して、こちらは居ても立ってもいられなくなる。

「南無阿弥陀仏……」

知らぬ間に念仏を唱えていた』

とうとう、一人になってしまった。

かれの意識の糸が、これでプツンと切れたらしい。口の中で、南無阿弥陀仏と唱えながら、夢遊病者のように、ゆらゆらと立ち上がり、ゆらゆらと歩き出した。

海の見える小高い丘に行きたかったという。夢を見ていたのかもしれない。

そこは、原住民集落の近くだった。何かに躓いて転んだ。擦り傷から血が出た。血は、もう赤くなかった。黄色かった。

集落の一軒に倒れこんだ。だれもいなかった。水を飲みたい。水が欲しい。しかし、水をくれる人はいなかった。

「これで死ぬのか」

そんな思いが心を過ったが、そのときは、欲しいものは、何もなくなっていた。

『――そして、ふとリンゲル注射の痛みでわれに返った。が、目が見えない。二日目にようやく見えるようになった。耳もかすかに聞こえる。

「おう、気がついたか」

だれかが覗きこんだ。

「サイパンが陥落したよ」

たどたどしい日本語だった。米軍の軍医らしい。まだ自分が生きているなど、思いもよらなかったので、あの世で捕虜になったらしいと、ぼんやり考えた――』（中村手記）

6 中部太平洋諸島防衛戦

飢餓地獄〈タロア防衛〉

——六十三警　平田好蔵主計大尉（東大出身）の場合

米軍の戦力を見くびる

内南洋方面についても、同様に警備隊、設営隊、航空隊など海軍組織の先端部分に当たる部隊が島々に置かれ、その主計長の多くに、二年現役主計科士官が補せられた。なんとも人間ッぽい青年たちのとった、みごとなリーダーシップが、この後、マーシャル諸島で、サイパンで、フィリピンで、沖縄で、ビルマで、そして四六時中波に揺られっ放しの小さな監視艇で、展開される。

米軍の主となる攻勢は、どちらから来ているのか。——ガダルカナルを足場に、一方ではソロモン諸島伝い、一方では東部ニューギニア伝いに北に向かい、フィリピンに達するのがそれか、あるいは中部太平洋をまっすぐ西へ、マリアナ線を突破して台湾、沖縄を攻めるのがそれか。——古賀連合艦隊長官の判断は、二転三転した。

どうも、米軍の戦力を低く見、日本軍の戦力を高く見るクセがあったようだ。

南東からの攻勢が、あれほどにも強く、日本軍はとうとうガダルカナルを撤退したばかりか、ソロモン諸島でも、レンドバ、ニュージョージアではムンダを失い、ブーゲンビルではタロキナを失って、どれほど勇戦敢闘しても敵を阻止することができないまでになっていた。

その南東からの攻勢に匹敵するような強力な攻勢を、中部太平洋方面に加えてくる余力は、米軍は持っていない。つまり、南東攻勢が主である。中部太平洋は、大したことはできない、と考えた。

そこへ、昭和十八年十一月下旬、米機動部隊が一番東の端のギルバート諸島を襲い、タラワ、マキンに上陸した。

「敵が来たら、連合艦隊を挙げてかならず救援に行くから、それまで頑張ってくれ」

トラックに停泊する旗艦「大和」で、会議に集まってきた中部太平洋防備部隊幹部に、艦隊司令部はそう約束した。

しかし、実際に米機動部隊に襲われたときは、連合艦隊空母部隊（第三艦隊）の艦載機隊は、三週間前に、南東方面からの敵の攻勢を阻止するためにラバウルに送り、タロキナ攻防に突撃させて、潰滅に近い大損害を受けていた。

その上に、重巡以下の決戦部隊主力をラバウルに進出させ、急いでタロキナ沖の敵艦隊に大鉄槌を下そうとしたその準備中を、不意に飛びこんできた米機動部隊艦載機百機の攻撃を受け、重巡七隻のうち五隻被爆、満身創痍の体でトラックに引き揚げ、残る駆逐艦部隊も空襲で大損害をこうむった。

「敵が来たら、かならず救援に行く」と約束した連合艦隊は、決戦部隊としての飛行機も艦艇も、救援に行くどころか、動くに動けなかった。

米軍の戦力を見くびった失敗だった。

スプルーアンス・ヘアカット

そんな状況ではあったが、日本内地からおそろしく遠く離れたマーシャル諸島、その中でも東側、日本から遠い側にあるマロエラップ環礁、その中のさらに東端にあるタロア島の防備に就いている六十三警備隊の隊員約千百名の将兵は、皇国不敗、というか、日本必勝を少しも疑っていなかった。

六十三警主計長兼分隊長に補せられ、十八年二月、トラックからクェゼリンに飛び、そこから漁船を改造した監視艇便でタロアに着任した二年現役の平田好蔵主計大尉は、そんな内地からの遠さ、心細さなど、すぐに忘れてしまったという。

南洋委任統治領の、『椰子が生い茂る陰に島民が見え隠れする小島の風景』に、すっかり旅情をそそられたともいう。

平田手記によって、地形を語ってもらう。

『マロエラップ環礁は、縦約五十二キロ、横約二十四キロの楕円型を描いて約五十の白いサンゴ礁の小島が連なってできている。タロア島は、その中の最大の島。海抜わずかに数メートル。周囲はそれでも六キロくらいあったろうか。滑走路がX型に交叉して島の端から端まで伸びていて、その空いたところに航空機、警備隊、施設部、それに陸軍二コ中隊の計約三千名が分散していた。

島の内海側では、青味がかった澄んだ水底に白いサンゴの砂地が透けて見え、静かで、すぐにでも飛びこみ、色鮮やかな熱帯魚と遊びたくもなるような風景である。

一方、外海に向いた方は、サンゴ礁が十メートルくらいでなくなり、そこには波濤がいつも砕けては散っている。そして、その先は海が水平線まで一気にひろがり、それ以外に何一つ見えない。いかにも絶海の孤島というのにふさわしい眺めだ。

また島には、背丈ばかりやたらに伸びた椰子が、あちこちに群生している。とにかく、敵が来そうな気配など、何一つ感じられないところだった』

では、そんなところで、警備隊は毎日、何をしていたのか。

朝からの日課作業や訓練、警備、陣地構築などを終わると、あと何もすることはない。行くところもないし、することもない。退屈至極。いろんな工夫はしたものの、しょせん昔の島流しにされた流人の生活はこんなものだったか、と感心したり、溜息をついたりするだけ。

十八年十一月半ば、突然、米機動部隊がギルバート諸島を襲い、タラワ、マキンに上陸した。空襲の凄まじさは、とうていそれまでの比ではなかった。暴風雨のような襲撃であった。ダムの水門を開けたような凄まじさだった。

空母機だけで延べ九百三十七機。翌日は、延べ七百機以上（小型機多数というだけで機数不明のもの、ほかに三群）、その翌日、約二万五千名の攻略部隊を揚げてきた。

タラワ、マキン、アパママの守備隊将兵約五千四百名、五倍の敵を迎え、また守り難い平坦な地形だったが、最後まで戦った。

施設部軍属百名と水兵一人が捕虜になったほか、全員が玉砕した。

このときの米兵の損害が、かれらの予想を遙かに上回って多かった。どれほど守備隊員の戦いぶりがすさまじかったか、という証明でもあるが、この戦訓を、米軍はすぐにとり入れた。

十九年一月三十日早朝からはじまったマーシャル諸島にたいする空襲は、物凄かった。

「スプルーアンス・ヘアカット」と米軍が呼ぶ、いっさいの立ち木や建物施設を根こそぎに平らにしてしまう砲爆撃の方法を開発し、予定の効果が出るまで、徹底的に攻撃するようになった。

平田手記にいう。

『十九年一月三十日早朝から、連日連夜、四百機に及ぶ敵機と、戦艦を含む十三隻以上の敵艦による猛烈な砲爆撃にタロア島がさらされ、小島全体が粉みじんになりそうなまでに叩きつけられた。わずかの間に、おそらくどの隊員も玉砕の運命を覚悟しただろう。

このときの米軍の狙いは、クェゼリンにあったのだが、マーシャル諸島の他の基地も、タロアとほとんど変わらぬ猛烈な砲爆撃を受けたという。

　この昼夜を分かたぬ攻撃は、これ以後三週間つづくと、パタッとやんだ。

　緊張は解けた。しかし、あたりは前と別世界になっていた。建物、椰子林、その他地表のあらゆるものが吹き飛ばされ、島全体が丸裸になった。ただセメントで分厚く造られたナマコ型の防空壕が、ムキ出しになって、妙に目立つだけ。

　それでも、高角砲や速射砲などセメント造りの陣地を持つものは、ひどく傷んではいるが、修理すれば使うことができた。

　楽園が、一度に墓場に変わり果て、そこを兵たちがやたらに多く歩きまわっているのが、ウソのようだった』

島民蒸発の事情

　こうなると、主計長には食糧補給の重荷がかかってくる。クェゼリン、ルオットを敵に奪われた状況で、内地やトラックからの補給は期待できない。「現地自活」しかない。どう「現地自活」するか。

　マロエラップ環礁には、タロアを含め、約五十の小さな島が連なっていると述べた。この島々に、ポリネシア系の島民約五百人が住んでいるが、その中に、食糧開発隊員という名前をつけ、口べらしを兼ねて約三百人の兵を派遣する。

『食糧を手に入れることに精一杯で、戦うことは片手間になってしまったが、まことにやむを得なかった』（手記）

だからといって、食糧の増産がそんなに急にできるはずはない。サンゴ礁が豊かな菜園に急変できるわけもない。

もっとも直接的な影響が出たのは、二千人の兵がいるタロア本島だった。十九年の暮れあたりから、栄養失調を通り越して飢餓地獄に墜ちていった。そして、人数が半減するのに、それほどの日数はかからなかった。

こんな異常な、悲惨な事態が定着し、打開の道が見えなくなると、人間、何を考え、何をしでかすかわからなくなる。

平田手記によると、陸軍部隊などから、帝国を守らなければならない軍隊を温存するために必要であるなら、五百名の島民を処分し、口減らしをするのも万やむを得まい、というような常軌を逸した言葉が秘かに伝わってくるようになった。

平田主計長は、このままでは、とんでもないことが起こりかねない。これは、食糧不足が原因だから、主計長がひと肌ぬがねばならぬと決意。思い切って島民全員を、南隣のメジュロ島に引っ越させ、口減らしをする案を司令に進言。幸い了解を得たが、ことの成り行きから、主計長自身がその交渉に当たらねばならぬ仕儀となった。

この交渉が、とんでもないことになろうとは、もちろん、そのとき知るはずもない。

交渉相手は、当然酋長だ。タロアから南、マロエラップ環礁の南端にあたるアイリック島にいるという。この島は、二番目に大きく、また、例のメジュロ島にもっとも近いところにある。

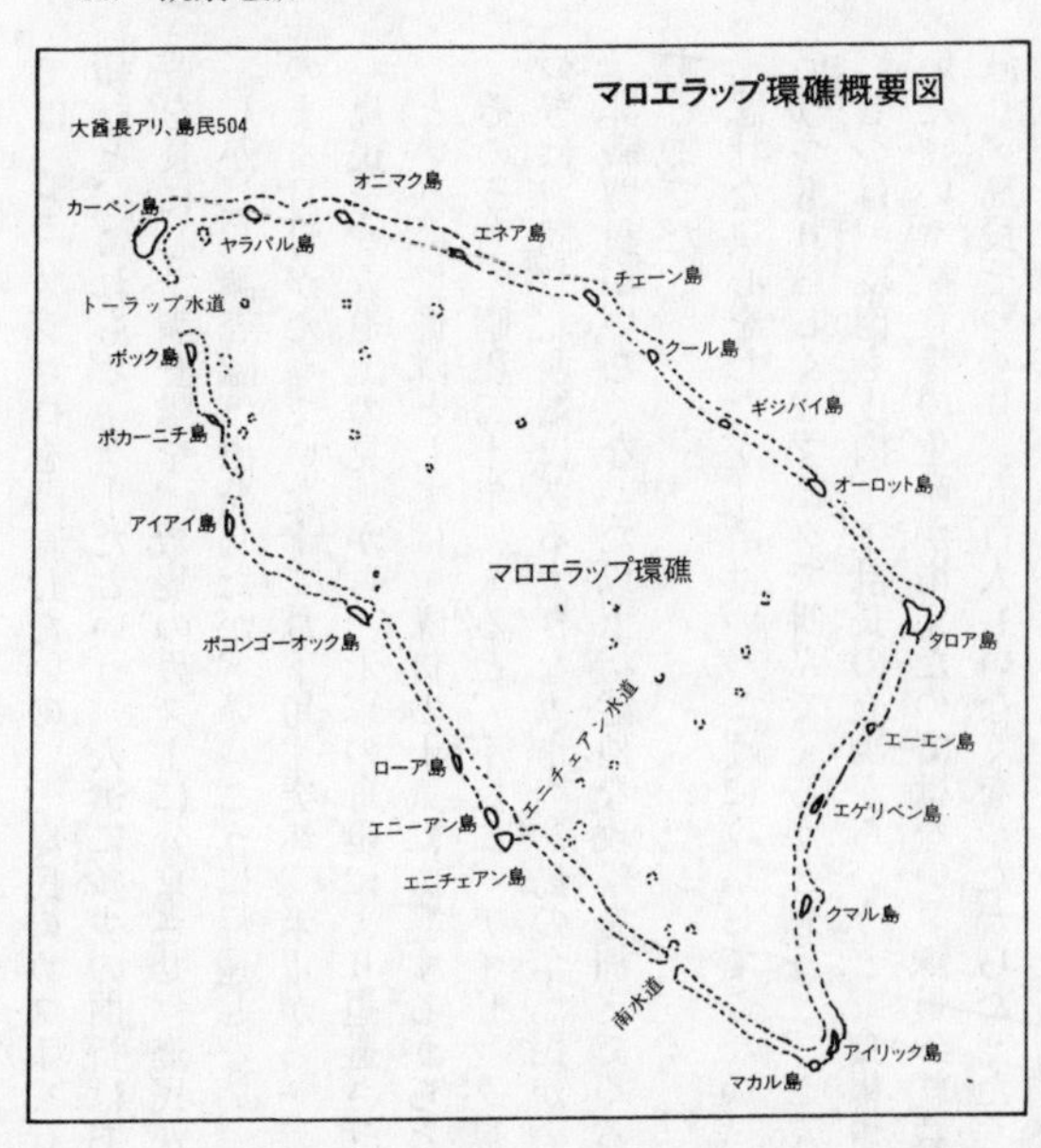

そこで、さっそくアイリック島に出かけた。何やら手間取ったあげく、酋長と会い、

「戦局がしだいに急迫して、島民にも戦禍が及ぶおそれもでてきた。ついては日本が勝つ日まで、しばらく島民はみなメジュロ環礁に移住し、知人なり親戚なりのところで安全に暮らしたらいいと思うが、そうしないか」

と、ほんとうは口減らしが目的なのを覚られないように注意しながら、説いた。

当然、頑強な抵抗を見せるだろうと覚悟していたら、案外にも丁重、従順で、オーケーだという。

では、と、メジュロを調査したいので、島民のカヌーを仕立て、送り届けてくれないか、と頼むと、これもオーケーだという。人選に多少の曲折はあったが、結局、司令の命令で、兵曹を長にした調査隊を、数隻のカヌーに分乗させ、島民が送り届けることになった。

しかし、調査隊は出発したが、いっこうに帰還しない。状況不明のまま、つまり現状凍結のまま月日がたっていた十二月下旬、突然、米軍から一時休戦を提案してきた。

「島民を、人道上の見地から、米軍の舟艇により退避させたい」

という。警備隊としては、隊員の士気に影響するからと、黙殺することに決した。

そのうち、昭和二十年に入ると、不意に、アイリック島の島民が一人残らず、姿を消した。

つぎは、同じ北西端にある大きなカーペン島の全島民がいなくなった。

「非戦闘員がいなくなった以上、猛烈な攻撃を加えてくるに違いない。こうなったら、玉砕するまでだ」

悲壮な決心をしたが、敵はいっこうに攻撃してこない。士気を衰えさせ、降伏させようというつもりらしく、マイクで叫んでくるかと思うと、こんどは飛行機でビラを撒く。

じつは、皮肉も皮肉。主計長の立場からいうと、食糧事情が好転して、餓死者は急減していた。いや、食糧の生産が増えたのではない。隊員の総数が、はじめの三千人から約千人に減り、島民そっくり、五百人もいなくなったからだった。

ここで、しめくくりとして、終戦後にわかった島民蒸発の事情を述べておく。

——調査隊がメジュロに行ったときには、日本側は知らなかったが、米軍はすでに同島を占領していた。

平田主計長がアイリック島の酋長と島民移住の交渉をしていたときには、米軍もまた同じアイリックの酋長と島民移住の交渉をしていた。

主計長が酋長に会いにいったとき、酋長はてっきり米軍との交渉が日本軍にバレ、殺しにきた、ないし逮捕にきたと思いこみ、隣室に屈強な若者に武器を持たせて潜ませていた。主計長の話が意外にも移住のことだったので、ホッとするやら、オカしいやらだったという。

もう一つ。兵曹を長にした調査隊は、メジュロで大歓迎を受け、十分に酒がまわったころ取り押さえられ、捕虜にされていたという。

人間の運命〈タロア・ルオット防衛零戦隊〉

――二五二空　武井治主計大尉（慶大出身）の場合

本土を離れて四千三百キロ

おなじタロアにいた部隊ながら、二年現役の武井治主計大尉が主計長兼分隊長を勤めていた第二五二航空隊の場合、六十三警とは部隊の気風も、メンバーの色合いも、勤務の内容も、まったく違っていた。

二五二空は、第二十七航空戦隊（二十七航戦）に属する零戦部隊。はじめはマーシャル諸島のクェゼリン環礁、その北端にあるルオット島にいて、中部太平洋の防衛に当たっていた。武井手記では、『空から見るクェゼリン環礁は、タムシのようだ』と表現している。

武井主計大尉は、内地から、飛行機便でトラック経由そのクェゼリン環礁の主島クェゼリンに着いた。そこからルオットまで八十キロは、船便しかない。船待ちをしていたら、二五二空飛行長兼副長の舟木少佐が、零戦を飛ばしてクェゼリンに現われ、

「武井主計長か。よし、乗れ」

もう操縦桿を握って、アゴをしゃくる。

戦闘機は、いうまでもなく単座だ。シートは一つしかない。どうしようかとモタモタしていると、怒鳴られた。

「遅い。オレの後に乗るんだ」

十分もかからんとこだ。立ちんぼでも我慢せい、とやられた。おそろしく気の短い人だと思ったが、その間にも零戦は滑走路に出、とび上がり、北に向かい、ちょっと飛んだと思ったらもう着陸した。

いやもう、途中の飛行機の振動のすごさ、これでよく空中分解しないものだ、と感心するうち、こんどは急降下して、G（重力の加速度）がかかると、顔の表面が一方に引きつって戻らない。

「こりゃあエライことだ」

このままモトに戻らなかったらどうしようと、意気消沈したものだが、そんなことは序の口だった。

武井手記による。

『着任の夜、（航空隊）司令（柳村大佐）以下士官総出で歓迎宴を設けていただいた。大変な野人ばかりで、よく飲み、よく歌い、よく踊った。

搭乗員の全員が兵学校出身者で、予備学生出身はおらず、歴戦の古強者ばかりだった。

「おい、シケ（主計長の略称）。毎晩飲ませて、うまいものを食わせて可愛がってもらわんと、弾丸の当たりが悪くなる。いいか、頼むぞ」

大声でハッパがかかる。舟木飛行長のハダカ踊りがはじまる。「オレも、オレも」と士官たちが加わる。いやもう、ド胆を抜かれることばかり。

前任の主計長は、サイパンの海軍病院に入院されたそうで、申し継ぎの手紙には、

「メシのことは掌衣糧長に聞け。カネのことは平林主計中尉に聞け」

とあるだけだった。せめて離島のロジスティックスの特質と注意事項、人事の問題などを教えてくれたら、とうらめしかったが、胃潰瘍で血を吐いて入院されたと聞いて、トタンに心細くなった。

「このぶんじゃ、おれも血を吐くんだろうな」

したたかに飲んで、夜中に目を覚まし、海岸のリーフ（サンゴ礁）に腰を下ろした。本土を離れて四千三百キロ。つくづく遠くへ来たもんだ、と思った。

水平線のかなたが月光を浴びて金色に光り、リーフの先端は白波に洗われ、南十字星のかかる南海の星空は、あくまでも美しく静かだった。夜風に吹かれ、落ち着いてくると、飛行機乗り気質、といったものが、刻々に身体をつつんでいくのが感じられた。

ことに戦闘機部隊には、これまで勤務していた重巡部隊などとは違った、独特な荒々しさがあるのは事実だが、その中に、何か惹きつけらる素朴な人間味が溢れているのが見えた。

「よし」

明日からの勤務に、ファイトが強く湧いてきた』

指揮官の勉強不足

昭和十八年四月十八日、ブーゲンビル島上空での山本長官戦死は、たしかに、太平洋戦争の大きな里程標になった。それ以後、目に見えて戦勢が悪くなる。

近代戦、航空戦、科学戦、生産（物量）戦になっているのに、ガダルカナルでは、人の頭数を送りこんで白兵戦で勝とうとする明治時代の兵術思想で作戦を指導、攻撃一辺倒、作戦一辺倒の旧い頭のままだったので、消費が供給を上回り、そこで輸送補給が不如意になると、約一万五千の精兵は、どうすることもできずに餓死または病死しなければならなかった。

当然、人や食糧を送りこもうと、必死になった。が、制空権を奪われたまま、奪い返すことができないので、輸送船はむろん、輸送に駆り出された駆逐艦、潜水艦まで、つぎつぎに沈められた。

日本海軍は、長い年月をかけ、コツコツと造り溜め、戦闘艦艇約二百三十隻、その他艦艇約百六十隻、航空機（実用機）約二千三百機を持つようになって、開戦した。

そのうち、決戦部隊のうち軽快部隊と潜水部隊のほとんど全部——米主力艦隊を西太平洋に迎え撃ち、戦艦部隊を中核に据えた艦隊決戦を戦うべき軽快部隊と潜水部隊のほとんど全部を、ガダルカナル、ソロモンの攻防戦、輸送戦に使い、大部分を喪失、または損傷した。中でも航空機は、老練パイロットを含めて手持ちの精鋭をほとんど失ってしまった。

それ以後の日本海軍は、以前のそれと違ったものになった。

ベテランがいなくなり、搭乗員は若くなる。海軍のマネジメントがまずく、その若手搭乗員一人一人の闘志、誠実さはベテランと少しも変わらないのに、技量をベテランの水準にまで引き上げる余裕がなく、中途半端のまま戦場に出さねばならなくなる。

一方、その状態を十分に承知し、戦力を十分に発揮させて戦わせなければならない指揮官が、勉強不足で、航空の特質を知らない。

「攻撃は最大の防御なり」

「見敵心戦」

など、旧い兵術思想をふりかざし、ひたすら勇敢に敵に飛びかかっていけばいい、と思っている。

悪いことに、司令官（少将）、司令長官（中大将）級になると、航空生え抜きがいない。砲術家、または水雷屋からの転進が多い。闘志満々であれば、だれにでも航空作戦の指揮はできる、と思いこんでいる。とんでもない誤解だが、誰もそれに気づかない。

タロア・絶海の孤島で

話をもどす。

二五二空が、十八年半ば以後の戦勢大転換に、どう巻きこまれていくか、である。

中部太平洋に敵機動部隊が攻撃してきたのは、十八年七月二十四日、ウェーキにヒット・アンド・ランを試みたのが最初だった。

その後、九月一日には、南鳥島に来襲。そして、十月七日、ウェーキに二度目の空襲をしかけてきたときは、相当の兵力を揃えていた。

この前後に、南東方面でレンドバに来攻。これが大部隊を使った主攻撃だったので、いま述べた中部太平洋のあちこちを急襲したのは、一種の牽制作戦だったのだろう。

二五二空は、身軽さをそのまま発揮して、ウェーキとの間にあるウォッジェ環礁に進出、そこから敵機動部隊攻撃に出たが、零戦だけでは、銃撃か小型爆弾投下しかできない。その上、零戦八機が還らなかった。地上施設にも被害を受けた。

海軍は、中部太平洋の防衛を急いで強化した。ウォッジェに新しく別の戦闘機隊、新鋭天山艦攻隊、大艦隊が置かれ、二五二空はさらに東二百キロにあるマロエラップ環礁のタロア島に進出することになった。

ここで、武井主計大尉は、前記の平田主計大尉と顔を合わせる。

そのうち、敵のB24四発大型爆撃機が、ジョンストン、ナヌメア、フナフチ基地から来襲するようになった。はじめのうちは、六機くらいの少数が、ほぼ時間をきめ、定期便のように空襲してきた。そこで、あらかじめ上空で待機し、高々度の優位から不意を襲って撃墜することができた。が、しばらくすると、機数がふえてきた上に、来襲時間も不定期になって、始末に困った。

舟木飛行長はジリジリして、

「敵基地を先攻制撃したい」

と、司令部に再三意見具申するが、

「迎撃に徹せよ」

司令部はいつもそれ一点張りで、ラチがあかない。

「今のうちに叩かなければ、面倒なことになるのがどうしてわからんのか」

舟木飛行長の悲憤慷慨は、なかなか鎮まらなかった。

すると、ある月夜、味方のレーダーに探知されないよう、水面スレスレを突っこんできた敵機が、まったく不意に地上施設を襲い、一度に十機の零戦を焼いてしまった。

怒り心頭に発した舟木飛行長は、

『私（武井主計大尉）を呼ぶと、

「司令部の偉方は、眼鏡をかけても本当の戦を知らん。こんど言うことを聴かなかったら、司令部を銃撃してやる」

と息巻き、これじゃ、みんなが収まらん、ゲン直しに酒盛りだ、肴を用意してくれ、とたいへんな見幕だ。そして、私が眼鏡をかけているのを見ると、

「貴様も眼鏡をかけるな」

と怒鳴りつけた。撃ち落としても撃ち落としてもやってくる敵の物量は驚くばかりで、日に日に未帰還機が増え、基地の被害も大きくなった』（武井手記）

そのうちに、外からの補給がむずかしくなり、自給自活を強いられる。そうなると、サンゴ礁に囲まれ、サンゴ礁でできた島は、条件が悪い。農耕に都合のいい土は、ほとんどない。

一面、サンゴの砂で、それを一メートルも掘ると海水が出る。海抜平均二メートル。一段高くなった砲台の上に立つと、三百六十度、見えるかぎり海と空を分けた水平線が連なり、タロアが絶海の孤島以外の何ものでもないことを、まざまざと見せつける。

「これが戦争でしょう」

十八年十一月、船団を伴った米機動部隊がギルバート諸島のマキン、タラワに来襲した。二五二空は、零戦二十機の補充を得、ミレに進出、この敵に当たった。

零戦がいなくなったタロアには、B24の来襲がやまない。ウォッジェ基地から零戦が駆けつけてきたが、奮戦にもかかわらず、飛行場施設は破壊されてしまった。

こんな島だから、燃料はドラム罐に入れたまま地上に並べておくほかない。それが銃爆撃で爆発し、空に舞い上がり、空一面にまっ黒な煙を噴き上げながら燃える。そのたびの爆音と震動と火で、ナマコ型の防空壕に身体をちぢめていても、地獄とはこのことかと、敵機の去るのを待つばかりだった。

やがて、マキン、タラワが玉砕した。タロアは、文字どおり中部太平洋方面の第一線となり、米軍基地と化したマキン、タラワからの攻撃の矢面に立たされる。もう、四六時中、油断もスキもならなくなった。

そのころの話である。手記を読む。

『私（武井主計大尉）と宮崎軍医長（応召軍医少佐。大分の開業外科医）は、夜になると椰子の地酒を持って搭乗員のテントを訪ね、よく語りあった。かれらから見れば、二人は安心してわがままが言える相手だったらしい。私は素直に物事を受け容れることのできるかれらが好きで、人生について考え方を聞いたことがある。

ある少尉の飛行科分隊士は、

「命を捧げるときがきたら、ただそれだけを守って死んでいく。これが、中学を卒業して国費で兵学校に学び、育ててもらった恩に報いる唯一の道と思っている」

と語ってくれた。

軍医長は、長いアゴひげをさすりながら、

「傷ついて帰ってきて、やっと治してやったら、その翌日にはやられてもう帰ってこない。かれらが手術のとき苦しむ姿を見ると、可哀そうでたまらない。医者とは因果な商売ですよ」

と述懐しておられた』

あるとき、搭乗員の補充員をのせた二五二空付属の陸攻がタロアに戻り、これから飛行機の部品と医薬品を緊急に受けとるため、クェゼリンと航戦司令部のあるテニアン島（マリアナ）を往復するといい、その便に寺本機関大尉（整備長。機関学校出身）と武井主計大尉が乗っていくことにされた。

出発は、十九年一月二十八日。柳村司令の司令部宛の親書を預かり、夕刻離陸。幸い、敵機にも遭わず、欲二十九日、テニアン着。親書を司令部に渡し、物資入手の協力を懇請。そった。

の他、各部を駆け回って用事を終わり、翌日、出発しようとしたとき、司令部から連絡が入った。

「敵太平洋艦隊に動きが見られる。ルオット、ウォッジェ、タロアが爆撃を受けている。出発待て。後命あるまで航空隊にて待機せよ」

ジリジリして待機する間に、ルオット、クェゼリンに米軍が上陸。ウォッジェ、タロアは孤立。三日間の激戦の末、ルオット、クェゼリン玉砕。ウォッジェ、タロア部隊は、航空隊を含めて各警備隊に統合、島の防衛に当たり、搭乗員はつぎの作戦要員として極力救出することを関係部隊に命じられた。

『寺本整備長と私（武井主計大尉）は、横須賀航空隊で別命を待つよう命じられ、直ちに空路、横須賀に向かった。私は、命令とはいえ、あまりにも違う人の運命と、部下に対する責任感の呵責に耐えかね、寺本整備長に、

「これで良いものでしょうか」

と訊ねると、整備長は静かに言われた。

「これが戦争でしょう……」』（武井手記）

波状攻撃〈パラオ大空襲〉

——病院船牟婁(むろ)丸　金堀一男主計大尉（東大出身）の場合

迫りくる戦場の緊張

昭和十九年三月三十日、三十一日とつづいた米機動部隊のパラオ空襲は、日本軍のマリアナ攻防戦への準備を攪乱しただけでなく、何よりも、日本海軍の作戦指導に強打を浴びせ、よろめかせた。

この二ヵ月半後のサイパン奪取が、日本の咽喉元に匕首を突きつけたことは確かだが、パラオ空襲は、連合艦隊司令部を狼狽させ、ダバオ転進途中の古賀峯一司令長官機（一番機）は行方不明、福留繁参謀長機（二番機）は不時着、連合艦隊司令部の作戦指導腹案を書いた最高機密の書類ほかを米軍に奪われ、さらにそれ以上悪いことに、奪われたことをだれも気づかぬという、信じられないほどの過失を犯させてしまった。

その上、パラオ空襲によって、西カロリン、西ニューギニア、フィリピン南部（ミンダナオなど）を結ぶ三角地帯に来攻するとの確信を強めた。敵がどこに来攻するかの判断を誤らせた。

それ以外に、当然のことながら、飛行機と艦船、ことにタンカーの被害がコタえた。いや、パラオに受けた大損害があまりにも大きく、連合艦隊の策源地として再建不可能。ということは、米軍がトラックに来攻しても、機動部隊は敵を迎え撃つために出ていくことができなくなった。

言い換えれば、パラオ空襲で、日本海軍は腹中を見透かされ、手足をもぎとられ、足場まで追い立てられた。その現実に、じつに奇妙な形で、二年現役の金堀一男主計大尉が立ち会っていたのである。

金堀主計大尉は、病院船牟妻丸の主計長として、十七年十一月、上海まで飛んで着任した。もともと支那方面艦隊所属の病院船だったが、連合艦隊の仕事が忙しくなり、連合艦隊所属に変わってトラックに行くことになった。

牟妻丸がトラックに入ったのは、十八年二月。それからはトラックを根拠地として、南はラバウル、東はミレ、北はウェーキ、西はパラオがつつむ海域を、患者輸送や医療品補給に東奔西走する。

ついでながら、病院船の組織について。

日本海軍には、病院船が三隻あった。今、横浜につながれている氷川丸、それと、高砂丸、牟妻丸。みな、正式の病院船としての標示（白地に赤十字マーク入り）をしている。

「丸」の文字が語るように、それまで定期航路についていた民間の客船を、海軍で徴用したもの。

病院船の最高責任者で、船の行動について決定権を持つのは、院長である軍医大佐または中佐。その下に軍医大尉以下、軍医科士官三、四名と看護科の下士官兵。そのほかに兵科、機関科下士官兵、主計科員若干。

これでわかるように、軍医科士官のほか、士官と名のつくものは、主計長しかいない。兵科将校も、機関科将校もいない。だから上記の兵科、機関科、主計科下士官兵の人事取り扱いなどの世話は、主計長一人にかぶさってきた。大忙しだった。

さて、話をパラオに移し、情景を金堀手記によって展開する。

パラオは、ちょっと見ただけでは、述べてきたマロエラップやクェゼリンなど、ふつうの太平洋諸島のような、サンゴ虫が堆積してできた島、つまりサンゴ島と間違えやすいが、レッキとしたマリアナ島弧をつくる大海嶺の上の島だ。そして、島から離れたところに、島と並行に発達したサンゴ礁がある。つまり堡礁（ほしょう）がある。また堡礁と島との間には内海がある。パラオの場合、これが深く、したがって大艦隊の停泊に適する。

一番大きな島のすぐ南に接近して、コロール島があり、ここに南洋庁。環礁の南端、サンゴ礁に載ったようなペリリュー島には飛行場があった。

十九年三月に入ると、この静かな南海の楽園にも戦場の緊張が迫ってきた。敵機動部隊が近づいている、というような電報が、ちょいちょい来るようになった。

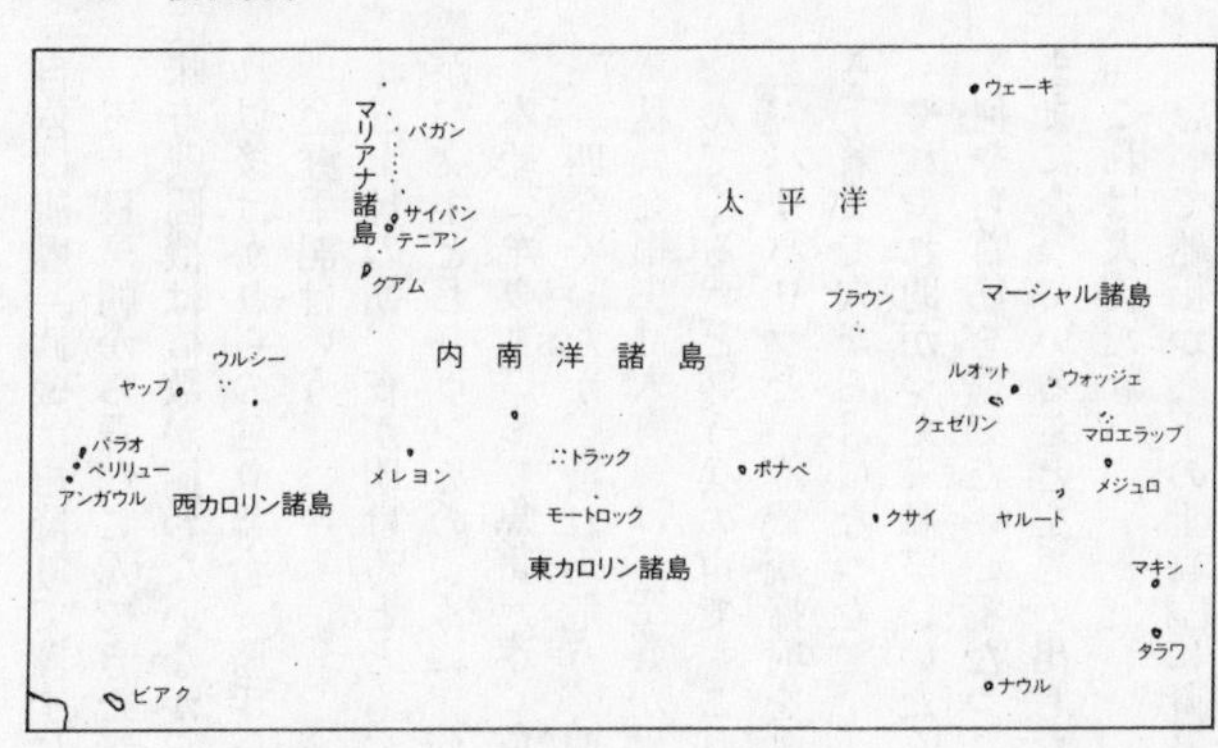

赤十字の標識をつけた病院船

三月半ば、金堀主計大尉に異動電報が来た。新任地は横須賀鎮守府付である。もう戦地勤務が一年四ヵ月にもなるからは、転勤命令の来るのが遅かった方だが——といって、後任者が来なければポストを放り出して内地に帰るわけにもいかない。

ジリジリして後任者の着任を待つうち、問題の三月三十日が近づいてきた。

最初のコンタクトは、二十七日夜である。はじめは通信上にそれらしい徴候が見えただけだったが、翌二十八日朝、味方索敵機が敵機動部隊を発見、急報した。

発見位置はパラオからまだ千四百キロあり、二十九日中は空襲はない、と考えた。まだ一日ある。港内には連合艦隊艦艇や輸送船、タンカーなどが停泊していたが、退避命令は出なかった。

そのうち、敵機動部隊情報が、別の索敵機から入った。予想外に近づいている。午後になって、連合艦隊司令部も艦隊に洋上出港して洋上退避するように命じ、司令部自体は旗艦「武蔵」を降りて陸上に移動した。

三十日早朝から飛びこんできた米艦載機は、十一次、延べ四百五十六機。第一次の来襲に、味方戦闘機は機数が揃わないながら全力で迎撃、ほとんど全機をすり潰すハメになった。それ以後はかれらの独り舞台。勝手気ままに飛び回って、徹底的に破壊していく。

金堀手記はいう。

『三十日の朝、夜が明けるとともに、来るワ来るワ、編隊を組んでつぎからつぎへ雷爆撃機が、文字どおりウンカのように、傍若無人に雷爆撃、機銃掃射をくり返す。

本船（牟妻丸）も、魚雷一本、危うく二、三メートルのところで回避し、爆弾の至近弾を三、四発くったが、これも危うく躱（かわ）した。

私（金掘主計大尉）は、空襲がはじまったとき、私室で歯を磨いていたが、「敵機が突っこんでくる」という兵の声で、これはいけないと急いで船橋（ブリッジ）に昇り、港内の状況を見ていると、バリバリッという機銃掃射を食い、いままでいた私室が蜂の巣のようにやられ、軍服から下着まで穴だらけになった』

「やれやれ助かった。私室にいたら危ないところだった」

何やら首筋を撫でたい心境だったが、そのうち、ふと両陛下の御真影が士官室に置かれたままになっていることを思い出した。御真影の安全を図るのは、主計長の任務だ。

「これは大変だ」

急いで船橋から下の士官室に降りていくと、今度は船橋で、

「やられたッ」

叫び声が上がった。船長以下数名が即死、そのほかにも重軽傷者多数が出た。

『ほんの十秒くらい前まで私が立っていた船橋である。人間の運命とは、ほんとうに紙一重で、わからないものだ。

さっそく、士官室が病室となった。戦死者の収容、負傷者の治療所である。

敵機は抵抗らしい抵抗をほとんど受けず、海面スレスレまで急降下してきて、手当たり次第沈めていく。そのうち、陸上からも黒煙が天に沖し、誘爆の轟音が聞こえる。

そんな中で、本船のすぐ前にいた五十トンくらいの駆潜艇らしい小さな艦に、異変が起こった。六尺褌一つになった素裸の下士官らしい兵隊が、機銃を上に向け、つぎつぎに襲ってくる敵機めがけてたった一人で撃ちまくるではないか。私（金掘主大尉）が見ている一時間くらいの間に、五、六機は確実に撃墜するのを見て、思わず快哉を叫んだものである。

しかし飛行機のない悲しさ、大勢はどうしようもない。いたるところで擱座する船、燃え上がる船、あッという間に轟沈する船が続出。夕方五時すぎまでに、延べ千機に近い敵機の波状攻撃を受けたが、港内はもう惨憺たるありさまとなった。

本船も、はじめのころは、リーフ（サンゴ礁）の中をあちこち逃げ回ったが、そのうちハラを据え、リーフの中に錨を打って、動くのをやめてしまった。

これが、敵の意表をついたのだろう。赤十字の標識をつけた病院船が、ジッと座ったまま動かないと、さすがに敵機もたじろいだようで、最後のとどめを刺そうとはせず、夕方、薄暮とともに引き揚げていった。

そして翌三十一日は、昨日より少し遅れて七時近くから空襲を受けた。港内に辛うじて浮いていた生き残りの艦船に、つぎつぎと襲いかかり、ついには交通艇まで、およそ浮いている船は一隻も見当たらないまでに沈めて、引き揚げていった。

本船は、対空機銃の一梃さえ持っていない丸腰で、ただ眺めるだけの不甲斐なさだが、そのうち、面白半分、からかい気味に、船橋すれすれ、十メートル近くまで降りてきて、銃撃だけはしていく。ニヤニヤ笑っている搭乗員の顔がハッキリ見える。

「なんだ。子供みたいな奴らじゃないか。クソッ」

そう思っても、どうにもならない。

やがて、攻撃する目標がなくなったせいか、波状攻撃の間隔が次第に長くなり、午後三時ころには、すっかり引き揚げていった。

港内に満足に浮かんでいるのは、わが病院船牟婁丸だけ。あとで調べてみると、吃水線の上下に約二、三百ヵ所を貫通されていた。浸水しないように、吃水線下の穴には、ボロきれや綿などをつめこみ、応急修理をしたことだった』(金堀手記)

戦死公報〈サイパン玉砕〉

――中部太平洋方面艦隊司令部　渡辺修主計中尉（東大出身）の場合

鳥肌立つほどの危機感

昭和十九年三月、中部太平洋方面艦隊司令部付を命じられた二年現役の渡辺修主計中尉は、同期の東村主計中尉とともに一式陸攻に便乗、木更津から硫黄島を経てサイパン島南端のアスリート飛行場に着陸した。

方面艦隊司令部に出頭、荘林副官の指示で、南雲忠一長官に伺候する。

『長官は純白の第二種軍装を着用、机に向かっておられたが、私たち二人にたいし、

「努力が大切だ。努力すればできないことはない」

と短い、しかし厳然とした態度で訓示された。潮焼けした顔と鋭い眼光。への字に結んだ口もとに、歴戦の提督の風貌と威厳が感じられた』（渡辺手記）

このあと着任した兵学校出身の暗号長（大尉）から耳打ちされたという。

「ウチの長官はナ、宴会などで、ときによると若い士官の鼻に噛みつき、雷が鳴っても放さ

んそうだ。気イつけた方がエエぞ」

何とも物騒な注意であった。

渡辺主計中尉は、司令部で情報資料の整理作成を担当することになった。司令部建物の西端、作戦会議室の隣にある幕僚室の末席に机をもらってそこで勤務する。そして何事もなく日が過ぎていった。

「これは容易ならんぞ」

腹帯を締め直す気がしたのは、十九年三月末、古賀長官機が消息不明となり、その後、殉職が発表されたときだ。といっても、二番機に乗っていた福留参謀長が、ゲリラに捕らえられ、のち陸軍部隊に救出された、などという話は、まったく知らなかった。

艦隊最高指揮官クラス専用の暗号が使われていたので、幕僚室の中でも下ッパは知らされなかったのかもしれないという。

ここでマリアナ、とくにサイパンについて、またサイパンにどんな防備がほどこされていたかを簡単に見ておきたい。

サイパンは、南太平洋、マリアナ諸島の主島。当時は南洋庁のサイパン支庁がおかれ、マリアナ諸島の中心であり、かつ内南洋の表玄関として繁栄した。島の西岸中部にあるガラパン町は支庁や海軍の中部太平洋艦隊司令部、第五根拠地隊司令部の庁舎があり、チャランカ町には南洋興発会社があった。

日本人は、この二つの町を中心に、約二万六千人。原住民のチャモロ族約二千人、カナカ族約七百人など、総人口約二万八千人が住み、砂糖、アルコール、リン鉱石、鰹節などが生産されていた。

この島が、太平洋戦争の天目山として、まともに巻きこまれ、悲劇の島になってしまうが、じつは大本営と連合艦隊司令部では、直前まで、米軍が全力をあげて、まずサイパンに上陸してくるとは考えていなかった。

かれらの考えは、こうだった。

連合軍の攻撃目標はフィリピンである。したがって、地理的に見て、そのルートに当たる西カロリン（パラオ、ヤップなど）、西部ニューギニア、そして南部フィリピン（ミンダナオなど）を経由しようとするだろう。なかでも、パラオを中心とする西カロリン諸島には、早い時機に来攻するだろう、とした。

サイパンにまず来ると考えなかったのには、こんな理由もあった。

日本のタンカーが敵機や敵潜水艦に執拗に狙われ、おそろしいほど減ってしまった。そのため、こんど連合艦隊の主力となる小沢第一機動艦隊（空母「大鳳」「瑞鶴」「翔鶴」を含む九隻、戦艦「大和」「武蔵」を含む五隻、重巡「愛宕」「妙高」「摩耶」を含む十隻、他に軽巡二隻、駆逐艦二十八隻。空母機四百七十三機）は、燃料補給が途中で十分にできない。どんなに工夫しても、サイパン沖までは行けない。もっと近い、パラオ沖まで行く計算しか立たなかった。

日本海軍はくり返すが、西太平洋に米艦隊を迎え撃ち、戦艦を中核に押し立てての艦隊決戦を挑み、日露戦争で、わが東郷艦隊がロシアのバルチック艦隊を対馬沖に迎え撃ち、空前絶後の完全勝利を収めた日本海海戦に、勝るとも劣らない勝利を得たいと熱望していた。

この機を失したら、もう二度とこの好機は来ない。日本に有利な決戦の機会は来ない。フィリピン、台湾、沖縄周辺では、その機会はない。こんどの決戦は、是が非でも成り立たせなければならない。

成り立たないときを思うと、鳥肌立つほどの危機感に襲われた。

何度かその恐ろしい悪夢に苛(さいな)まれているうち、いつの間にか、大日本帝国にはそんな危機は起こり得ない。艦隊決戦は成り立つ。アメリカは、サイパンのような防備の固いところは、バイパスする。いや、航空戦術からいってもサイパンには来ない。パラオに来る。したがって艦隊決戦は、サイパン沖でなく、パラオ沖で起こる、と思いこむようになった。大本営や連合艦隊司令部の幕僚——いうまでもなく、エリート中のエリート——海軍大学校を首席ないし抜群の成績で卒業、外国駐在を終えた自信満々の秀才たちがそう思いこんだから、たまらない。

大本営では、情報部のアメリカ担当課先任参謀、連合艦隊司令部では情報参謀が、

「敵艦隊はまっすぐサイパンに来る」

と正しく主張しても、この自信満々の秀才たちは、歯牙にもかけない。

そのうち、六月十一日から、サイパンにたいして、米艦載機が猛烈な空襲をはじめた。

大本営は、これを、五月二十七日以来はじまっているビアク（ニューギニア）にたいする

牽制だ、と考えた。

「敵には、いまマリアナを攻略する余力はない。マリアナ空襲は、二日もすれば終わる。重要なのはビアクであって、サイパンではない」

作戦を直接担当する連合艦隊は、気が気でなかった。ビアクの敵を攻撃するため、それまで中部太平洋を西進してくる敵主力に備えていた航空部隊の大部分を、南（ビアク方面）に回し、サイパン周辺をガラあきにしていた。もし、ほんとうに敵主力がサイパンに来るようだったら、即刻、航空部隊を転進させなければならない。

大本営は頑張る。

「マリアナに小沢艦隊を出せば、油の関係で三日しか作戦できない。もしそこに敵の主力が出てこなければ、一度もとに戻って出直さねばならない。それには十五日かかる。十五日も遅れたら、戦は終わってしまう。小沢艦隊をいつ、どこに出すか。この判断を誤ったら国運を危うくする。慎重の上にも慎重にやらねばならぬ」

十三日、敵は艦砲射撃と、機雷を取り除くための掃海をはじめた。南雲中部太平洋方面艦隊長官から、敵は十四日か十五日に上陸してくるとの判断を、緊急信で打ちこんできた。それでも大本営は、敵は攻略しにきたのではない、と言いつづけた。

豊田副武連合艦隊長官は、とうとう我慢しきれなくなった。大本営そっちのけで、十三日夕方、立て続けに号令した。

「あ号作戦（一航艦、機動艦隊を使って米艦隊に痛撃をあたえる作戦）決戦用意」「渾作戦（ビ

アク作戦）一時中止。『大和』、『武蔵』、

「一水戦……ハ原隊ニ復帰セヨ」

大きな誤判断をした上に、さらに連合艦隊と大本営の意見が食い違ったことから、日本海軍が全力を集中して戦わねばならぬ乾坤一擲（けんこんいってき）の作戦の立ち上がりで、三日損した。三日後手を打ったことが、それでなくとも苦しい決戦を、いよいよどうすることもできなくした。

紅蓮の炎につつまれて

話を少しもどす。

方面艦隊司令部の渡辺主計中尉たちが、はじめて「スプルーアンス・ヘアカット」の片鱗に触れたのは、六月十一日正午過ぎのことだった。

サイパン島東南端のナスタン岬に据えられたレーダーが、敵艦載機の大群を探知、すぐに空襲警報発令、総員防空壕に退避した。

たまたま渡辺主計中尉は当直で、防空壕には入らず、庁舎前に立っていた。敵機は、南東約六キロにある海抜約四百七十メートルのタッポーチョ山すれすれに顔を出すと、築港や水上基地めがけて急降下していく。その無数の虻のような敵機をかれは見つめていた。

たちまち地上砲火が反撃をはじめた。凄い弾幕が炸裂する。それが敵機を追う。だが、なかなか命中しない。いつも敵機の後の方で炸裂した。烈しい物音を立てて、立っている後の海図室のガラス窓が飛び散る。

『南の方向から、紅蓮の炎につつまれて地上すれすれに一機が突っこんできた。トッサの間

にも、あまりにも至近距離に見えたので、みな地上に伏せた。まったくの火達磨となり、七、八十メートル先の司令部下士官兵宿舎付近の椰子林に激突、大音響とともに爆発した。敵機撃墜とばかりに喜んだ衛兵たちは、現場に走っていったが、すぐ戻ってきて、悄然として、
「あれは零戦でした」と報告した』（渡辺手記）

こんな米機群の攻撃が、毎日つづく。そして十三日。朝九時ころから、米戦艦群の艦砲射撃がはじまった。

凄まじさは、爆弾の比ではない。

『雷鳴のような轟音とともに巨弾が落下しはじめると、防空壕付近は怒濤が防破堤に激突するような爆発音と振動につつまれ、壕の上で敵機を撃ちまくっていた機関砲は一瞬の間に吹きとばされた。

防空壕は、サンゴ礁の砂質を隧道(ずいどう)隊が四月ころから掘ったもので、横穴式。側壁の厚さは五メートルくらいあった。この側壁に直撃弾を受けた衝撃で、私たち数名は落下した天井の土砂をしたたかに浴びた。

夕方になって壕の外に出てみると、三十六センチ砲弾らしい不発弾が、側壁を削りとって転がっていた。命拾いをしたわけだ。が、司令部庁舎は瓦礫となり、焼けトタンが散らばっていた』（渡辺手記）

ガラパンの町の建物は、燃え上がり、夜空を焦がしていた。そこから四キロあまり南のオレアイ海岸に集積した弾薬が、さかんに誘爆する。その音がいかにも不気味だ。

沖合には、米軍の艦船が、水平線が見えないほど群がり集まっており、そのときは射撃を止めていたが、存在するだけで島民や部隊を威圧していた。

十三日夜、ニューギニア戦線のビアク島守備隊から、暗号書を毛布につつんで退却中、紛失。急迫してくる米軍に奪われた算大という意味の緊急信が入った。

方面艦隊司令部では、すぐに該当する暗号書を焼却した。そのついでに、渡辺主計中尉たちは、かれらの作成した機密資料と私物の一切を焼いた。

幻覚と流言の中で

十五日朝、米軍はオレアイ海岸一帯に猛烈な砲爆撃を加えると、無数の上陸用舟艇を連ねて海岸に殺到した。

陸軍が築造した水際陣地は、すべて破壊しつくされ、水際で撃滅しようという作戦は、まったく功を奏しなかった。

方面艦隊司令部は、ガラパンの南東二キロにある第五根拠地隊司令部台地に作った防空壕から、その南東一キロ余のタッポーチョ山（四百七十三メートル）の谷間に作ってあった横穴式防空壕に移動した。

防空壕裏山の頂上あたりを見張所とし、渡辺主計中尉と同期生の東村主計中尉の二人が、見張り勤務についた。眼下に展開する米艦船群、上陸用舟艇などの敵情を、電話で下の司令部壕に報告する仕事である。

『西方洋上に展開した米艦艇群は、水平線にまでひろがり、外側を旧式戦艦、巡洋艦などが遊弋（ゆうよく）、内側に駆逐艦、輸送船、LSTなど多数の小艦艇が行動し、病院船二隻がオレアイ海岸近くに停泊していた。上陸地点には戦車が揚陸され、動きまわっており、上半身裸で塹壕を掘っている米兵の中には、黒人兵も混じっているのが見えた』（手記）

その日の夕方、すぐ南隣のテニアン島から彗星（すいせい）艦爆一機が飛んできた。艦隊司令部の防空壕上空に来ると、旋回とバンク（翼を左右に振る運動）をくり返した。裏山のあちこちには将兵が身を潜めていたが、これを見るとたまらなくなったように、いっせいに立ち上がり、手を振ったり、大声をあげたりしてこれに答えた。

突然、彗星は急上昇をはじめた。身を翻すと、正面、ガラパン沖の輸送船団に向かって矢のように急降下していった。猛烈な弾幕を米艦船から撃ち上げ、彗星はしばしば見えなくなったが、「やった」と拳を握ったときには、輸送船団の間から巨大な水柱が立ち上がった。そして彗星は、弾幕で撃ち落とされることもなく、テニアンの方向に遠ざかり、やがて見えなくなった。

渡辺主計中尉が見張所にしているそばに、陸軍の野砲隊が観測鏡を据え、司令部壕のあたりの十五センチ榴弾砲で上陸地点を射撃した。

砲弾は、上陸地点付近に集まっていた敵の戦車群に命中。パニックを起こす戦車群を見て溜飲を下げていると、まもく敵の艦砲射撃を集中され、野砲は沈黙。間接射撃は行き詰まった。

一事が万事。米兵はウォーキー・トーキー（携帯用無線電話）を持ち、視角を変えた陸上から「どこそこを撃て」「サンキュー。敵は沈黙した」などとやる。とてもカナわない。サイパンでも、『わが軍の一発にたいしてその数倍、数十倍の反撃が加えられた。この状況を、「お釣りが凄い」と言った』

やがて浦部陸戦参謀が、汗だくになって見張所まで登ってきた。見張所の様子を見るなり、「これはいかん。ここはよく見えるが、それは敵からよく見られていることになる。急いで偽装を工夫したまえ」

と注意した。さすが、海軍少佐なのに陸軍少佐とアダ名される浦部参謀だ。あわてて、そのあたりの熱帯樹の枝や葉を集めて見張所の前を緑でおおったが、おどろいたことに、すぐ枯れて褐色になってしまった。日射しが、ものすごく強いのだ。渡辺手記による。

『南雲長官は、藤原後任副官が随行して、見張所に登ってこられた。カーキ色の第三種軍装に偽装網をつけ、鉄帽をかぶった姿で、しばらく双眼鏡で米艦船群を視察しておられた。終始無言だった。

終わって下へ降りていかれたが、その帰途、藤原副官は私たちに恩賜の煙草を一本ずつ配りながら、

「こういうものをお預かりしていると、気が重いので、早目に置いていくのだから、気にせんでくれ」

と細かい気の配りようを見せていた』

当時、朝日とか敷島という口付き煙草があった。それと同じような形のもので、吸うと燃えてしまう部分を巻いた薄い紙に、金で菊の御紋章を印刷してあった、あれである。

夜になると、米軍は橋頭堡を固めた鉄条網に電灯をいっぱいブラ下げ、日本陸軍のお家芸である夜襲白兵戦を待ち受けていた。

すっかり待ちかまえられていた上陸当夜、日本軍は勇敢にもその中に夜襲していった。敵情がどう偵察され、それにどう対応策が講じられた上での夜襲だったのか。

その夜襲は、沖合いの米艦艇から間断なく打ち上げる照明弾、鉄条網とそれにブラ下げた電灯ですっかり姿を曝露し、それに向かって機銃、艦砲射撃を撃ちこまれて、たちまち全滅せざるをえなかった。米軍を上陸当夜、まだ地歩の固まらないうちに水ぎわまで押し戻し、撃滅してしまおうという大本営や上級司令部の計画が挫折しただけでなく、苦心して運びこんだ多数の人、多量の兵器も、大半を失った。

生産力が不十分で、輸送力もはなはだ不足している日本の場合、戦場で失ったものは、取り返しがつかないのである。

『「あ号作戦はどうなっているのか」

「連合艦隊はどうしたのか」

こうした疑問や救援への期待は、兵士たちの間に幻覚や流言を生み出していった。

「西方海上で激しい夜戦が行なわれ、米艦が炎上し、撃沈される状況を、私はこの目で見ました」

そう主張する兵がいた。この主張は、期待感と入り交って伝達され、波及していったことは確かである』（渡辺手記）

六月二十日を過ぎた早朝、渡辺主計中尉は見張り当直を終わり、交替したすぐ後、見張所付近に落下した敵弾のために負傷した。

後の方の窪地まで下がってくると、

「おい、左の頸筋がまっ赤だぞ。切られ与三郎というカッコウだ」

と野次られた。こんなところにまでユーモア精神を持参してくるとは、見上げたものだ。

「ナニ。細かい弾片がいつくも食いこんだ盲管銃創だ。たいしたことはない」

大野軍医大尉が、手早く治療してくれたが、頸筋の出血は、もう止まっていた。あと腋下、膝下、左の踝（くるぶし）に食いこんだ弾片と細かい岩石のかけらが残った。

「そんな傷は、あとから痛んでくるもんだ。今晩、唸らないでくれよ」

藤原副官がやってきて、様子を見るなり、野次った。元気づけているつもりなのだ。

その深夜、艦隊司令部は東方に四キロばかり移動、サイパンの水源地、ドンニイに着いた。コンクリートで固めた二メートル四方くらいの貯水池で、清水が湧き出していた。

みな存分に飲み、渇を癒（いや）すことができた。

数日前、盲腸炎を起こし、大野軍医大尉が手術したばかりの司令部付の若い兵が、元気に隊列に加わってドンニイまで歩いてきたのには驚いた。戦場では、ときどき常識では理解できないことが起こるようだ。

渡辺主計中尉は、軍刀を杖にして歩いた。やはり、若い兵のようにはいかない。

『夜は猛烈な蚊群の襲来のため、顔、手のひら、首筋など皮膚の露出部分を手当たり次第に噛まれ、癇癪を起こして手のひらで叩くと、数十匹の血を吸った蚊がつぶれて、手のひらが血だらけになるのが普通だった。昼は敵機、夜は蚊群が、われわれの生命を狙って攻め立て来た』（渡辺手記）

後退につぐ後退

六月十五日早朝、大部隊で上陸して以来、米軍はその前に立ちはだかり、抵抗する日本軍を、譬えようもないほどの凄まじさで、撥ね除けてきた。戦うたびに、日本軍は寸断され、信じられないほどの大損害を出して、打ちのめされた。

一例をあげる。サイパン島の土を踏んだ日本軍の兵数は、日本軍が約二万五千六百、米軍が約八万二千六百。参加した米軍の要員数は、十二万を超える。

米軍は、二時間にわたる艦砲射撃と、三十分にわたる艦載機の銃爆撃で、日本軍の防御拠点を徹底的に粉砕し、そのあと、海兵隊八コ大隊が上陸用舟艇で海岸へ突進、最初の二十分間に八千の将兵が上陸した。

それほどの弾圧を受けながら、なお身を潜めていた日本兵たちが、ここで撃ちはじめた。ある米軍部隊では三割もの死傷者を出した。合計すると、その日に上陸した二万名のうち、二千名以上の損害を受けた。大損害である。

あわてた米軍は、そこで、銃爆撃と艦砲射撃をくり返した。鉄と生身の戦いであるからには、日本軍は次第に追い詰められ、攻撃力の量の比が、いっそう悪化していく。

こうして日本軍は、最後に約三千名を残すだけとなり、七月七日、総攻撃を敢行。日本軍はそれまでの戦死者と併せ、サイパンでほとんど全員が戦死し、戦死者二万三千八百十一名を数えた。

一方、米軍のサイパン戦での戦死傷者は、計一万六千五百二十五名、サイパンに上陸した八万二千六百の約二割である。

この日本軍の損害の多さと、それに比べて米軍の損害の少なさは、ランチェスターのN二乗法則を持ち出すまでもなく、敵に主導権を奪われてからの太平洋戦争の姿を示して余りがある。

渡辺主計中尉の手記にもどる。

『もうどこへ行っても同じだ。あとは海しかない』

六月も終わり近くなると、艦隊司令部は、ただもう後退につぎ後退をするばかりで、とうとうそんなヤケクソな言葉まで聞こえる始末。

ドンニイ水源地から、敵の戦車が近づいてきたので、その北側台地のマンガン山の洞窟へ、さらにその北西の電信山の洞窟に移動した。

到着してみると、洞窟からちょっと離れた松林の中に、機械水雷が数十個山積みになっているのを見つけた。海岸防御のために敷設する予定が、その時を失したのか、とにかくこの機雷群が誘爆したら、このあたり滅茶滅茶になるのは知れきっていた。

そのうち、頭上をうるさく飛んでいた敵の観測機に発見されたらしく、艦砲射撃の砲弾が近くに集中しはじめた。そして、誘爆。

『もう両耳、両眼を両手で押さえて、地面に平グモのように伏せているほかなかった。轟音、震動、閃光の連続。天地晦冥、地上の一切を粉砕抹殺しようとする爆発の衝撃。やっと爆発がやみ、思わず顔を見合わせると、だれもが煙突掃除屋のように、ススだらけになっていた』（渡辺手記）

そこへ、珍しくスコールが来た。米軍上陸以来はじめてのことで、艦砲射撃があまりにも猛烈で、スコール雲を吹き飛ばしてしまったのではないかと思っていた。文字どおり干天の慈雨。

洞窟の中から、矢野参謀長と、二人の中佐参謀がハダカでとび出し、

「敵は見ておらんだろうな」

と笑いながら、小踊りするようにして身体を洗っていた。

なにしろあれ以来、風呂に入っていない。暑さはつづく。身体中が痒い。おまけに海軍には風呂好きが多い、ということで、余計にありがたい。神サマ、仏さま、スコールさまとはこのことだ。

その夜、さらに北東約二キロ半の地獄谷に移った。渡辺手記にいう。

『早朝から地獄谷は硝煙が立ちこめ、濃霧のように太陽の光をさえぎっていた。山腹の南に

面した谷間にある洞窟付近に、しきりに砲弾が落ちていた。大木の枝がちぎれ、飛んだ。米機の撒いたビラが、硝煙の中を落ちていった。

岩陰に伏せていると、砲弾の合間を縫ってきた伝令が、伝えた。

「准士官以上は直ちに司令部位置に集合」

山道を脚を引きずりながら降りていくと、司令部の衛兵二名が機銃をかまえて伏せており、にっこり笑って合図をした。

「飛行機から取りはずした機銃です」

と何やら嬉しそうにいった。こちらも手をあげて通り過ぎた。いっしょに何度か海軍体操などをしたことのある兵たちのようだった。

司令部の位置は谷の入口に近く、北向きの山腹の斜面に岩がヒサシのように突き出した奥にあった。すでに陸海軍の別なく四、五十名が斜面に腰を下ろしていて、一杯だった。クラスの東村主計中尉がいるという洞窟の付近を通ったのに、のぞいて見る余裕のなかったことが悔やまれた。ただ、むなしく時が過ぎ、最後のときが迫るのを、なすところもなく待っているかのように思われた』

米兵とにらみ合う

『夕闇が近づいたころ、洞窟の奥から小野通信参謀が従兵内田一水をともなって現われ、

「パナデル基地（サイパン島北端に近い）の電信機がまだ使えるというから、最後の電報を

打ちにいってくる」

淡々としていわれた。

私（渡辺主計中尉）は一瞬、胸がつまったが、「これまで、たいへんお世話になりました」と、お礼を述べた。

小野参謀は、『司令部幕僚室で過ごしたころと少しも変わらぬ温容と落ち着いた態度で、照明弾と砲弾の火柱の交錯する闇夜の中を、パナデルの方向に消えていった』（手記）

最後の電報は、

「七月六日午前二時三分。発中部太平洋方面艦隊長官。宛海陸軍大臣、総長。

サイパン守備部隊ニ与フル命令　先ニ訓示セル所ニ従ヒ　明後七日敵ヲ求メテ玉砕セントス〇三三〇（午前三時半）以降随時当面ノ敵ヲ求メテ攻撃ニ当タレ」（七月五日）

「七月五日午後十時。発中部太平洋方面艦隊長官。

コレニテ連絡ヲ止ム」

とあったが、これは小野参謀がパナデルから発信したものであろう。

『司令部の最後。この日、七月七日深夜。最高指揮官南雲忠一中将は、先任副官荘林中佐立ち会いの下に、陸軍第四十三師団長斎藤義次中将とともに拳銃で自決し、遺体は爆薬で爆破したという生存者、第五根拠地隊先任参謀の証言が、真相ではないだろうか』（渡辺手記）

渡辺主計中尉は、その七日深夜、洞窟に潜んでいるうちに、間一髪の危機を、幸いにまぬがれることができた。

米兵が「モップアップ」という掃蕩戦に引っかかったのだ。かれら数人がグループになって、洞窟をシラミ潰しに回って歩く。

「デテ・クォーイ」

「ヘーイ、ゲラウト、ゲラウト」

声を殺し、身を潜めていると、いきなり手榴弾と発煙弾を投げこみ、小銃を乱射してきた。洞窟は食糧貯蔵庫になっていて、米俵と缶詰の木箱が十畳くらいの広さに積み上げてある。その米俵が乾ききっていたから、たまらない。たちまち燃えはじめ、発煙弾のすごい煙といっしょになって、息ができなくなった。

渡辺中尉は、とっさに、このまま焼き殺されるより敵と戦って死んだ方がマシだ、と決心すると、拳銃一つを手に、洞窟の外に転がり出た。

『不覚にも軍刀は、奥の方に立てかけてあったため、手が届かなかった』（渡辺手記）

と残念がっているが、そんなことは、この際、言っていられない。

外に出て見ると、あたりはもう暗く、洞窟から吹き出すまっ赤な炎と白煙がもつれあってナマナマしく、この世のものとも思えなかった。

そこで、米兵一人とバッタリ会う。

『米兵は自動小銃をかまえていたが、銃口を右上に向けていた。私（渡辺主中尉）は十四年式拳銃を両手で持ち、至近距離で米兵と向かいあい、睨みあった。洞窟の火炎を背にした私には、米兵の顔がよく見えた。米兵の顔は驚愕と恐怖に引きつっているが、意外にも十七、

八歳の少年兵のように見え、

「なんだ。子供ではないか」

と思うと、急に米兵が小さくなったような気がした。

その瞬間、米兵は身を翻すと、脱兎のように夕闇の中に走りこみ、数十メートルも走ってから、こんどは火炎をめがけて小銃を乱射した。しかし、洞窟の岩角にバシッ、バシッと命中しただけで、あたりにはまた静寂が戻ってきた』（渡辺手記）

渡辺主計中尉は、すぐに洞窟にとって返したが、下士官と兵一人を助け出しただけで、火勢があまりにも強く、どうすることもできなかった。

それからもう一つ。渡辺主計中尉が米兵に突きつけていた拳銃は、弾丸七発をこめてあったが、じつは故障で、引金を引いても弾丸を撃つことはできなかった。そのことは、自分でもよく承知していたが、修理のヒマがなく、そのまま持ち歩いていたものだった。

とっさに米兵に拳銃を突きつけたときには、そんなことはまったく忘れていたという。そして、そのことを思い出したのは、洞窟から二人を引きずり出した後、ほっと我に返った後だった。

それにしても、四、五人はいたはずの米兵が、どうして少年兵一人だけになっていたのか。あのような場面で、もしかすると中から日本兵が出てくるかもしれない状況で、ベテラン連中がどこかへ行ってしまうとは、考えられないことだが。

ともあれ、後になって、海軍省から「渡辺修主計中尉は七月八日、サイパンにおいて戦死した」との公報が自宅に送られてきてびっくりしたという。かれの手記には、こう書いてある。

『七月八日の戦死の日付当日、私はまさしく戦死一歩手前くらいの位置にいたことは確かである』

宣撫工作〈タウィタウィ防衛〉

——三十三警　浅野賢澄主計大尉（京大出身）の場合

戦場の空白を埋めるために

日本海軍部隊と原住民との間の屈託のない交流は、二年現役主計科士官たちの手記を読むものにとって、この上ない救いである。そのどれも、戦場付近での原住民との人間関係が、あたたかさと善意に満ちた人間ッぽいものだったことを語っている。

そして、つぎのタウィタウィの場合も、その一つであった。

タウィタウィというと、反射的に思い浮かぶのが、マリアナ沖海戦に出ていく小沢艦隊が、ここを前進根拠地に選んだため、日本の運命を決する大失敗をしてしまったことである。

優秀なエリート参謀たちは、艦隊がタイミングよくサイパン沖に出ていく跳躍台として、タウィタウィを選んだ。もう一つの待機地の候補は、フィリピンのギマラスだった。比較すると、タウィタウィの方が防備が進み、第三十三警備隊が配備されていたし、防諜上も有利だった。

陸上航空基地がなく、サイパン沖の決戦場には少し遠かったが、陸上飛行場がなくても、空母が湾外に出るといくらでも飛行機を飛ばして訓練できることだし、距離の遠さはそれだけ早く出撃すればいい。燃料消費量も、それほど大きな違いはない、と計算した。

あとから考えると、それまで連合艦隊の基地にしていたスマトラのリンガ泊地は、適当に浅く、敵潜水艦は侵入できない。そのため、潜水艦の脅威を忘れ、広い泊地を駆け回って、訓練に熱中することができた。

つい、その情勢に、頭と身体を委ねっぱなしにしていたのではないか。タウィタウィの悲劇、いや、マリアナ沖海戦の信じられないほどの敗北は、もっとも大きな部分、そこに根ざしていた。

敵潜水艦に湾口付近を押さえられ、外洋に出ようとする空母が狙われ、幸い被害はなかったものの、あわてて駆け戻ったばかりか、その後、一隻も、一回も出られなかった。

陸上航空基地がないところなので、空母が外洋に出て艦載機の発着艦ができなければ、搭乗員たちは技量を維持することも、向上させ磨き上げることもできない。時間がたつにつれて腕がナマる。低下する。

搭乗員のため、何よりも大切な、事前の訓練もウォーミングアップもせず、その上、七、八百キロもの遠さから、悪天候の中をむずかしいやりかたで飛びつづけねば、敵の位置にまでたどりつくことができない――アウトレーンジという巧妙で高度の戦法を小沢司令長官はとった。

無理、というものだった。

このころの搭乗員は、みな若かった。

「御安心下さい。私たちがやります。生還は期しておりません」

そう凛とした口調でいって、微笑した。

しかし、その心と腕とは一致しなかった。訓練は、飛行機もガソリンも乏しく、しかも時間の余裕がなかった。そのような状態でありながら、戦場の空白を埋めるために、前線に出なければならなかった。

悪循環だ。ウマくなる前に戦場に出るから、敵に食われる。戦場はたちまち空白になる。またウマくなる前に戦場に出る……。

作戦指導のことだけから見た話だが、こうして日本海軍は、独り相撲をとり、腰砕けになって、尻もちをついてしまったのだ。

ところで、そのタウィタウィの防備を担当する三十三警では、湾内を埋めた超空母「大鳳」、主力空母「翔鶴」「瑞鶴」、空母「隼鷹」「飛鷹」「龍鳳」「千代田」「千歳」「瑞鳳」、戦艦「大和」「武蔵」「長門」、高速戦艦「金剛」「榛名」、航空戦艦「伊勢」「日向」、重巡「愛宕」以下十一隻、軽巡二隻、駆逐艦二十九隻の決戦水上部隊（第一機動艦隊）を遠く近くに見ながら、防衛態勢を整えていた。

話は、その三十三警主計長浅野賢澄主計大尉（二年現役主計科士官、二十年五月主計少佐）と島の住民、モロ族の人たちとの間のものである。

浅野手記からはじめよう。

ユニークな行動

『昭和十九年四月三十日、私の属した三十三警は、陸軍部隊とともにタウィタウィ島に上陸、占領した』(手記)

タウィタウィは、フィリピンのミンダナオ島西端と、北ボルネオの間に飛び石のように連なるスールー列島、そのボルネオ寄りにある環礁に似た大小の島の集まり。

島を占領した目的は、南西方面で、ちょうど南東方面でラバウルが果たしたような役割、大規模な連合艦隊の前進根拠地にするための防備固めである。

浅野主計大尉は、舞鶴航空廠にいた二月下旬、部隊編成の一ヵ月ほど前に、三十三警主計長兼副官の発令を受けた。ここでかれは、たいへんユニークな行動に出る。

『私は独断で、一足先に、三月九日、単身、東京羽田から台湾経由マニラに飛び、九四式水上偵察機を出してもらって現地を調査し、さらに南のダバオ(ミンダナオ)に飛んで、三十二特別根拠地隊(三十二特根と略す)司令部に立ち寄り、三月二十四日、ふたたび空路、三十三警の部隊編成地である呉軍港に戻ってきた』(手記)

もちろん、主計科の責任者として必要な情報収集が目的で、それも自分の五感をとおした直接情報を摑もうとしたものだが、私など兵学校を出た者は、そこまで踏み込もうとは思いつかない。いや、思いもよらない。

軍令部情報部あたりで調査刊行した兵要資料——作戦や軍事面から見て必要な天象、地象、気象、人文、産業などについて調査研究した情報資料は、なるほどあれこれ網羅してはあるが、部隊の任務を果たすために直接役立つ生きた情報としては、具体性、現実性の薄いところがある。

軍令部情報部で、兵要資料の調査刊行を担当していた私として、それが何より残念だった。資料を調査し、編集し、刊行したときと、それを使うときとの間のギャップがありすぎだ。

具体的にいうと、何度もくり返すようだが、日本海軍は、アメリカ主力艦隊に西太平洋で艦隊決戦を挑み、戦艦の主砲を撃ちまくって敵に勝つ心組みであり、そう身構えて、準備を整えておけば、日本海軍の任務は果たせる、と思いこんでいた。絶対の信念だった。

まさか、北ボルネオのすぐそば、タウィタウィに警備隊を上陸させ、防備を固めて連合艦隊の前進根拠地にしなければならなくなろうとは、夢にも思い及ばなかったのである。

浅野主計長が、マニラからダバオ（ミンダナオ）に飛び、特根司令部で情報を集めたことは、だから、すこぶる時宜を得た処置であった。

それぞれの担当幕僚に談じこみ、飛行機を出してもらったり、連絡便の座席を確保してもらうことは、戦場ではそれほど容易ではないからである。

さて、スールー列島の住民モロ族は、回教徒であり、おそろしく精悍だ、といわれていた。サルタン・オンブラ（オンブラ王）とダヤンダヤン妃の支配する約十万といわれる人たちである。

この気性が激しく、荒く、勇敢な住民を、どうしたら味方につけることができるだろうか。

――タウィタウィでは、

『米国軍人スワレス中佐の指揮するゲリラ集団（米人、モロ族、フィリピン人混成軍）約八百～一千名の強い抵抗に対する対策。とくにジャングルでの戦闘が問題。

水、野菜など生鮮食糧の自給は不可能であること。

モロ族の女性には、絶対に触れてはならないこと。

このほか集めてきたいろいろな情報を総合して、さっそく部隊編成にかかった。ひっくるめていうと、現地では、少なくとも二年間は補給を受けなくても戦力、体力を維持できることをメドに、兵器、弾薬、食糧その他基地施設用物資を十分に準備した。そして四月二十一日には戦艦「大和」に便乗、呉を出港し、決戦部隊の艦艇に護衛されながら、タウィタウィに向かった。

タウィタウィに上陸後は、休む間もなく、陸軍部隊とともにゲリラ集団の討伐開始。だが一週間にわたる討伐作戦の結果は、老人一人、子供二人の三人を捕まえただけ。逆に日本軍は負傷者数名を出す始末』（浅野手記）

とても手に負えない頑敵を背負いこんだ思いだけが残った。

これで討伐作戦が終わった、というので、陸軍部隊は、さっさとフィリピンに引き揚げてしまう。

「討伐してやったから、あとは海軍でやれ。やれるだろう」

結果でなく、手続きだけしか見ないから、困ってしまう。
こうしてかれらは、ほとんど無疵のゲリラ集団と、精悍な、かつてタウィタウィに隣り合ったホロ島で、女性問題を惹(ひ)き起こした米海兵隊員に憤激し、海兵隊一コ中隊を攻撃して全滅させた、という話のあるコワいモロ族の中に、取り残されることになった。

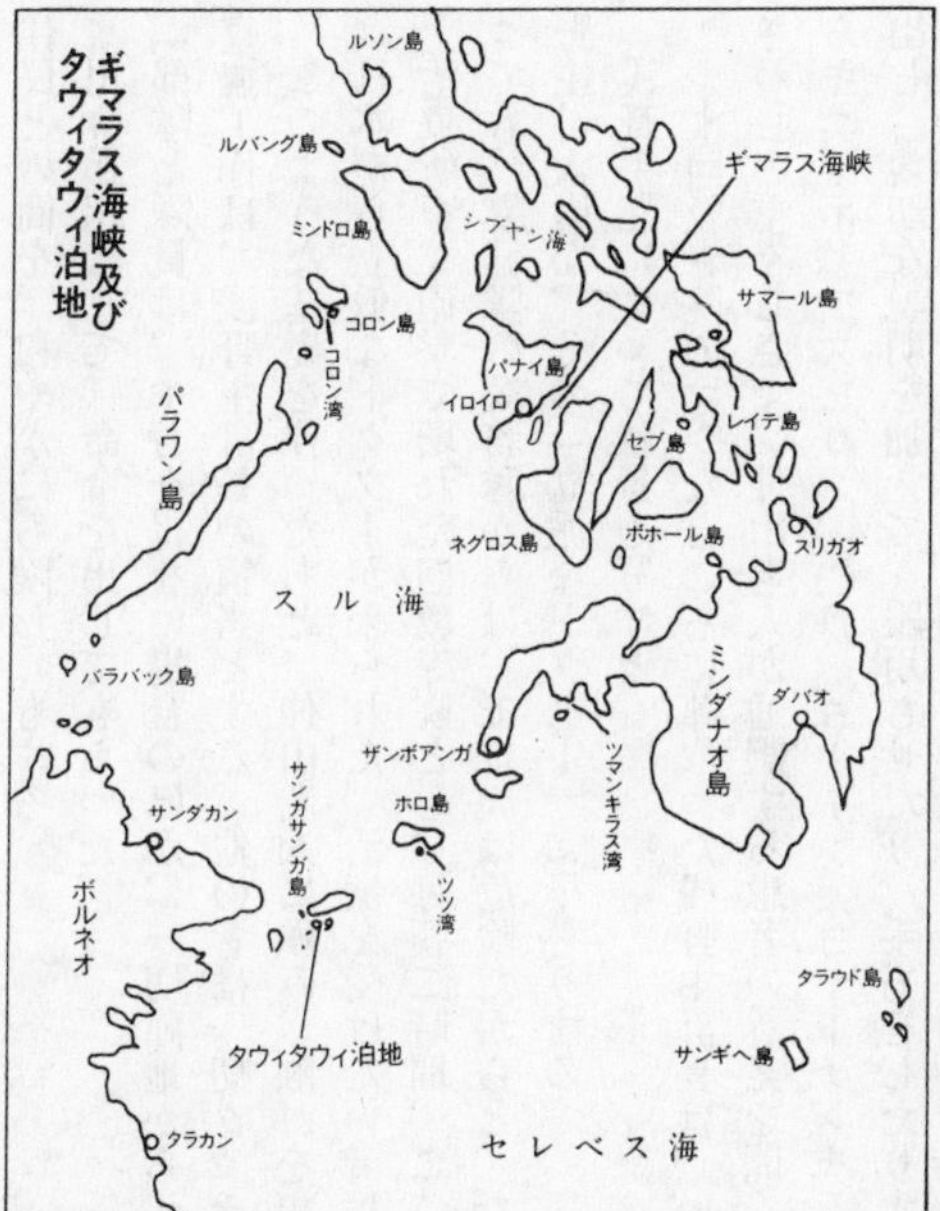

警備隊としては、山を背にして陣地を造り、ゲリラと米軍に備え、これを固めていく。

一方で、浅野主計長が活躍をはじめる。

ギマラス海峡及びタウィタウィ泊地

〝立派なドクター〟

ありがたいことに、タウィタウィに住みついている日本人を見つけた。佐賀県出身の仲山という老人である。さっそく、主計長秘書に採用。宣撫工作の片腕にする。

言葉と誠実さ。この有無が

住民との間を、和やかにも険しくもする。

司令と相談して、命令を出してもらった。

『部隊と隊員は、やむを得ない場合のほか、一切陣地から出てはならない。住民との問題、宣撫工作は、浅野主計長の担当とする。他の者は一切タッチしてはならない』

このような基礎を作ったあと、仲山老人に頼み、触れを出した。

「日本から立派なドクターが来られた。治療を受けたい者は、遠慮なく申し出るよう」

治療所を、砲撃で壊れた回教寺院とし、毎朝二時間、ここで患者の治療に当たった。といっても、警備隊の医務隊からは、モロ族は危険だからと、だれも出てこない。やむなく、浅野主計大尉が、その「立派なドクター」に早替りする。

浅野手記によって状景を写すと、

――回教寺院のマシなところに陣取った浅野主計長は、いかにも「立派なドクター」にふさわしい重々しさで、仲山老人が通訳する患者の訴えを聞く。そして、傍らに置いた薬箱からキニーネ、アスピリン、仁丹、ヨーチン（ヨードチンキ）のうちどれかを見計らって取り出し、親切な説明を加えて、服用させたり、手当をしたりする。

浅野ドクターは、回想する。

『なにぶんにも、薬の種類がふえると取り扱いが面倒になるので、どんなときもこの四つの薬しか使わなかった。患者が来ると、まず、キニーネをあたえる。たいていがマラリアに罹っているので、これで癒る。それで癒らない者には、アスピリンを嚥ませる。これでも癒らなければ、おそらく内臓の病気だろうから、仁丹をあたえる。それでも癒らなければ、医務隊に連れてゆき、本職の医者に癒させる。

住民は、医務隊も軍医官も、みな浅野ドクターの部下だと思いこんでいるから、平和なものだ。外科？　傷は一切ヨーチン。それ一点張りで……』

すごいことになった。薬が滅法効くのである。ふだん薬を飲まない者には仁丹をやればいい、何にでも効く、というが、この「立派なドクター」は、内科用に三種類もの薬を用意していた。この「ドクター」に診てもらうと、どんな病人でも、たちまち癒ってしまうから驚いた。

二週間もたつと、住民の雰囲気がずいぶん変わった。「立派なドクター」を通じてではあったが、信頼関係が芽生え、どんどん大きく育った。

宗教活動の発生期、病を治されることで患者の信仰心が植えつけられた話を聞くが、この難しいタウイタウイの宣撫に、ドクターによる治療を突破口とした浅野主計長の知恵には、脱帽するばかりである。

情報収集システム

第一段作戦で、島民の信用を得ることに成功した。

そこでかれは、第二段作戦として、島民の組織化を企図する。その次に学校教育を採り上げる。

浅野手記にいう。

『こんどは市長を作ることを考えた。ダトーという階級のワガスという青年、マニラ大学を卒業したと称していたが、そのワガス青年を市長に任命した。モロ族の首都ホロ島にいるサルタン・オンブラの甥とかに当たるといっていたから、日本でいえば皇族になろうか。

つぎには、助役が必要である。そこで、島で一番偉い坊さんを探させた。この坊さんは、集団礼拝の指揮者であるイマームの階級をもつアラバニー爺さんだ。

これで市長と助役ができたので、私（浅野主計長）と仲山老人と合わせて四人が、いつも午前中は回教寺院の焼け跡に集合。まず私が患者の治療をする。つぎに四人でゲリラの投降工作と島の行政についての相談をした』

やがて、これが軌道に乗りはじめると、こんどは学校を作ることを考えた。

目的は、米軍の来襲に備え、情報収集システムを作ること。それとモロ族を懐柔し掌握するため、スールー列島それぞれの島の主な酋長を三十三警の指揮下に入れること。それに役立つような学校作りをするのである。

まず、校長は浅野主計長。三十三警の内海中尉がオルガンをひけるので、副校長兼教諭。小林軍医少尉を教諭兼主治医とし、酋長の息子ばかり集めることを計画した。

主な島の酋長の息子といえば、七歳から十五歳くらいまでのところで二十九名いることが、仲山老人の調査でわかった。

そこでリストを作り、それぞれ酋長に知らせた。

『このたび日本軍は、学校をつくり、この学校でモロ族の優秀な子弟を教育し、成績特に秀でた者は、卒業後日本の上級学校に入れ、モロ族中興の幹部となる者を養成することにした』

できるだけ多数の者の応募を求めたところ、浅野主計長の意に反し、三百人の上もゾロゾロ来た。これでは、どうしようもない。通訳は仲山老人一人しかいないので、試験もできない。

しかたがない。非常手段をとった。

医務隊と主計隊の隊員に白衣を着せた。応募者の体重を何回も計量した。身長を何回も測った。五十メートルばかり走らせた。そんなことで、試験をしたという格好をつけた。そして、最終的には、はじめの予定どおり、酋長の息子ばかり二十九名を合格とし、発表した。

そして、入校式当日、全員、といっても二十九名の生徒と、その父兄である酋長を集め、浅野校長が祝辞を述べた。

『今日はまことにおめでとう。私が校長として、これから皆さんの大切なお子さんをお預りする。皆さんもご承知のように、あれだけたくさんの受験者の中から、あれだけ厳格に試験をして、この二十九名の合格者を決定したのであるが、私が何よりも驚いたことは、この子供たちの大半が（といっても、予定通り全員酋長の息子たちばかりなのだが、わざとこのように言った）酋長の息子さんであることを知り、モロ族の酋長さんはまことに立派な、優れた家柄であることに驚くとともに、あらためてモロ族ならびに酋長さんたちに敬意を表する次第である』

そんな挨拶をして、父兄を喜ばせておいた、と手記にいう。このときかれの年齢は二十七、八歳。とらわれない柔軟な発想、と言ったらいいか。兵学校出身者の私とは、これほどまでに違ってくるのか。これは私として自戒の意をこめての嘆声である。

ドクトル・コマンデル

これからは、蒔いた種子の収穫期に入るのだが、割愛するわけにはいかない。

浅野手記に移る。

『学校兼寄宿舎は、校長先生である私の官舎、といってもニッパハウスだが、その隣に同じようなニッパハウスを建て、それを当てた。

食事は、校長、副校長以下先生も生徒も同じもの。そしてマニラの軍需部に頼み、紺の開襟シャツ、半ズボン、戦闘帽の可愛い制服を作ってもらい、全員に着せた。ふだん、下帯一つで駆け回っていた裸ン坊たちなので、喜ぶまいことか。

そこで校長先生が、ときどき生徒全員二十九名を引率して、各集落をデモンストレートする。これが、非常な人気を博した。

それと同時に、父兄である酋長夫妻が、毎日、入れ替わり立ち替わり、バナナとか鶏とかの手土産を持ってやってくる。

この手土産は、大変に貴重なものだった。私は部隊にたくさんの野菜の種子を用意させてきたが、いくら作らせても、熱帯のうえ、水がないので、満足なものが作れず、もっぱら日本から持ってきた乾燥野菜一辺倒の食事になっていた。干天に慈雨というのが、このことである。各部隊に配給して大いに喜ばれたものだ。

酋長たちが来訪すると、私がまず会い、敵情をできるだけ詳しく聞く。つぎに、私が父兄と愛児を招待する形で食事をともにし、あと父兄は、子供たちの勉強の様子を参観して、大喜びで帰っていく。

勉強といっても、じつは内海副校長のオルガンに合わせ、浅野校長が歌を教える。「ハトポッポ」「雀のガッコー」「君が代」「軍艦マーチ」「日の丸行進曲」など。歌のお勉強が終わると、あとは体操。その日は終わる。

教育ママ、教育パパは、スールー列島も日本と同じで、すっかりお熱になり、つぎからつぎへ、手土産を携えて酋長たちが訪ねてくる。そのつど、スワレス中佐のゲリラ集団の動静とか、補給や連絡に来た米潜水艦の状況とか、詳しい情報を提供し、食事をいっしょにご馳走になって、喜んで帰っていく』

こんな日々をくり返しているうちに、浅野主計長は、当然ながら、島民たちの大尊敬と大信頼を受け、敬愛の情を「ドクトル・コマンデル」（隊長先生）の愛称にこめて呼ばれるようになった。

こうなると、「ドクトル・コマンデル」の人徳は、山奥のゲリラ集団にまでおよび、はじめポツポツと、やがて毎日のように、ゲリラが投降してきた。はじめ手ぶらで、やがて小銃や手榴弾を持って。

「ここが大事なところだ」

と、米とタバコをあたえて、家に帰す。すると、殺されるとビクビクしていたゲリラが、地獄で仏に逢ったように狂喜して、主計長の顔じゅうにキスして帰っていく。

『長い間ジャングルの中で、栄養失調のため身体じゅう腐ったようになり、膿だらけの汚い連中に抱きつかれて舐め回されることは、臭くても汗くさくても我慢をしてかれらの感情と好意に報いねばならず、それは大変なことであった』

と手記にあるのは、感嘆にたえない。一視同仁。中佐だ、一等兵だと差があるけれど、それは軍隊組織の中のことであり、人格として、人間の価値として差があるはずはない。みな同様の責任を果たすだけだ。艦が沈むとき、艦長も一等兵も変わらないじゃないか、一蓮托生だ、というのが、海軍の考え方であり、哲学でもある。

それらの投降兵は、三週間もすると、すっかりモトの身体に戻って、挨拶にやってきたという。その中から、頼もしそうな青年を選び、こんどは警察隊を作った。それ以後は、警備隊の日本兵指揮官と出納長を任命し、市長の行政と治安態勢ができる。ゲリラあがりの警察隊に護衛された方が安全だという、笑うに笑えないことになった。

カルビン銃は救いの神

昭和十九年六月、マリアナ沖海戦に敗れ、七月、サイパンが占領されると、情勢は一変。タウィタウィは戦略価値を失った。三十三警を配備しておく必要もなくなった。そこで、三十三警は、一部を残し、ミンダナオ島南西突端のザンボアンガに転進を命じられた。

「私は、子供二十九名を預かっていますので、しばらく残りたいと思います。残留部隊も私がいませんと、情報ソースを絶たれます」

主計長がいないと、面倒なロジスティックス（兵站）を担当する者がいなくなる。

兵站とは、作戦軍に必要な軍需品を供給補充して戦力を維持することだが、日本海軍は偏っていて、攻撃には、それ一辺倒といっていいほど熱中するのに、防衛ないし戦力維持には、無関心に近かった。

三十三警司令は、視野の広い人だったから、主計長のいままでの努力と、情報ソースの開拓の価値を認め、申し出を容認したが、内心は、少しでも早く帰隊させようと、タイミングをはかっていた。

その時が、十九年十月二十六日に来た。

ミンダナオに展開した本隊から、航空兵曹長の操縦する九四式水上偵察機（複葉単発双浮舟三座。九四水偵と略す）が飛来。司令の特命で浅野主計長を迎えにきた。

命令とあれば、仕方がない。

子供たちはじめ、関係者に気づかれぬよう注意しながら、後ろ髪を引かれる思いでタウィタウィを飛び立った。

――「ドクトル・コマンデル」活躍の一部始終はこれで終わるが、一つ二つ後日物語が残っている。

かれが飛び去ったことは、重大ニュースとして、たちまち列島の隅々にまで伝わったらしい。それから三日目には、父兄である酋長が子供たちを一人残らず連れ帰ったという。もちろん学校は閉鎖された。

三十三警のタウィタウィ残留部隊は、その後、情報がまったく入らなくなり、困却したそうだ。

つぎに、ゲリラ集団七十八名の投降兵が持ち出してきた武器――米製軽自動小銃（カルビン銃）三十四梃、米製軽機銃（自動小銃）三梃、コルト拳銃三梃、フィリピン小銃三十六梃、手榴弾多数は、のち、三十三警がミンダナオで死闘をつづけるようになって、大いに役立った。

ことにカルビン銃は、絶体絶命の窮地から浅野部隊を生還させた、救いの神になったという。

7　フィリピン、台湾防衛戦

危機一髪〈マニラ防衛〉

――一〇七号哨戒艇　宮木邦蔵主計中尉（東大出身）の場合

乾坤一擲の決戦

サイパンを失った日本は、「ここでどんなことがあっても敵を食いとめる」と決心した砦――絶対国防圏のカナメが壊れてしまったので、あとはもう、第一線と本土の区別はなくなり、本土も、沖縄も、台湾も、フィリピンも、否応なくムキ出しにされ、第一線の戦場になってしまった。

大本営は、急いで作戦計画を立てた。この国防圏のどこに敵が来攻しても、即座にこれに対抗し、そこに全力を集中して戦い、何としてでも勝たねばならない。

それまでのように、これは陸軍だ、あれは海軍だといって、責任と義務を遂行する上で、互いに意地を張ったり、エゴを通したりしていては、そのうち元も子もなくなるぞと、いやでも悟らされた。フィリピンでは、陸海空の力を結集し、乾坤一擲の決戦を求めなければならないと決心した。

だがそれは、建て前のこと。本音をいうと、体質の差、文化の差は、一朝一夕には埋まらなかった。いや、協力しようとすればするほど摩擦がひどくなる。これは歴史が証明するからそれに譲るが、それよりも致命的なことがあった。

先に述べた新しく国防の第一線になった地域は、それまでは後方地域ということで、防備施設など、何一つ整備していなかった。こんなところが国防の第一線になり、敵の本格的攻撃にさらされようなどとは、夢にも思わなかった。

日本軍の場合、日本人と言い換えてもいいが、いったんこうだと思いこんだら、その思いこみを変えるのは容易ではない。

海軍では、明治時代に光彩を放った大艦巨砲による艦隊決戦——というよりは、そのバックボーンとなる、アウトレーンジの思想であり、陸軍でいえば、同じく明治以来の光輝ある、夜襲による白兵戦、つまり闇にかくれ、身体ごと敵にぶつけていこうという思想である。

さらにいえば、日本人（日本兵）の資質は外国人（敵兵）に比べて格段に優れているから、その優れたところを敵にぶつけると、かならず勝てる、という考え方である。

これは、容易に変えられない思いこみにまで凝固していたが、といって現実は、述べたようにフィリピン、台湾、沖縄、本土と、どれをとってもハダカ同然、防備がまるでできていなかった。

連合艦隊は、サイパン戦までの間に、壊滅的な打撃を受けていた。その再建を急がねばならない。それよりも、航空部隊の再建が問題だった。空母がない。いや、空母があってもそれに載せるA級の搭乗員がいない。

十分な教育と訓練をする時間がなかった。航空燃料がなかった。練習機がなかった。教官教員がいなかった。航空によらねば勝つことも、防ぐこともできない事実を目の前にしながら、それでも大艦巨砲への思いこみが強く、航空に一切をあげて集中することができなかった。

「たとえわが航空兵力が非常に劣勢であっても、艦隊をもって敵の上陸泊地などに突入できぬことはない。（これまで突入できなかったのは）当時者の勇気が欠けていたからである。断じて行なえば鬼神もこれを避く。勇気さえあれば、優勢な敵航空兵力があっても、戦艦はまだまだ使えるのだ」

これは、栗田艦隊のレイテ湾突入や、戦艦「大和」の沖縄特攻を着想し計画した連合艦隊先任参謀神重徳大佐の抗議的発言だが、思いこみの強さ、怖さを、このくらい端的に立証した言葉もない。

空母航空部隊が、そのようにして、十分な技量を持つ搭乗員の練成ができないために期待しえないことから、日本海軍は次善の方策として、基地航空部隊に期待し、その再建に全力をあげることにした。

しかし、基地航空部隊ができても、いまはベテラン揃いとなった米機動部隊の搭乗員に勝てる見込みは容易に立たなかった。しかも、数が勝負といわれた航空戦で、質を措き、ただ量、頭数を数えただけでも、日本は米軍の三分の一しかなかった。

苦しくなった海軍は、またしても、アウトレーンジ思想を打ち出した。T攻撃部隊であり、胸に痛みを覚えながらも認めざるをえなくなった神風特別攻撃隊である。

ここにいたって、戦況は、異様な姿に変貌していく。

工事を急げ

マリアナ沖海戦前に、連合艦隊決戦部隊から第三南遣艦隊（フィリピン部隊）司令部付に転勤が発令されていた宮木邦蔵主計中尉は、マリアナ沖海戦の突発で一時預けとなる。

そして、昭和十九年七月五日になり、横浜を九七式大艇（四発大型飛行機）で出発、マニラのキャビテ軍港に着いた。三南遣司令部はマニラにあるが、司令部に行ってみないと、かれの任務の内容は、わからない。

飛行機から上陸して、まず暑さにウンザリした。つぎに、インフレの激しさに仰天した。閉口の態で司令部に出頭する。

「君は一〇七号哨戒艇乗組だ。いまキャビテで建造している。そっちに行ってくれたまえ」

マニラは、内地よりずっとノンビリしていた。みな天下太平を楽しんでいる。その二ヵ月後には、たいへんなことになるのだが、まだだれも知らない。

様子に異変が出たのは、八月に近づいてからだった。一〇七哨戒艇の工事を急げとハッパがかかるが、エンジンの調子が悪い。懸命に戦闘訓練をくり返すが、艇は動けない。

九月に入り、米軍がマリアナを占領、パラオ、モロタイに手を伸ばし、つぎの目標はフィリピンであることを濃く見せてきたころから、マニラもキャビテも戦場になった。

毎日のように空襲がつづく。一方で、駆逐艦、海防艦、特務艦、輸送船の出入りが多くなった。その合い間に、非戦闘員、婦人、子供たちが船で疎開していく。

十月の末にかけ、レイテ沖海戦から生還した艦艇が、マニラ湾に入ってきた。重巡「那智」は、艦首を大破（スリガオで重巡「最上」と衝突）し、重巡「青葉」は航行不能（敵潜水艦の魚雷命中）となって、軽巡「鬼怒」に曳航されてきた。

そのほか、つぎつぎと入港する艦艇は、いかにも気息奄々といった様子で、レイテ沖海戦の結果、日本海軍がどれほど決定的な大打撃を受けたかを、何よりも雄弁に語っていた。

こうなると、建造中の一〇七哨戒艇も、じっとしていられなくなった。エンジンは不完全だが、出ようという。これには驚いた。が、情勢は切羽詰まっている。とにかくやるしかないのである。

動き出してみると、士官私室はエンジンの一つ上にあって、室温は常時三十七、八度。湿気がすごい。人間の住むところとも思えないが、これも我慢するしかない。

十一月四日未明、出港。任務はレイテ増援を強行する多号作戦で、船団の前路掃蕩と対潜哨戒。対潜水艦戦のため、急ぎミンドロ島沖に向かう。この付近を哨戒して、船団を安全に通すのである。

ミンドロ沖の戦闘は、このような小艦艇戦の典型ともいうべきもの。宮木手記に沿いつつ話を進める。

最初の一撃で……

『もっとも危険な海面を、何度も哨戒する。ただ一隻。四日、五日とすぎ、六日になる。朝八時ころ朝食を終わり、私室に引っこみ、寝台に寝ころんで、出港前日、クラスメートの安藤主計中尉から借りてきたフィリピン民族史に読みふける。

そのうち、不意にドスンと艇に衝撃を受けるのと同時に、急降下の爆音、つづいて機銃の音。

「配置につけ」

ラッパが、一声半ほど鳴ったら、パタリと止まった。

反射的にとび起き、明け放した舷窓から外を見ると、豪雨が叩きつける池の水面のように、海がまっ白になっている。火の矢が、目の前を飛ぶ。

「しまった。つかまった」

機銃弾の赤い線が、目と鼻の先をよぎり、部屋の中でバシッと音を立てる。

「クソッ」

急いで外に出ようとしたが、出られない』(宮木手記)

艇は、いつの間にか停まっていた。機械室がやられたらしい。

外が少し静かになったので、様子を見ようと、士官室に入った。目を疑った。どうしたのだ。中には十数人が血みどろになって、呻(うめ)いている。長椅子のクッションが、ぶすぶすといぶっている。あわてて揉み消す。

「おい、しっかりしろ。元気を出すんだ」

言ってはみたが、どうすることもできない。とにかく、艦橋が心配だ。急いで前甲板に上がった。履(は)いていた運動靴が、血と消火器の泡とで、ツルツル滑る。そこには一人倒れ、五、六人がそばにうずくまっていた。

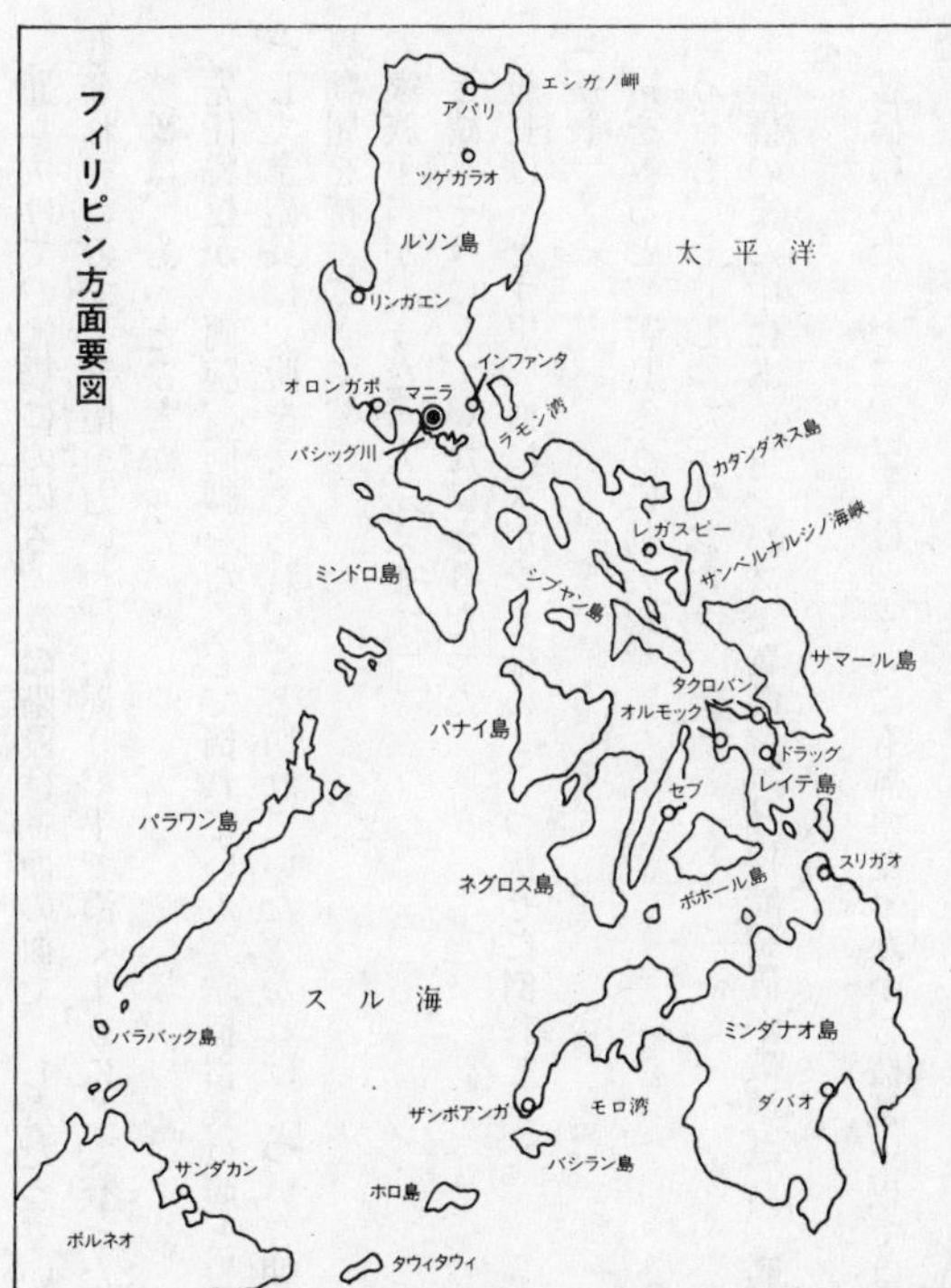

フィリピン方面要図

通り抜けて、艦橋にのぼる。鉄の階段（ラッタル）は一面の血で、したたっている。滑って、どうしても登れないので、手摺（ハンドレール）を力いっぱい握り、手で漕ぐようにして登った。

艦橋は、もっとひどかった。

先任将校が、両腕、両脚をなくして倒れている。掌機雷長は腹と臀部をやられ、虫の息だ。そして掌砲長は、腹をえぐられ、こと切れていた。かれは、つい今朝がた、次女出生の戸籍異動届を持ってきて、

「家族手当が、また一人ふえます」

と嬉しそうにしていたばかりだった。

艇長は、どす黒い血にズボンを染め、うつ伏せに倒れていた。

「艇長」

声を絞ると、苦しそうに動いた。

「ううむ。しくじった。残念だ」

艦橋のまん中にあるコンパス（羅針盤）と操舵装置が破壊され、艦橋自体もひしゃげている。

艦橋にいたあと二、三人は、幸いにも無事だったが、機銃甲板では、七、八人が死んでいた。

人の気配に振り向くと、機関長だ。

「主計長。危ないから早く消しましょう」

後部から火と煙が上がっていた。あそこには、爆雷庫がある。誘爆したら艇がふっとぶ。

「元気な者、総員消し方」

ヘンな号令だと思ったが、マニュアルを見てなんかいられない。とにかく火を消すのが先だ。

機械室がやられているから、ポンプから水が出ない。しようがない。オスタップ（洗い桶）で海水をくんで火にかける。

「主計長。爆雷に火が移りましたッ」

ドカーンといって、全員一巻の終わりかと思ったが、最新式の爆雷だったそうで、誘爆しなかった。

誘爆はしなかったが、火勢は少しも衰えない。機械室の中に火の舌が入ろうとする。密閉したつもりでも、爆弾や機銃弾が隔壁を貫通して穴を開けている。

「機械室に火が入ると、重油タンクが爆発するぞッ」

機械室の温度が上がり、重油が気化し、それに引火する。船体が裂ける。

だからといって、消火は思うようには進まない。もうダメですよ、という兵たちを叱りつけながら、とにかく火を消すしかない。

艇はルバング島の前に錨を打った。大怪我をしている艇長が気力を振り絞って、命令している。最初の一撃で、操船のできる士官はみな戦死し、艇長一人、辛うじて生きている。死ぬにも死ねない。

その上、最初の一撃で無線の送受信機をいっしょに破壊されてしまった。この状況をマニラに知らせ、救援を頼むこともできない。

負傷者は、さかんに渇きを訴える。これは主計長の仕事だ。さっそく、生タマゴと、酒保を開いてサイダーやジュースを呑ませる。すると空腹のことを思い出したらしい。ハラが減ってはイクサができません、という。これにも、乾パンと缶詰を出した。腹にモノが入ったら、現金なもので、みな元気を取り戻した。

敵か味方か！

午後四時すぎ、遠方に煙を見つけた。

敵か味方か。敵だったら目も当てられぬが、そのときはその時だ。やっちまえ、と、生き残った元気男が、出入港用の長い竹竿を持ち出し、信号旗をくくりつけて、押し立てた。

結局、これが効を奏した。煙の主の五十三号駆潜艇が近寄ってきた。手旗信号で状況を知らせ、救援を依頼する。火災を消すことと、負傷者をマニラに送ることを急ぎたい。

幸い、駆潜艇が協力してくれたおかげで、火は消えた。

「見たところ、貴艇は自力回航は無理だ。処分するほかないようだ。負傷者はもちろんだが、いっそのこと全員移乗されないか。マニラまでお送りしよう」

明日になると、また敵機が来る。早くこの場を離れた方がよいという駆潜艇艇長の親切が滲(にじ)んでいた。

しかし、哨戒艇艇長は、重症の身でありながら、気丈だった。駆潜艇艇長の好意を深く感謝し、あらためて決意を述べた。

「私は生きている。私の生きているかぎりは、断じて本艇を降りない」

艇長がそう言う以上、どれほど駆潜艇に乗り移って早くマニラに帰りたいと思っても、それはできない。ヤセ我慢でも何でも、我慢するほかない。

「士官とはヤセ我慢なり」といわれる。まったくその通りだ。

ルバング島は、そのころ、敵性地だという話だった。だとすれば、泳いでいっても、殺されるだけだ。艇長といっしょに、城を枕に討ち死にしよう。みな、そうハラをきめた。

駆潜艇が横付けしてくれた。

外海で、波もうねりもあるから、さかんに上下したり、離れたりくっついたりする。その間を、艇には、すばしこい元気者がいて、つぎつぎと戦死者の遺体を移す。負傷者も移る。

「では」

五十三駆潜艇長の号令がかかる。

「オモテ離せ。前進微速――」

どちらも小さいもの同士の駆潜艇と哨戒艇。しかも哨戒艇はトン数で駆潜艇の約半分、長さも六割がたしかない木造の、漁船ふうの豆艇。しかし乗組員はみな海の男だ。そんなことは気にも留めない。

だが、エンジンが動かなければ、話は別だ。小さな破孔から侵入する水でも、数が多ければ艇の容積が小さいから、すぐに浮力を食い潰す。艇は沈んでしまう。

このあたりは、もっとも危険な海面だった。敵潜水艦の狩場といわれた。

宮木手記はいう。

『わが方には、武器もない。缶と機械が故障し、コンパス（羅針儀）もチャートボックス（海図箱）も破壊された。艦橋から舵を動かす舵索が焼けて切れてしまった。敵が来ても抵抗できない。わずかな小銃、拳銃、それと准士官以上が持っている軍刀しか、頼るものはない。

だが、男の意地だ。意地で五十三駆潜艇に移って帰ることはできない。送る方も送られる方も、じっと立ったまま、お互いを見つめている。駆潜艇は、半速にスピードを上げ、だんだん遠ざかっていく』

我に帰ると、消えていたはずの火が、また燃え出した。全員で消火にかかる。機械が動かないから電灯はつかない。

ルバング島の山の上で、ゲリラだろう、沖に向かってさかんに発光信号をしている。闇に沈もうとするときの山の灯だから、いやでも目につく。残ったもの全員、もう必死だった。

「機械を使えるかどうかが、おれたちの生死を分ける」

夜なか、その機械がディーゼル特有のドドドドという音と振動を船体に伝えて、回りはじめた。口々に、アッと声をあげた。が、そのころのディーゼルがよくやった、はじめ数回転はしても、すぐにプスンと止まってしまう、アレでガッカリさせられるのじゃないかと用心して、みな身体を固くしていた。ところがどうだ。いっこうに止まらない。回っている。もう、皆とび上がった。

午前一時半、重傷の艇長から、「出港用意」の号令がかかった。伝声管が使えないから、伝令三人で後部の人力操舵室に号令を伝える。

錨がそろそろと上がってくる。これが、おそろしくまだるっこい。その間に敵潜水艦に雷撃されたら水の泡だ。さきほどの決心とは打って変わり、ジリジリしながら待つ。もうこのときは助かろうという気持ちで一杯だった。とにかく、マニラに帰ろう。帰るのだ。

「前進微速」

艇長は、ときどき上体を起こし、双眼鏡で見て、海図なしのカン一つで号令をかける。

「取舵(とりかじ)六度、ようそろう」「戻せェ」

艇長の責任感には頭が下がった。死と隣り合わせていながら、責任を果たそうと、気力を絞っている。

人力操舵というと、人が舵輪を回し、その動きを直接舵柄に伝えて舵をとるから、舵をある角度まで回すのに、まず時間がかかる。細かい微妙な動かし方では回せない。

思い切り一杯舵をとった三十度まで一気に回すことなど、物理的に不可能である。せいぜいのろのろと、右左にそれぞれ六度くらいまでしか舵がとれない。

それでも舵がとれるから仕合わせ。だが、グラマンを相手に戦ったりすると、これが致命傷になる。もっともこれは後の話である。

いつものとおり、九ノット（時速十七キロ）で走れば五時間あまりの距離だが、エンジンが停まったら百年目だ。いまはエンジンのご機嫌をうかがいながら、だましだまし走っている。だから、何ノット（一ノットは時速一・八五二キロ）出ているかわからない。つまり、何時にマニラ湾に入れるかはわからない。

総員退去の号令

空が少しずつ明るさを増し、やがてマニラ湾の入口にあるコレヒドールが見えてきた。夜明けだ。

コレヒドール水道に入る。湾内から病院船橘丸が出てきてすれ違う。

もう大丈夫だ。ともあれ重傷の艇長に、損傷の少ない第二士官室に入ってもらった。そして気づくと、ほんとに兵科士官が一人もいない。戦死者と負傷者を駆潜艇に移し、いま艇長に休んでもらったら、だれもいなくなった。しかたがない。海軍経理学校の補修学生教程でカッターの艇長をやらされたときのことを思い出し、宮木主計中尉が一〇七号哨戒艇の指揮をとる。

キャビテ軍港の無線塔が見える。

「あと二時間だ。みんな頑張れ」

伝令に伝えさせる。マニュアルに出ていようといまいと、かまうもんか、だ。

そこへ、電信長が報告してきた。電信機を修理したら、受信だけはできるようになりました、といって持ってきた電文の内容には、ギョッとした。

「北部ルソン地区空襲警報発令」

しまった、と目先が白くなりかけたが、思い返した。

「北部ルソン地区なら、もっと北のことだろう。マニラ地区ではないだろう」

無理にそうコジつけたつもりではなかったが、やはり無理だったか。

「キャビテの無線塔宜候。接岸せよ」

細かくいいすぎると、ボロを出す。大所高所から言うに限る。

そのとき、見張員が敵機を見つけた。

「敵グラマン四機、向かってきます」

即刻、乗員を戦闘配置につけ、これだけ生き残った二番二十五ミリ機銃に敵機を撃たせる。

つづいて、大声一番。

「右の陸地宜候。前進全速、面舵いっぱい急げ。のし上げろ」

危機一髪、しかもトッサによくこれだけの号令がかけられたと感心したが、といってきのう、さんざん痛めつけられた一〇七哨戒艇が、グラマン四機の攻撃に対抗できるはずはなかった。

陸地に向かって面舵いっぱい、急げ、といっても、六度までしかとれない面舵だ。それを人力でとれといっても、急げはしない。エンジンにしてからが、だましだまし回してきた。全速力で回せといえば、ドドドドとはじめは勢いよく回っても、すぐ停まるのはやむをえない。

グラマンが飛びこんできた。二十五ミリ機銃が撃ちはじめ、何発か撃ったと思うと、すぐ沈黙した。機銃員がやられた。

エンジンが停まる。被害甚大。後部大火災。機銃弾誘爆。

「艇長は？　艇長はどうした。どこにおられる」

「ここにおられます」

「なにィ？」

このときほど「指揮」するという重さ、おそろしさを感じたことはなかったという。

いまの空襲で、艇長は新しく右腹側部に銃弾を受け、虫の息になったのを、宮木主計長の立っているすぐ前、前部居住甲板入口に運び、横たえてあった、それが主計長には見えていなかった。いや艇長の隣には、機関長までが重傷を負い、寝かされていたのも目に入らなかった。

動揺していたのだろうか。焦っていたのだろうか。人間ならば、この状況に立てば、だれでも動揺し焦るだろう。あたりまえのことである。

にもかかわらず、動揺したり焦ったりすれば、その間、明らかに「指揮」に空白ができるのだ。いや、空白ができたのだ。つまり「指揮」する者は、その意味ではそのとき人間であってはならない。「鬼」でなければならない。

グラマンが去ったあと『顔色褪せ、死相あきらか』な艇長を前にして、呆然としている主計長のそばについていた下士官の一人が、声を落とした。

「どうしますか。艇長も船もだめですね」

「うむ」

「さきほど艇長は、お世話になった。みんなさようなら、といわれました。このままでは総員退去をかけるより仕方ありません」

「だが、艇長の命令がなければ、総員退去はかけられんよ。船を捨てろというんだから」

「いやさきほど、そのことで艇長に伺いました。艇長はうなずかれました」

そのころには、その場所に立っていることさえ危険になっていた。誘爆がつづき、機銃弾が跳びはねる。危なくてしようがない。下士官と話す間も危ないので、そのへんにある毛布をかぶる始末だった。

「よし、号令をかけてくれ」

総員退去の号令がかけられ、元気な者はつぎつぎに海に飛びこんだ。艇長の遺骸は毛布につつみ、水葬にする。

『しばらく泳いで振り返ると、艇はすべて火と煙につつまれていた。やがて軍艦旗を翻（ひるがえ）したまま、マストが折れ、滑るように水中に消えた。思わず涙が溢れた』（宮木手記）

敵情判断〈ルソン防衛〉

——北菲空第五大隊　豊田八郎主計中尉（神戸商大出身）の場合

司令部の意図

昭和十九年十二月下旬、レイテ島の日本軍の組織的抵抗が終わるころから、マニラはB25陸軍中型爆撃機の一方的な攻撃を受けるようになった。制空権をすっかり奪われてしまった証明だった。

フィリピンにいた海軍航空部隊は、いわゆる空地分離、つまり搭乗員部隊と基地員部隊に分かれていた。搭乗員部隊はすぐにも飛行機で飛んで戦う戦闘部隊、基地員は基地に根の生えた陸戦部隊、ということで、陸戦部隊を北部フィリピン航空隊（略して北菲空）と名づけ、第一航空艦隊五〇一航空隊付を命じられていた豊田八郎主計中尉は、そこで、北菲空第五大隊主計長となった。

そして、第五大隊は、マニラの東南部にあるマッキンレー陣地に移った。ここは、開戦当初の日本軍フィリピン進攻のとき、マッカーサー将軍が立てこもった陣地。さすがに立派なもので、丘の上に「洋館」があり、その地下に地下壕が網の目のように掘ってあった。

二十年一月、米軍はリンガエン湾に上陸、南下してクラークフィールド基地を目指した。一方、一月末にはマニラ湾からも上陸して、マニラ市を包囲攻撃する。マニラ市内にあった陸戦部隊司令部は、急いで第五大隊のいるマッキンレーの地下壕に入ってきた。

地下壕に集積し貯蔵した食糧弾薬の状況を見たのかどうか、しばらくすると、陸戦部隊司令部の主計長から命令が来た。

「第五大隊のトラック三台、およびこれに積載しうる保有食糧をパシッグ奥地に運搬し、司令部主計隊に引き渡すべし」

第五大隊の豊田主計長は憤慨した。第五大隊の兵員のため、苦労して集めてきた食糧の大部分を、司令部用にトラックぐるみ提供させ、第五大隊を楯にして奥地に撤退しようとする司令部の意図が見え見えで、とうてい承服できなかった。

正義感に燃えた豊田主計長は、司令部に乗りこんでいき、司令部主計長と談判した。司令部主計長だから、たしかに豊田主計長よりも先任者である。だが、部下のためだ、一歩も引けぬと心に決めて、噛みついた。

「この命令は、司令官から第五大隊長にたいしてされるべきです。司令部主計長は大隊主計長に直接の命令権は持っていません。私は第五大隊長の部下であり、あなたの命令に服従しなければならぬ部下ではありません。部隊の指揮命令系統について、私はそう解釈していま
す」

司令部主計長の怒るまいことか。

「青二才に何がわかる。命令に従わぬヤツは銃殺だ」

と、いきり立った。

部屋に居合わせた士官たちは、呆れるやらあわてるやらで、

「豊田中尉。ここは謝るほかないぞ」

「いや、隊に帰って大隊長に話します。その了解を得て行動します」

と引き下がり、隊に帰った。が、考えれば考えるほど腸(はらわた)が煮え返る。そこで大隊長に、一部始終を話し、信じるところを述べた。

「お前が正しい。よし、おれがいってくる。あとは、おれに委せろ」

すぐに大隊長は、司令部参謀にねじこみ、主計長の命令は取り消され、改めて司令官から大隊長に宛てた、ずっと限定した内容の命令が出された。

危険な任務

そのうちに、北菲空陸戦部隊はマニラ周辺から撤退、約七十キロ離れたルソン島東海岸のインファンタに転進するよう命じられた。

順序は、司令部、マニラ部隊、そして第五大隊がシンガリである。

主計隊を連れ、敵の迫撃砲の合い間に、闇にまぎれて脱出する手筈だが、うまくいった。

転進というけれど、ほんとうは退却である。そうなると前に述べたニューギニアでもそう

だったが、後尾についた部隊はワリを食う。このときは、途中の集落に住民が一人もいなくなっていた。

東海岸に着いたころ、大隊長の命令を伝令が持ってきた。

インファンタに転進した陸戦部隊三千名にあたえる塩がないという。

インファンタ三角地帯は、インファンタ河口にまたがるルソン東海岸ただ一つの穀倉地帯だが、塩はない。いまから海水を煮て塩をとるといっても、それでは間に合わない。

話によると、陸軍が退却するとき、東海岸の背後に連なる山岳地帯のどこかに隠しておいた塩を、そのまま棄てていったという。そこで、

「兵一〇〇名ヲモッテコノ塩ヲインファンタニ移送スベシ」

という命令である。

考えるまでもなく、これは容易ならぬ困難な、危険な任務である。退却する日本軍を追って、カサにかかった米軍が迫っている。その中へ引き返していって、塩を探し出し、東海岸に持ち帰るのが任務だ。まず、常識では成功するはずはない。あったとしても、成功の可能性はまことに少ない。

しかし、豊田主計長は、颯爽としていた。

「どうせ死ぬしかないんだ。やられて、もともと。どうだ、やってみるか」

ところで、豊田主計長の部下に、ヘンな主計兵がいた。履歴を見ると、主計兵曹長にまでなった男だ。主計兵から主計兵曹（下士官）に進級し、優秀な勤務ぶりを認められ、抜擢さ

れて主計兵曹長(准士官)になった。兵曹長になると制服が変わる。袖章、襟章こそ違うが、帽子も服も短剣も士官と同じになる。

この主計兵曹長が、掌衣糧長として駆逐艦に乗っていたとき、敵の攻撃を受け、艦が沈没に瀕した。最悪の事態が迫ったと判断した駆逐艦の主計長は、衣糧の現物の出し入れを担当する掌衣糧長に命じ、食糧を海中に捨てさせた。ところが、運よく艦は沈まずにすんだ。が、沈まなかったため食糧を海中に捨てた責任問題が重く残った。

その主計兵曹長は、主計長に責任の及ぶことを心配し、責任を一身に負った。しかし、そのため、軍法会議で、兵曹長から兵長に降格させられてしまった。

おかしな話である。こんな場合、上級者が下級者の責任をかぶってやるのが統率というものだが、こんなことでは、上級者が部下を心服させようとしても、無理だ。

豊田主計中尉は、この兵長が大隊に配属されてきたとき、かれをひそかに呼んだ。

「事情はどうであれ、お前は海軍のことについては、私よりずっと先輩である。階級を離れて事に当たり、私に教えてもらいたい」

ふてくされた態度をしていたかれは、それ以後、おだやかな顔になり、命令を素直に聞くようになった。豊田手記はいう。

『この場面では、まずその兵長を呼び、命令の内容を説明した。

「おれに代わって状況を判断できる部下は、お前以外にない。はたしてその場所に塩があるかどうか、確認してくれ、二日間の時間をあたえる。兵二人を選んで周囲の敵情を調べ、三日目の朝、かならず帰ってこい」

　はたしてかれは、三日目の朝帰ってきて、道順を地図の上で示し、

「塩はたしかにあります」

　と報告した。私（豊田主計中尉）は労をねぎらった。

「よくやった。こんどは、おれが取りにいく。お前はここで寝ておれ」

　後の話だが、終戦後二十年たち、かれが私の事務所に訪ねて来、

「どうしてもお会いしたかった」

　というではないか。

　私のかれにたいする考え方のためか、塩作戦のとき、もう一度塩を取りにやらされると思いこんでいたかれが、こんどは寝ておれといわれたのが忘れられなかったのか――とうとう理由を訊かないまま別れた。だが、いまでは、そんなことを訊いたら、私が私ではなくなっていたろうと、なにやら、ほっとする思いでいる』

塩輸送隊、編成される

　さて、話をもどす。

　かれの報告によって、まず塩輸送隊を編成する。主計兵数名のほかに、応召の老兵を百名。豊田主計中尉は拳銃一梃と軍刀。主計兵に小銃三梃。これでは、戦闘力なぞありはしない。

　大隊副官と塩輸送隊の帰路の打ち合わせをしっかり詰めた。何よりも、きめられた時、き

められた場所にトラック二台を送ってもらいたかった。これが成功、不成功を分けるキメテになる、と思った。

トラック二台の指揮官に、予備学生出身の少尉が来てくれることになった。豊田主計中尉は、予備学生出身の少尉を信じて、生死さえもそれに托して、出発した。カケである。ハラのすわったカケだった。

夕暮れを待ち、地図を頼りに山中を北上した。翌朝十時までには、塩を隠してある場所に到着しないと、かならずグラマンに銃撃される。十五時間の強行軍だ。みな必死だ。

山中に入って小一時間たったころ、隊の先頭を進んでいた豊田主計中尉は、突然、狙撃された。銃弾は頰をかすめて危うくはずれたが、第一、山中のような近距離で撃って、命中しないはずはない。これはたぶん、日本兵が大勢、山に入ってきたのに驚いたゲリラが、仲間に急報するための合図だったろう。

こうして夜どおし歩いた末、翌朝、無事に目的地に着くことができた。

たしかに塩はあった。だが、十五時間歩きとおした応召兵に、重い塩の袋を持たせ、すぐに引き返させるのだ。無理をすると、元も子もなくなる。

「二人で一俵を運べ。途中で絶対に捨ててはならん」

これだけを、くり返し命じた。欲張ると身を滅ぼす。

昼間は眠らせた。動くとグラマンに見つかり、銃撃される。暮れるのを待って、もと来た道を引き返す。

午前四時、陸軍の小部隊に逢った。

「山合いの道を下りると、集落を結ぶ道のまん中に出ます。いま陸軍部隊が米比軍のいる西側集落に斬り込みに行ったので、一時間くらいは安全でしょう」

と、指揮している軍曹がいった。

晴れた夜空に、満月がかかっている。満月も、時と場合による。身を隠していたい者には、うらめしくさえある。

山を下り、道を百メートルも進んだころ、突然、西側集落から一斉射撃を食った。陸軍が斬り込んでも一時間はもたなかったようだ。というより、満月がこうこうと中天に輝く田園に、百何名の人の列が歩くのだから、敵が撃たない方がおかしいくらいだ。

「道の側溝に伏せろッ」

とっさに号令し、伝令に伝えさせた。

「明朝八時までに東側集落に集まれ、塩を棄てるな。絶対に捨ててはならんぞ」

兵たちは、いっせいに東に向かって走り出した。みな走り出すなかで、ふと、豊田主計中尉は立ち停まった。一人取り残されても、ここで一つ状況判断のやり直しをしなければならぬ、と考えたのだ。

部隊といっしょに走りながら、流れるように判断をして誤らぬ境地に達するのは、二年現役士官のような、いわばアマチュアにはムリである。それをかまわずにやると、下手をすると部下を死地に陥れる。

「へんだと思ったら、まず停まれ」というのは船乗りの鉄則である。一度停まり、状況をできるだけ単純にして、そこで現実を読み直す。恥ずかしいことでも何でもない。結果がよくなければ、何もならないのだから。

『隊長には、敵情を判断しなければならぬ責任がある。米比軍の機関銃には数発ごとに曳光弾が入り、月光と曳光弾の光で、わが隊は地上に映し出されている。小銃三梃のわれわれの任務は、戦闘することではない。

陸軍部隊の機関銃が一基、応戦している間に、迎えに引き返してくれた主計兵と二人で東側集落に着いたときは、夜も明けた午前八時ころであった。

幸い、一人の兵も一俵の塩も損害を受けていなかった。そこで、集落の中の一番大きな洋式の建物を中心にした椰子林の中に、兵を休ませた』

地獄で仏とは

『正午になると、予想していたとおり、グラマンとロッキードP38が銃撃をはじめた。裏の椰子林に大音響が起こる。建物を機銃弾が貫く音がする。幸い兵には、負傷者は出なかったが、私（豊田主計中尉）は、炸裂した爆弾の破片を背中に受けた。破片は、筋肉に突き刺さったが、二ヵ月たつと自然に出てきた』（豊田手記）
夕方、集落の中に全員を集め、トラック隊の到着予定を説明し、乗車区分を定めた。ここでトラックが来て、塩輸送隊をインファンタまで運んでくれないと、画龍点睛を欠く。

だからこそ豊田主計中尉としては、トラック隊指揮官の予備学生少尉に、あれほどまで力を傾け、顔をつき合わせ、念に念を入れてこちらの意図をわかってもらった。

そのトラック隊が、約束の夜八時になっても到着しない。九時、しびれを切らし、インファンタまで歩いて戻ることを決意し、せめて塩を運ぶ車はないか、全員で集落周辺を探したが、ムダだった。やはり、手で運ぶしかない。

『十時、いよいよ意を決し、歩くための計画をしていたところへ、若い少尉の率いるトラック二台がやってきた。地獄で仏というのがこのことである。私（豊田主計中尉）は先頭車の運転席に座ったが、隊長としてこれは軽率だった。一番狙われるところである。ひたすらゲリラの出ないことを祈りつづけたが、東海岸に出るまでの三時間が、ものすごく長い時間に感じられた。

何にせよ、若い少尉が万難を排して約束を守った行動には、深く感謝するほかなかった。

翌朝、第五大隊本部に到着した。命令の通り、一トン半の塩を持ち帰ったことを報告、司令部参謀からは大いにねぎらわれ、功績をたたえて金鵄勲章を申請する旨の内話をされた』（豊田手記）

そのうち、米比軍はインファンタにまでも触手を伸ばしてきた。日本軍は、背後の山の中に後退するほかなくなった。

ある日、司令部主計長が巡回に来た。前に口論をしたあげく、私に向かって銃殺だとわめいた人物である。

「日本はどうすればいいか」

真剣な顔で聞くので、ちょっと困ったが、黙っているわけにもいかない。

『地球上から大和民族を亡ぼしてもよいと軍が考えるなら、本土決戦をやればいいでしょう。大和民族を残そうと思うなら、外交手段で、どんな屈辱を忍んでも戦争を終わらせるべきです。もうそれには遅すぎるかもしれませんが』（豊田手記）

司令部主計長は、苦虫を嚙み潰したような顔をした。一言も答えなかったという。

発想と行動〈台湾防衛〉

――台湾空　長田英夫主計中尉（京大出身）の場合

司令に睨まれて

この二年現役主計科士官、長田英夫主計中尉の話は、ちょっと違う。内地の大分県宇佐郊外にあった宇佐航空隊（宇佐空）から話がはじまる。

昭和十九年三月一日、クラスメート七百七名とともに海軍経理学校補修学生課程を卒え、主計中尉に任官、その日付で宇佐空付を命じられ、二等車に乗り、宇佐駅の二つ手前、柳ケ浦駅で降りた。

じつに小さな田舎駅だった。なんともわびしくなったが、気をとり直し、ちょうど連絡の水兵がいたので、航空隊庁舎はどこだ、と訊ねた。

「すぐ前が飛行場です。庁舎は塀に沿って左側です」

摑みどころのない答えだが、精一杯気張って敬礼している様子に、新品中尉の哀しさ、つい気押された格好になる。そこそこに答礼すると、カバンと軍刀を手に、目標の庁舎に向かった。

ところが、歩き出してみると、遠いのなんの。飛行場に沿った道が、えんえんとつづく。折りから春の日射しが強く、汗ダクになってようやく隊門の前に到着。ヤレヤレと一息入れ、汗を拭きはじめたと思ったら、突然、割れるような「敬礼ッ」と叫ぶ声。びっくりして見回すと、隊門のわきに立つ衛兵が、捧げ銃をして注目しているではないか。

気合いの入りすぎた号令に、汗もひっこむ思いで隊門を通り過ぎ、本庁舎の玄関に立つと、正面の階段を勢いよく降りてきた士官があった。ヒゲ面の見るからに精悍な士官である。少佐だな、と思ったから、敬礼して、

「長田主計中尉、ただいま着任いたしました」

と大声で申告した。

とたんにヒゲ少佐が泡を食って敬礼したので、ヘンだなと、襟章をよく見たら、特務少尉だった。

そのあと、当直将校に連れられ、士官室で、改めて航空隊司令（大佐）に着任の申告をした。

「なんだ、貴様はよほどのアワテもんだな。下級の者に先に敬礼するとは何事か」

着任早々、ドヤされたが、ニュースの早さには驚いた。これはよほど気をつけないといけない。

宇佐空は、九州では一、二を争う航空隊である。艦爆と艦攻の訓練部隊兼実施部隊だった。

ふだんは訓練をしているが、そのまま連合艦隊の航空部隊として、戦場にも直行する。だから、士官室には、ハワイ、ミッドウェー、サンゴ海など歴戦の搭乗員がタムロしていたし、何といってもみな気が荒い。

何かにつけて、地上勤務員にイヤ味をいう。難癖をつけたがる。このままでは主計科の仕事にも支障をきたすと考えたので、一計を案じた。

ちょうど九九式艦爆（二座）のテスト飛行があったので、整備少尉を口説き、後席に乗せてもらった。

これを見たパイロットの藤田中尉が、びっくりしていたが、かまうものかと同乗。

テストだから離着陸はむろんのこと、横転、急上昇、急降下などをくり返したため、揉みくしゃになり、ことに急上昇、急降下をつづけたときには目が回り、おまけに背面飛行に戻したとき、エンジントラブルを起こした。すんでのことに不時着しそうになり、青くなったり赤くなったりで、飛行機から降りたら地球がぐるぐる回っていた。足もとも定まらない。

その格好でピストの司令に試乗報告をしたら、たちまち、

「許可なく飛行機に乗るとは何事か」

と大喝された。

「この男。あわて者だと思ったら、向こう見ずでもある。何をやりだすかわからん男だ」

と、司令に睨まれたに相違なかった。が、士官室では、その夜から待遇が変わった。

「この主計中尉。おとなしそうでいて、相当キモッ玉は太いぞ。面白いヤツだ」

というのである。以後、仲間扱いにされ、デカイ面をしていられるようになり、もちろんすべてが快調に動くようになったのである。

着任してもっとも楽しかったのが食事どきだ。世間ではこのころはもう、配給米に藷が混じってくる時代で、町の飲食店では料理は昼食一円以下、夕食二円以下に制限され、雑炊を極力食べろといわれていたもの。それが宇佐空では、作戦部隊だけに、さすがに違った。

長田主計中尉は、食事ラッパが鳴ると、すぐに士官室に座る。新品中尉の座る位置は、テーブルの末端で、司令以下、上級幹部の着席を待って食事になる。

搭乗員には生タマゴなどの航空糧食が、余分につく。すごいカロリーだと羨しげに見ながら、自分の前の陶器の食器で、白米のご飯を食べる。五ヵ月ぶりの懐かしい食卓の姿に、いつのまにか食べることに夢中になる。

茶碗がカラになると、従兵が盆をサッと出し、よそってくれる。またカラにする。よそってくれる。これをくり返しているうちに、気がつくと、テーブルにはかれ一人しか残っていなかった。

司令も呆気にとられ、さっきからシゲシゲと見ておられた様子だ。

「おい、主計中尉。貴様は経理学校で何も食わせてもらえなかったのか。いったい何杯食ったか」

勘定しいしい食ったりはしなかったので、とっさには返事できない。指を折ってみて、

「八杯であります」

と答えたら、ゲッというような顔をされた。

それからしばらくたったある日。隊の甲板士官から、予科練の水兵が急病との連絡があった。さっそく、軍医科に連絡すると、あいにく軍医長は出張中。軍医大尉は不在、残る新品軍医中尉（東大医科出身）は、まだ盲腸の手術をしたことがないという。

だが、痛がっている患者を前にしては、やるしかない。軍医中尉も心細かったのか、主計中尉が付き添うことを条件にするなら、やってもいいという。

「新品同士でも、二人寄れば一人前になるだろう」

そういったら、一決した。

軍医中尉は自室に駆けこみ、書物をいっぱいにひろげて、猛勉開始。主計中尉は特務士官の看護長を呼んで、一切を話し、協力を頼む。

さて、オペ開始。腰椎麻酔をして開腹するが、まず看護長が水兵の腹にヨーチン（ヨードチンキ）を塗り、その上に一本線を引く。軍医中尉がその線にメスを入れる。という工合で、うまく進行した。が、そこまでくると意外も意外、盲腸がない。

軍医中尉は大いにあわてた。盲腸が指に触れない。どこかに移動している。大汗をかいて苦闘ののち、やっと腹の中から探し当て、処置することができた。手術が終わるまでに二時間もたっていた。

長田手記にいう。

『(軍医中尉と)いっしょに風呂に入り、手術成功の祝杯をあげたが、酒の味はじつにウマかった。軍医中尉は興奮気味だったが、徹夜で病人を看病し、幸い快方に向かった。その後、軍医中尉は一躍名医になった。水兵の腹痛はすべて盲腸と診断して手術した結果、腕はメキメキ上達。その後、第一線に出たと聞いたが、今もその温顔を忘れることができずにいる』

——その後、長田主計中尉は、宇佐空から台湾空に転勤、後に神風特攻の生みの親といわれる大西瀧治郎中将に出会う。以下、そのときのエピソードである。

大西中将との出会い

昭和十九年九月、突然、大西中将が高雄空に来られるというので、台湾空司令部から副官役に主計中尉を派遣することとなり、長田主計中尉にお鉢がまわってきた。

当時、中国の桂林から大型機の夜間爆撃がつづいていたが、一度、大西中将が高雄庁舎の望楼に上がり、対空戦闘を視察したことがあった。

いよいよ探照灯が照射をはじめ、高角砲も撃ち出したころ、伝令が呼びにきた。

「大西中将がお呼びです」

長田中尉が鉄兜をかぶり、望楼に上がっていくと、大西中将が聞いた。

「高雄空の御真影はどうしたか」

「ハイ。わかりました」

そう答え、大急ぎで御真影奉安室に収めてある御真影の箱を背負い、背負い紐を十文字にかけて胸の前で縛り、そのまま望楼に登り、大西中将に申告した。

「御真影は長田が奉持しております」

そういったとたん、怒鳴りつけられた。

「バカもんッ！　安全なところへ下がれッ」

そして、衛兵に取り囲まれるようにして階段を早駆けで降り、地下室に入れられた。

翌朝になると、また、大西中将に呼ばれた。お叱りを覚悟してまかり出ると、

「昨夜はご苦労だった。コーヒーでも飲め」

とすすめられた。そして高雄空の御真影事件についての因縁話を聞かされた。

『開戦前、各航空隊を侍従が陛下の御名代として巡視されたことがあり、そのセレモニーの中に、御真影の奉拝があった。

高雄空にも巡視があり、侍従が御真影の前に進み出て、うやうやしく拝して顔を上げて驚いた。陛下の頭、軍服がまっ白になっている。

「これは何事ですか」

奉拝が終わって、侍従が司令に問う。司令も驚いて調べたところ、高雄は南方で、ことのほか湿気が多く、写真の黒い部分にカビが生えていたことがわかった。

そこで、急いでアルコールで清め、元どおりにし、司令から侍従にお詫びを言上、その夜、司令は官舎で割腹自決した。

司令は兵学校を優秀な成績で卒業、将来を嘱目された人物だった。この事件は海軍全般に伝えられ、高雄空の御真影には司令の霊がこもっている、と噂されていた』（長田手記）

「その御真影を、昨夜の爆撃のさい中に、貴様が背負って上がってきたときには、ほんとうに驚いた。もし爆弾や高角砲弾の破片が御真影に当たりでもしたら、主計中尉も腹を切ってお詫びしなければならなくなる。それで貴様を地下室に入れたのだ。今後とも、油断せず奉安するよう、くれぐれも注意しておく」

親切な注意を受けたと、大西中将に感謝したが、待てよ、と長田主計中尉は考え直した。すぐに御真影を私室に運び、扉に錠をかけた。ありったけのハトロン紙を集めて、箱から出した御真影をグルグル巻きにし、一本の筒のような形に整えた。

軍事機密、横須賀海軍航空隊気付海軍省殿と宛先を書き、折りよく銀河陸爆一機が連絡のため横空に飛ぶというので、機長に絶対間違いなく横空副官部に届けること、他言は一切無用と言伝けて、この包みを依託した。

『その日の夕食後、また大西中将に呼ばれたので出頭すると、「朝の話をよく覚えておくように」と念を押された。そこで答えた。

「御安心ください。御真影は当隊にはございません。海軍省に送りました」

大西中将は、呆然とした様子で、しばらくの間、主計中尉の顔を見つめていたが、こういった。

「貴様はシヴィリアンから海軍に入った人間だから、そういう発想と行動がとれるのだが、われわれ兵学校出身の士官では、とうていそういう考え方や処置は浮かんでこないものだ。しかし、貴様の気持ちはよくわかった。改めてよき判断だったと言っておく――」

大西長官は、その後、フィリピンに進出される』（長田手記）

長田主計中尉もたいしたものだが、大西中将もたいしたものだ。もし他の中将だったら、あと、まるで見当もつかないことになっていたろう。

8 南西地域防衛戦

大旦那（トワン・ブサール）〈シンガポール防衛〉

——一〇一軍需部　澄田仁主計中尉（慶大出身）の場合

暗黙の了解

昭和十九年三月三日、二年現役主計科士官の澄田仁（のち松井と改姓）主計中尉は、経理学校卒業後、ゆっくりすることもできず、東京を発ち、翌日、呉から空母「瑞鶴」に便乗、同期生で南西方面に着任する十数名といっしょに、シンガポールのセレター軍港に着いた。

着任先は、八五一空という新鋭四発大型飛行艇の二式大艇隊。十七トンもある超ヘビー級ながら、時速四百五十キロ。巡航速力三百キロで七千キロを飛ぶ怪物。

着任してみると、差し当たり仕事がない。これは好都合と、これが戦地だろうかと怪しむほどノンビリしていたら、ダバオ（フィリピンのミンダナオ島）に派遣隊を出すについて、「澄田中尉は主計長職務執行として、ダバオ派遣隊に行け。補佐として福岡少尉（特務士官、掌衣糧長）をつける。派遣隊長の吉田大尉（特務士官）と、準備その他に関して打ち合わせをせい」

と航空隊の主計長（主計大尉）から命じられた。

これにはビックリ仰天した。

『何しろ中尉といっても、海軍に関しては経理学校しか知らず、八五一空では、一ヵ月たらずをのんびり遊んでいたから、何をどうしていいやら見当もつかぬ。しかも、出発までには一週間ほどしかない。文字どおり無我夢中で、今ではどんな準備をしたのか覚えていないが、とにかく二式大艇二機に分乗、スラバヤ経由ダバオに進出した』（澄田手記）

こんなことは、海軍ではよくあった。

「出港用意。錨揚げ。両舷前進原速」

と、それだけ号令すれば、いつでも軍艦は、港を出て、海でつながっているかぎり、どこへでも行ける。ほんとうは大変なことだが、それに知らん顔をしてさえいれば、事実、澄田中尉の話のとおりである。

ヤドカリのように、背中にマイホームを背負って、どこへでもいく。海軍が兵站、ロジスティックスを軽視して困るといわれたのも、実は、そんなところに原因がある。

艦内の糧食庫や冷蔵庫に食糧品を満載して根拠地を出る。医薬品や弾火薬についても、同じだ。いつもそれといっしょに歩き、暮らしているから、補給のことは、つぎに母港に帰る日まで、考えなくていい。

そのかわり、敵弾命中し、あいにくそれが弾火薬庫などに火を呼んだら、目も当てられない。大爆発を起こし、艦が裂ける。

そのときは、鉄とナマ身だ。だれも生きていられない。というよりは、艦が沈めば一蓮托生。司令長官、艦長も、二等水兵も平等だ。話はそこまで。それ以後のことは、だれも考えない。考えてもしようがないからだ。

海軍みんなの考え方の底には、そんな暗黙の了解があった。

「陸軍はネバッこいが、海軍はアッサリしすぎている。もっとトコトン頑張らなくっちゃ、海軍はワリを食うだけだ」

部外の人から、いかにも歯痒そうに「忠告」されたことが何度もあるが、結局ダメだった。海上生活、艦船勤務など、毎日の生活からしてそうである。直しようがないのだ。

澄田主計中尉は、吉田派遣隊長の次席だから、副長格だった。兵科将校と同じように、当直士官もやらねばならず、副長兼副官兼主計科士官とあって、かれの言葉でいえば、『文字どおりテンヤワンヤ』。

『このとき、助かったのは、福岡特務少尉と先任下士官（氏名不詳）である。海軍の特務士官、下士官はじつに役に立つものであることを、痛切に知らされた。本来の主計科の仕事は、この二人に押しつけっぱなし（もっとも、自分が何をしてよいかわからぬこともあり）で、あでもない、こうでもないと、勝手なことを言っている間に、何とかなった』（澄田手記）

澄田中尉は、短い期間だったにもかかわらず、じつに見事に、海軍業務機構のほんとうの姿を看破したようである。

米軍高官が、戦後、評した。

「日本海軍で一番立派なのは、下士官だった。つぎが、兵と若い士官。上級指揮官と参謀が、一番よくなかった」

下士官に聞いてみた。

「仕事を委されるようになったからです。兵のときは、若い兵隊の先頭に立って、やりましたが、責任はありませんでした。上の人が何とかやってくれるだろうと、甘えていられました。下士官になったら、自分でやらねばならなくなりました。甘えていられなくなりました」

唸るほかなかった。

著名なアメリカの歴史家、サミュエル・モリソン教授は、くり返すが、戦後、その有名な著作『太平洋戦争アメリカ海軍作戦史』で、こういった。

「アメリカは、いまだかつて、日本海軍より以上に頑強で、よく訓練され、強力な戦闘部隊と戦ったことはなかった」

さすがに、すぐれた洞察であった。

生鮮食糧補給の責任

澄田主計中尉は、そのあと二ヵ所を回され、四ヵ月あまり後、九月中旬、また振り出しのシンガポールに戻ってきた。一〇一軍需部勤務である。

主計科部員の日暮主計大尉のところに出頭すると、頭ごなしにやられた。

『おう澄田か。貴様には特別な仕事があるので、とくに海軍省に頼んで来てもらった。それはナ、ボルネオで、貴様の一期先輩の九期の主計中尉が、現地自活のために農場を作って、大成功しておる。

シンガポールも在住二万人の海軍軍人、軍属が自活できる態勢が必要だ。そこで、適任者を探しておったら、農業経済のゼミナールで卒業した貴様がいたんで、来てもらった。

六ヵ月間に、野菜日産三十トン、鶏卵二万個、豚一万頭の飼育態勢を作れ。これが貴様にたいする命令だ。金や資材に糸目をつけんから、とにかく期間内でやれ』

澄田中尉は、なるほど大学で農業政策のゼミをとり、「戦時下日本農業の労働力問題」のテーマで卒論を書きはしたが、じつは、これは、農業「技術」について論じたのではない。「農業技術」については何も知らない。

日暮主計科部員は、澄田中尉が文科系で、農業技術のことは何も知らない。理科系でないと農業技術はわからない。したがって農場経営などできっこないのに、それをつきとめず、大仕事を命じてきた。誤認である。澄田中尉は閉口したが、天性のノンキさで、

「命令とあれば仕方がない。何とかデッチあげよう」

と思い返した。

まず、第一着手として、シンガポールの農園の現状を調べた。

シンガポールには、第一農場（約五万坪）と第二農場（約十万坪）が作られて、それぞれ農場長をきめ、経営を進めていた。しかし、規模も小さく、力の入れ方もたりない。現地自活に向けては、ほとんど問題にならなかった。

要求に対応するには、もう二ヵ所くらい、もっと大規模な農場を新しく造らねばならない。そこで、現状分析をしてみると、四つの解決しなければならぬ問題があった。


『㈠土地をどこに、どうして求めるか。

㈡第三、第四農場長に当てる農業技術者を、どう求めるか。

㈢農業労働力をどうして確保するか。

㈣軍票の価値はすでに下落しており、資材などが思うように集まらないのを、どう切り抜けるか』

どれも難問ばかりで、知恵を絞ったくらいでは名案は浮かばない。いっそ、海軍の力にモノを言わせ、強引に進めるほか方法はあるまい、と結論した。細々ながらでも、すでに動いている第一、第二農場の長と、実行案を具体的に詰めた。


『㈠よさそうなところを、海軍用地として収用する。

㈡ゴム園経営のため進出していた民間会社から二、三名徴用する。

㈢シンガポール島内やマレー半島農民の中から、家を建ててやることと引き替えに、家族ぐるみ新規農園に強引に移住させ、働かせる。

㈣最大の難問だが、当時、米が逼迫していたシンガポールとマレーへ、米が剰っていたジャワから、華僑にジャンクで米を運ばせる。華僑には運賃としてその一部をあたえ、残る大半を、農場の資材調達、野菜集荷などのとき、物々交換で決済するために使う』

アイデアはすばらしいが、占領地では、軍政庁が厳しい統制経済制を課していた。それと真正面からぶつかることにもなるので、実行は容易でない。

話は、一〇一軍需部長中野貞雄少将に持ちこまれ、日暮部員といっしょに説明に出た。中野部長は、軍需部畑を歩いてきた機関科出身のベテランである。

三十分あまりにわたって熱弁をふるう澄田主計中尉の計画説明を、黙って聞いていた中野部長は、澄田手記によると、そこで『御下問』があったそうである。

慶大の経済を出て海軍経理学校補修学生コースを卒え、主計中尉になって六ヵ月半。それが軍需部トップの少将に向かって説明する。「御下問」といいたくなりそうな情景である。

「澄田中尉は、この四つの問題さえ解決すれば、現地自活計画を達成する自信ありや」

おそらく悠然とした物腰で、そうのたまったのであろう。このとき、話の中で「自信ありや」などと文語調でいうのは、おかしいようだが、現に、そのころ、ちょいちょいそういう人がいた。

澄田中尉にすれば、首を賭けるほどに改まった気持ちではなく、これしか考えつきませんといいたいのが本心だった。が、そういわれると、いまさら引くに引けなくなった。

「自信あります」

「よし」

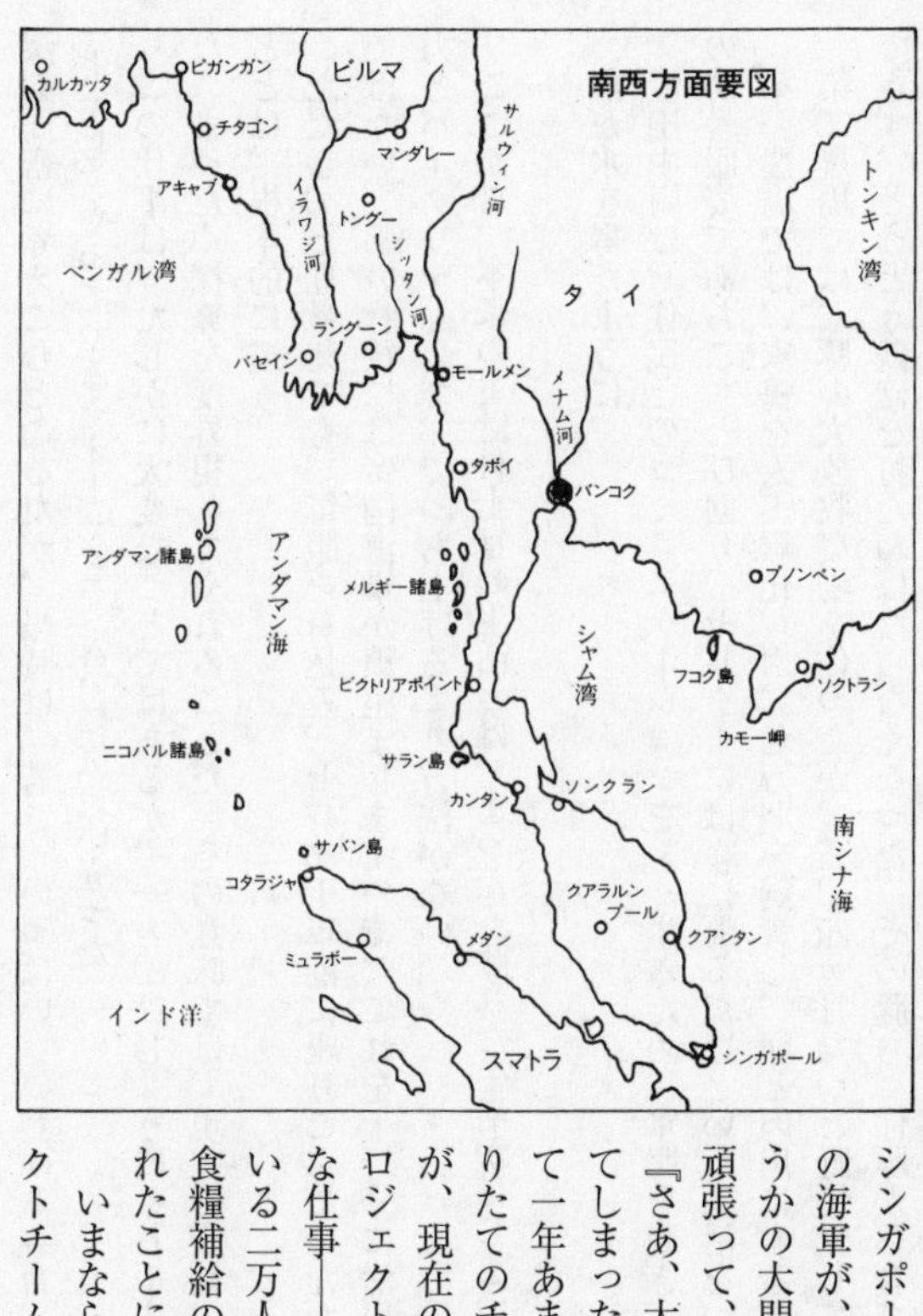

中野部長が、優しい目になった。

「多分に抵抗はあろうが、四つの件は、おれが引き受けた。各方面に了解をとりつけてやる。シンガポールにいる二万人の海軍が、自活できるかどうかの大問題だ。澄田中尉。頑張って、やれ」

『さあ、大変なことになってしまった。大学を卒業して一年あまりの、海軍に入りたてのチンピラ主計中尉が、現在の商社の大開発プロジェクトにも当たるような仕事――シンガポールにいる二万人の海軍の、生鮮食糧補給の全責任を負わされたことになった。

いまなら、やれプロジェクトチームだの何だのと、深刻周密に考えこむところだが、当時は「若さ」いっぱい。いわゆる「盲、蛇に怖じず」で、「よオし、やってやるぞオ！」と、大いに気負い立った。

この仕事は、たしかに大変なことではあるが、一方、ひじょうにやりやすい面も持っていた。まったく採算を度外視してやれることだ。その意味では、現在の商社のプロジェクトなどとは、根本的に違う。

ただし、どう考えても、軍服を着込み、セレター軍港に座りこんでいただけでできる仕事ではない。幸い背後には帝国海軍が鎮座ましますので、これを十二分に活用し、あとは行動力とバイタリティーで、でっち上げるより方法がない。

ここから、本来の主計科士官の生活とは、まったく離れた生活がはじまった』（澄田手記）

魚が水を得たように

澄田中尉は、住民とのコミュニケーションをよくするため、軍服を脱ぎ、半袖、半ズボンの防暑服姿であちこちとび回り、セレターには寝に帰るだけという生活をつづけた。

第一農場では、家鴨（あひる）を人工孵化（ふか）、六、七万羽を飼育し、卵と肉用にする。

第二農場では、豚の大放牧農場を作ったが、三、四ヵ月たつと野性化して捕まえることもできず、とうとう鉄砲を打たねばならなくなった。その豚も、仔豚から育てていては、目標の六ヵ月では間にあわず、マレー半島に乗りこんで成豚を買い漁（あさ）る仕儀になった。

このころになると、ジャワ島から華僑が持ちこむヤミ米が入りはじめ、このヤミ米で物々交換すると、成豚も建築資材も面白いほど集まった。が、半面、値段が暴騰するので、陸軍から抗議が来るようになった。現地調達によってモノを集める方式の陸軍にとって、値段の暴騰は困るのだ。

第三、第四農場は、野菜の栽培を主体とした。こうして四つの農園を合計すると、約九十万坪にもなり、自給体制の完成は残念ながら目標より二、三ヵ月遅れたが、ともかく目鼻をつけることができた。

もっとも、陸軍からの抗議が激しかった。澄田中尉の手許には、ヤミ米が順調に入るので、資材も集まり、開墾もすすみ、農民の移住も順当にいく。そして生産体制が着々と整っていくのが見えると、陸軍としては、澄田主計中尉の存在が、目の上のコブのように目障りになってくる。

「澄田という主計中尉は、ムチャクチャな奴だ」

ところが、それを聞いても、澄田中尉は、動じない。「何と思われても、オレの後には海軍があるんだ」とうそぶき、思う存分、走り回った。

『陸軍からは、こうも脅された。

「マレー半島奥地の治安の悪いところまで入りこむようなら、事故の保障はできかねる」

たしかに当時のマレー半島奥地は、治安がよいとはいえなかった。しかし、成豚を買いつけ、建築用丸太や屋根材のアタップ（ニッパ椰子の葉を編んだもの）などを確保するには、奥地にまで入らねば仕事にならぬ。だから平気で、奥地へ丸腰で入ったが、別に身の危険を感じたことなどなかった。

どうも、ゲリラのルートでは、手に入り難い米を豊富にバラまく奴は、大事に生かしておいた方が得策だとして、私（澄田中尉）だけはゲリラから保護されている、という情報さえ入っていた（農場に移住させた農民の中には、ゲリラのシンパなどがいて、情報はよく入った）』（澄田手記）

つまり、澄田中尉は、魚が水を得たように、ますますとび回ることになった。

これで、あとは生産量を順調に確保すればいいだけだ、と確信がもてるまでになった二十年八月十五日。終戦の詔勅を承り、すべて終わった。

終戦後はセレター軍港を英国占領軍に明け渡して、農場にキャンプを張ることになった。身分は捕虜だが、この農場は、前に澄田中尉が拓いた問題のところで、そこでは、かれは、農民や住民たちから、マレー語で「大旦那」という意味の「トワン・ブサール」と呼ばれ、慕われていた。

終戦後になっても、かれらは毎日、入れ替わり立ち替わり、トワン・ブサールの身の回りの世話や、洗濯物の出し入れにやってき、そのたびに煙草や果物などを差し入れた。そして毎晩、村長たちがかわるがわる夕食に招待し、口説いたそうだ。

「戦争に負けた日本に帰っても、しかたあるまい。私らがかくまってあげるから、うちの娘と結婚して、マレー人になりなさい。悪いことはいわぬ。そうしなさい——」

生きる目的〈ビルマ・タウンガップ防衛〉

——十三警　堤新三主計大尉（東商大出身）の場合

地獄の転進五百キロ

昭和十九年初めころ、インドからベンガル湾にかけ、ビルマを西から攻め立てようとする英海軍、英空軍の活動が、急に活発になった。

三月には、ビルマ沿岸海面は制空権、制海権ともに敵の手に落ち、日本は魚雷艇でさえ、行動がままならなかった。

一方、ビルマ作戦を強行していた陸軍部隊を見ると、北方、雲南国境方面、インド・ビルマ西部国境方面は、どちらも作戦不如意で、現在の戦線を維持しがたくなり、またインド・ビルマ間の北西部国境にあたるインパール作戦は失敗、三千メートル級の高山が聳えるアラカン山脈を越えて撤退することは、困難をきわめた。

防衛庁戦史室の公刊戦史によると、そのころビルマ方面に向けていた海軍部隊は、つぎのとおりだった。

海軍ビルマ根拠地隊（十三根）は、当時、十三警（司令深見盛雄中佐）をタウンガップに、十二警（司令河野康大佐）をラングーンに、十七警（司令常本千代治大佐）をメルギーに置き、沿岸の防備警戒、泊地警備、河上交通保護、掃海、機雷敷設などにあたっていた。

付属の水上兵力は、中型砲艇（十三ミリ連装機銃各一門）三、四隻、特設掃海艇三、四隻、発動機付大型交通艇十隻程度。それに第一南遣艦隊に付属する第二十一魚雷艇隊（タウンガップに六隻、ラングーンに六隻）があるだけだった。

タウンガップ方面は、早くから散発的な空襲を受けていた。六、七月ころは大したことなかったが、九月から空襲が激しくなった。味方にはこれに対抗する飛行機がないし、強力な対空兵器もないから、一方的にやられるだけだ。

そこで、タウンガップにいる十三警を、イラワジ河口のミャウンミヤに移駐させることにした。地上部隊の実際の移転は、二十年一月以後になったが、魚雷艇隊は一足先に、十月中旬、タウンガップ出発、イラワジ河口の泊地に移動した。途中、敵機の攻撃を受けて二隻を失ったため、残った四隻を二つに分け、十二警と十三警に配属されることになった。

このころ、日本陸軍ビルマ方面軍は、一言でいえば、「最大の敗北」「大山崩れ」の状態にあった。

前述した北部ビルマ、雲南国境方面、中部のマンダレー、メークテラ方面、さらにインド国境地帯のインパールからアラカン山脈方面の戦に敗れ、退却につぐ退却をつづけていた。

首都ラングーンにいたるマンダレー・ラングーン道路では、機動力を駆使してラングーンに突進する英印軍が、同じ道路をラングーンに向けて退却する日本兵を追い越していく不思議な光景が、いく度となく見られたという。

機械力を駆使したスピードと集中を特徴とする近代戦が、白兵戦とか夜襲とかを信条とする人間の体力、精神力に依存する前近代戦を追い越していった象徴的な光景だった。大混乱である。

第一南遣艦隊長官は、十三根司令官にたいし、ラングーンにある十二警の大部を東南、タイ寄りのモールメンへ、ミャウンミヤの十三警の大部をラングーンに移動させるよう命じた。その十二日後、陸軍のビルマ方面軍司令官は、ビルマ放棄を決定する。

さて、その十三警である。

十三警には、主計長として、二年現役の堤新三主計大尉（二十年五月一日付主計少佐）がいた。東商大の出身である。

ラングーンに移駐を命じられた十三警は、述べたとおり、急にラングーン方面の状況が逼迫してきたので、さらに東の、タイ国境に近いモールメンに移動先を改められた。ラングーンは東に百五十キロだが、モールメンは、東に五百キロもある。

転進となれば、ビルマに雨期の迫っていることを、まず考慮しなければならない。しかも、移動距離が長ければ長いほど、出発を急がねばならない。イラワジ、ペグー、シッタン、サルウィンと四つの大河が集中するデルタ地帯を歩くのだから、なおさらだった。

それでも出発は、五月八日夕刻にズレこんだ。四月二十九日（天長節）より前に出発したがよいとくり返し強調しても、やはり遅れた。何よりも、左表がすべてを語っている。
この転進は、凄まじい結果になった。

㈠、十三警陸上転進隊六百八十名
本隊　深見司令以下五百五十名
ラングーン派遣隊（ラングーンで十二警とともに連合陸戦隊を編成）福井中尉以下百三十名（後日ペグー山中で本隊に合流）
生還者　堤新三主計少佐以下四名
捕虜になった後帰還した者　十九名

㈡、十三警トングー派遣防空隊四名
陸軍部隊と同行、陸路生還　四名

㈢、十三警海上転進隊二百二十名
魚雷艇隊　中村大尉以下百名
生還者　中村大尉以下三十名
発動艇隊　広瀬大尉以下百二十名
生還者　磨井中尉以下二十九名

㈣、軍事郵便所森本所員以下四名
生還者　なし

つまりは、軍事郵便所員までを含め、十三警は、移動開始前、総員九百八名いたものが、移動を終わった後、生還した者は、捕虜になった者を含めても八十六名、九・五パーセント。約十人に一人の割にすぎなかった。

一番被害の多かった㈠の陸上転進隊では、生還者はわずか四名で、百人中一人にもならず、〇・六パーセント。人事不省になっていたところを捕虜にされ、生還した者を加えても、百人中三・五人にしかならなかった。

大混乱の中、雨季に大河群のデルタ地帯を、銃火に追いつめられながら、東京から京都までの距離、空腹にさいなまれて歩きつづける苦しさは、六百八十名中四人だけしか生還できなかった「結果」が、もっともよく物語っている。

そのなかで、立てつづけに大被害を受けた最大の苦難の地点は、マンダレーとラングーンを結ぶハイウェー横断、そして、それにつづくシッタン河渡河であった。

この退避行は、たまたま北から下がってくるいくつもの陸軍兵団と相前後しながらのものになったから、たまらない。英軍、英印軍、叛旗を翻したビルマ軍などの敵大部隊が、日本軍の退路を遮断しようとして、網を張るような形で集中してきた。どの日本軍部隊も、期せずして難所、また難所でこの網に引っかかり、大損害を出した。十三警の息も詰まるような被害も、そんなことが原因だった。

豪雨と難行軍と

堤手記によりながら、そのマンダレー・ラングーンを結ぶハイウェー付近からシッタン河にかけての戦闘を、再構築してみる。

――十三警陸上転進隊（以降、転進隊と略す）は、連日の豪雨と難行軍のため、毎日二、三名の病死者を出しながら、ようやくペグー山脈を越え、七月末、コエマ村を通過、東進してマンダレー・ラングーン・ハイウェーにあと七、八キロの地点に着いた。

その前、敵機の銃爆撃を受けているので、敵に発見されたことは確かだ。敵は待ち受けているに違いない。いよいよ明日、そこを突破しなければならなくなった。ふだん陽気な下士官や兵たちも、さすがに物を言わない。目が鋭くなった。

二十年八月一日。真夜中に出発。一切物音を立てぬようにして、まずマンダレー・ハイウェーを越える。午前三時。ウソのように静かだ。敵は撃ってこない。

おかしい。だが、ハイウェーは越えられたにしても、もう一回、マンダレー・ラングーン鉄道の線路を越えなければならない。それも無事に越えられるとは、とても考えられない。

転進隊は気を引き緊め、横広く散開しながら、前方に長々と横たわっているはずの線路に向かって進んでいく。まだまっ暗だ。幸い雨はやんでいた。

大体、ハイウェーと線路のまん中あたりに来たころ、敵の吊光弾が打ち上げられて、あたりは昼のように明るくなった。一瞬、みな伏せる。伏せながら前進する。

吊光弾で明るくなるのといっしょに、重機関銃が左右から、猛烈に撃ってきた。味方には撃たせない。撃つとこちらの火器がどこにあるか、敵に知らせることになる。ただ、腹ばいのまま前進させる。

少し落ち着いてみると、敵弾はなるほど凄いが、ビューンビューンと頭の上の方を飛び過ぎている。これは怖くない。そのうち、何発も吊光弾を撃ち、だんだん狙いが定まったらしく、シュッシュッと耳もとをかすめるようになり、危険が増した。しかし、もう少し近くまでいかないと、突撃もできない。匍匐前進をつづける。

そのうちに、どこかしら薄明るくなってきた。地形が少しずつ見えてくる。数百メートルにわたって散開している味方前線の左端と右端に、ちょうど挾みつけるようにして敵の重機関銃がある。

それまで味方の左右翼端を進んでいた十三ミリ重機関銃二門と数梃の軽機が、沈黙を破り、猛然と敵重機に向かって撃ち出した。これが利いたのだろう、敵の火力がやや衰えたように見えた。

今だ。味方はいっせいに突撃に移った。

線路はもうすぐのところにある。線路には、二メートルくらい土盛りがしてある。みな、背を丸くして走る。敵の左側の重機は、退却したのか。銃弾が来ない。駆けて線路の手前の土手に倚る。

堤主計少佐は、散開線の左翼側にいたせいか、左に気をとられ、あまり気づかずにいた。だが、この突撃のとき、士官や下士官、兵に、死傷者を数多く出してしまった。そして、線路を越えたあとは、敵の迫撃砲の攻撃が激しくなり、戦車砲弾まで加わって、身辺に雨霰といいたくなるほど落下する。

味方は擲弾筒、軽機、小銃で奮戦するが、アウトレーンジされている気配で、『敵の砲撃はますます熾烈をきわめ、味方の死傷者は続出し、屍は四周に飛散して惨烈をきわめた。重傷で助からぬと思った者の多くは、手榴弾で自決していった』(堤手記)

マンダレー鉄道線路を越えたあと、事態は悪くなる一方だった。敵は豊富で強力な火器と弾薬に物を言わせ、さらに観測機を飛ばし、日本兵を片端から見つけ出しては鉄砲火を集中してくる。

堤主計少佐は、かれの周囲に何となく集まってきた五十名そこそこの兵たちを指揮し、多分に幸運に恵まれながら、クリークを渡り、凹地に潜み、敵の意図を測り、夜闇を利し、予定集合地点をめざして進んだ。

そして、八月三日、警備隊深見司令の一行と巡り合った。このときの味方転進隊の兵力は、百四十八名。

『八月一日の戦闘で、士官、下士官十四名を含む約四百名の兵力を、一時に失ってしまったのである』(堤手記)

散弾飛び交う中を

マンダレー・ハイウェーと鉄道線路を、ともかくも越えた十三警転進隊は、痛恨の大損害を出しながら、それでも目的地モールメンに向け、急がねばならなかった。

マンダレー・ルートの次の難所は、シッタン河の渡河である。シッタン河を渡らなければ、モールメンには行けない。

このころになると、ミャウンミヤをいっしょに出発した隊員の三人に二人は、戦死していた。

「今日は人の身、明日はわが身」

この本の中でも、あちこちでくり返されてきた言葉だが、堤主計少佐もまた、運命論者的に変わっていく。

かれはいう。

『運命論的な見方をすれば、私にも、そうともいえる数々の例がある。

その同じ八月六日の午後、敵の攻撃下、東へ移動中のことである。このあたりは、川幅三、四メートルの小さなクリークがたくさんある。私は、その一つを泳ぎ渡って、対岸の小さな灌木の茂みに駆けこもうとした。

迫撃砲弾にたいして、灌木の茂みなど、何の役にも立たないのだが、少しでも遮蔽物があれば、その下に入りたいと思うのは人情である。

しかし、岸に近い二、三の茂みはどれも満員である。私はしまったと、四、五十メートル先の茂みまで一気に駆けていった。そのとたんである。岸に一番近かった茂みに迫撃砲弾が落下し、そこにいた十名前後の者は、一瞬にして戦死してしまった。

このような例、すなわち渡河するにしても、遮蔽物に入るにしても、攻撃前進や身体を動かすことも含め、その時機が早かったために被弾せずにすむこともあれば、またこの逆の場合もある。しかし、だれもその結果を予想して行動したり、ジッとしていたりするのではない。だれかがどこかで、目に見えない運命の糸を操っているとしか思えない』

　それが人の命の姿であり、戦争のむごさである。

　シッタン河岸近くにたどりつくと、またも英軍正規兵の包囲攻撃を受け、深見司令重傷、軍医長以下十数名の戦死傷者を出した。しかし、停まっていることはできない。敵弾の飛び交う中をシッタン河に向かって前進しつづけたが、翌八日朝、またまた有力な敵の包囲攻撃を受け、深見司令以下ほとんどが全滅。夕方、集合地点ときめていたシッタン河右岸（下流に向かって右側の岸）の森に集まることのできた者は、十三警では堤主計少佐以下十名、十二警では吉田浩中尉以下五名だけだった。

　その後、別行動をとる者、流弾に斃れる者などがあり、シッタン河を渡河したとき、十三警は堤主計少佐以下六名（八月十八日）、十二警は吉田中尉以下四名（八月二十一日）となった。

『私（堤主計少佐）も吉田中尉も、生きようとする唯一最大の目的は、全滅に近い部隊の顚末を司令部に報告し、いく多の英霊とその遺家族に報いることであった。さもなければ、われわれは永久に幻の陸戦隊として、宙に迷うことになるであろう。二手に分かれるのは一面不利ではあるが、たとえいっしょにいるとしても、有力な銃火器はすでにないので、戦力としては同じことだった。むしろ二手に分かれ、どちらかが辿りつくことを期待した方が、確算がそれだけ多くなるかもしれない。私はかれとも熟議の結果、十三警の者たちを連れてその夜、渡河を決行することとし、吉田中尉以下十二警の者たちはその夜の渡河を取りやめ、あらためて出直すこととした（幸い、吉田中尉も後日、別途生還した）』（堤手記）

死ぬ思いでシッタン河を泳ぎ渡り、途中一人を失って四名の下士官と兵を連れ、空家となった民家に入ったが、そこでまた下士官一人を失った。

ただそこで三日分の米が手に入ったので、勇気をふるい起こして歩きはじめた。そのうち、なんとなく、あたりが静かになったような気配を感じた。敵機は飛んでくるが、上からビラを撒くだけで、機銃掃射をしなかった……。

そして九月十日。

ゴム林の遠くの方から、連呼する声が聞こえてきた。

「日本兵はおらぬか。戦争は終わったぞ。日本兵はおらぬか」

「怪しいヤツだ。伏せろ」

堤主計少佐は、低く命じ、すぐに伏せて、声の主を探した。しばらくすると、日本陸軍の服装をした者が二人、一人は日の丸を、一人は白旗を、それぞれ高く掲げて近づいてきた。

かれは表情を険しくした。

「着け剣。いざとなったら銃撃刺殺するぞ」

あの陸軍は、捕虜になっていて、敵の指示でわれわれを引き込もうとしておるんだ、と判断した。堤少佐は、そこで拳銃をかまえ、つかつかと二十歩ばかり二人に近づくと、十歩ばかりの距離をおいて、突っ立った。

二人は丸腰だった。武器は何も持っていない。先頭の将校が、大きな声で話しかけてきた。

「自分は陸軍少佐若生耕太郎である。方面軍の軍使として、みなに停戦を知らせにきた。天皇陛下の終戦の御詔勅は、ここにある……」

不協和音〈沖縄・小禄玉砕〉

——佐鎮軍需部支部　伊藤昌主計大尉（京大出身）の場合

鉄の暴風

二年現役主計科士官たちの戦争体験が、戦闘単位の先端にまで及んでいる上、その体験が、それぞれの「手記」により、冷静客観的に述べられていることは、特記してよい。

もちろん、かれらは、海軍では二年現役の主計中尉から主計少佐の間にわたる職種と階級で活動しており、その職種と階級が影響力の及ぶ範囲と深さを限定する海軍の組織では、その体験は戦争指導、作戦指導の中には踏み込んでいない。

しかし、戦争の砲火の渦にジカに飛び込んだ体験では、兵学校を出た私でも、及ぶものではない。

じつは、私は、終戦後二十四年たった昭和四十四年（一九六九年）三月末、ちょうど米軍が来攻した季節を選び、取材のため沖縄を訪れた。まだ返還前のことで、ドルで支払いをした時代である。

現地に立って痛感したのは、まずその戦場の狭さであり、それは奇妙に、ガダルカナルを訪れたときの所見と同じだった。

その狭い戦場に、米軍は、攻略部隊艦艇一千二百十三隻、攻撃輸送船百七十五隻、LST（戦車揚陸船）百八十七隻を含む四十五種類の各種艦艇に、五十八機動部隊艦艇八十八隻、イギリス空母機動部隊二十二隻、補給修理部隊九十五隻、特務支援部隊百隻以上を加えた、一千五百隻の艦船、それに海軍二千三百八十名、海兵隊八万一千百六十五名、陸軍九万八千五百六十七名が乗りこんだ史上空前の大攻略部隊を注ぎこんできた。

予定上陸時刻は、昭和二十年（一九四五年）四月一日午前八時三十分。

まだ暗さの残る五時半から、沖合いに並んだ戦艦十隻、巡洋艦九隻、駆逐艦二十三隻、砲艦百七十七隻が、いっせいに砲門を開いた。

二十センチ以上の大型砲弾四万四千八百二十五発、ロケット弾三万三千発、臼砲弾二万二千発が、米軍第一陣が上陸する一、二分前までの約三時間内に、渡具知（ハグチ）海岸地帯に撃ちこまれた。

その日、よく晴れた、抜けるような青空だったが、たちまち黒い空に一変した。その黒い空から、鉄の夕立が降り注いだ。上陸前の準備砲撃としては、空前の弾量だった。絨緞（じゅうたん）射撃である。上陸地点から島内へ九百メートル以内の陸地には、それらの砲弾が、平均して三十メートル四方に二十五発ずつ撃ちこまれ、轟音とともに炸裂し、あらゆるものを噴き飛ばした。

一方、米五十八機動部隊は、沖縄の東百十キロの洋上に座りこみ、七時四十五分から引っきりなしに艦載機を飛ばし、上陸地点付近のナパーム弾攻撃をくり返した。

——沖縄では、これを「鉄の暴風」と呼ぶ。その下には、ナマ身の人がいるのだ。

これだけの弾量が、短い時間に、狭い戦場に撃ちこまれる。

三年前、ガダルカナルからはじまり、ソロモン、ニューギニアに及び、中部太平洋に入ってギルバート諸島、マーシャル諸島、トラック島、マリアナ諸島、西カロリン諸島、そしてフィリピン、硫黄島に進み、いま、沖縄に襲いかかった。

その間に、じつにいろいろなことがあった。それらの事実を時間順に並べ、傾向を測ってみると、何よりもまず、作戦の経過が迅くなり、攻撃力の組織と規模が大きくなり、二つとも日本軍のもっとも痛いところを衝いてきた。

はじめのころは、米軍も臆病で、下手クソで、二流どころの軍隊の域を出なかった。月月火水木金金の猛訓練を重ね、腕前に自信を持っていた日本軍の「神技」ばかりが目立ったが、一つ、日本軍が持たず、米軍が持つ特長があった——同じ失敗を二度とくり返さないことである。失敗すると、その次には、かならず改めて出てくる。

それにたいして日本軍は、貧乏海軍の宿命で、人もモノも手一杯で戦争をはじめ、それで緒戦に大勝利を収めたので、自信を持ちすぎたからか、成功すると、同じことを必ずくり返す。失敗しても、すぐには改めない。

そして、ミッドウェーでびっくりしたものの、自信は少しも失わず、「なあに、戦争だから、時にはやられることもあるさ」くらいにしか受け止めなかった。

「これはいけない」

と思いはじめたのは、ガダルカナル攻防戦の中期以後。米艦艇にレーダーが搭載され、日本海軍が最大の自信を持っていた夜戦に敗けるようになってからである。

それからあわてて準備をはじめたが、米軍の場合にくらべて小一年遅れた。

「敵は来るたびに強くなっている。ところが味方は、若い連中の技量がどんどん落ちていく」

悪循環に陥ちたものと、そうでないものの違いである。そして、ソロモン戦もブーゲンビル（タロキナ岬）来攻のころになると、どれほど勇敢に戦っても、日本軍は米軍に勝てなくなった。

沖縄は、それらの集積――総決算であった。

玲瓏玉のごとき司令官

この現場にいあわせた二年現役主計科士官は、昭和十九年八月に新設された佐世保鎮守府軍需部沖縄支部先任部員伊藤昌主計大尉（二十年五月一日、主計少佐に進級）だった。

かれは、沖縄に到着すると、那覇に埠頭を作ったり、倉庫を買い上げたりして、九州、台湾から入る米を集積し、航空燃料や重油を保管した。それが仕事だった。

だいたい軍需部支部の体制が整ったころ、十九年十月十日、米機動部隊の沖縄大空襲を受け、埠頭の倉庫は全部やられた。それから壕内生活がはじまった。

二十年四月一日、米軍は嘉手納(カデナ)村の渡具知(ハグチ)海岸に上陸してきた。佐鎮軍需部支部でも特別陸戦隊を作ることになり、伊藤主計大尉は中隊長。五月十日以後は連日斬り込みの訓練をつづけた。また、那覇港外で爆撃を受け、坐礁している機帆船から、十三ミリ機銃をはずしてきて、陣地の強化をした。

『しかし前線を一歩奥へ入ると、一般には楽天的な空気が流れていた。四月二十九日の天長節前後には、壕の前で、みなで酒盛りと沖縄特有の御馳走をし、沖縄名物の踊りなどで一晩踊り明かしたほどである』(伊藤手記)

このたびの終戦二十四年後の訪問のほか、戦前も二度ばかり

沖縄南部要図

(中城湾はいい港で、連合艦隊もときどき入っていた)海から訪れたことがあるが、どの場合にも、私は沖縄の人たちの心の温かさ、親切さに感じ入ったものである。

なお、この伊藤手記の四月二十九日という日付に注目したい。このときじつは、米軍の戦線は、壕のある小禄(おろく)(現在、那覇国際空港のあるところ)基地の六、七キロ手前にまで迫っていたのだ。敵を前にして踊り明かした沖縄の人たちの心が、いよいよ身に沁みてくる。いい落としたが、伊藤主計少佐の率いる特別陸戦隊は、四月一日の敵上陸とともに、独立中隊として、海軍沖縄方面根拠地隊(沖方根と略す)司令官大田実少将の指揮下に入っていた。

沖方根の任務は、もともと陸上戦闘をするのではなかった。陸上の防衛には、もっぱら陸軍(第三十二軍)が当たることに協定されていた。そのため、海軍は、陸上戦闘をするための兵器をほとんど持っていない。沖縄の防備強化を急いだ時期にも、沖方根部隊の装備は増強されなかった。

ただ、三月に機動部隊が来襲して、沖縄来攻の意図が見えてからは、そうも言っていられなくなった。手持ちの兵器を間に合わせ、陸戦隊を作り、大急ぎで訓練をはじめた。

つまり、沖方根の任務は、約一万名(うち約八千名が軍人、残りは設営隊員)の隊員を指揮し、小禄の陣地に二十センチ砲五門、十五センチ砲九門、十二センチ砲十一門、二十五ミリ機銃六十四梃、十三ミリ機銃百梃、七・七ミリ機銃(小銃と同じ口径の豆鉄砲)百二十四梃を配置して、小禄基地を海と空の攻撃から守備することにあった。

この兵器の種類と数を見ればわかるように、これらはみな、コンクリートで固めた砲台にしっかり据え付けられたものであった。動かすことのできるものは、十二ミリと七・七ミリ機銃だけ。いわゆる豆鉄砲だけである。

いいかえれば、沖方根部隊は、小禄の陣地にいるからこそ大きな戦闘力を持っているので、もしこれを小禄から引き離し、他の場所に移動させると、そのときは、頭数は多いようだが、素手でナマ身の一般市民なみの人間集団と大差なくなる。

沖方根の大田司令官は、前にも述べたが、誠実有能な陸戦の権威者で、私自身、教えを受けたことも、いっしょに勤務したこともある。頭の下がる思いをしたことが幾度となくあり、昔風のいい方をすれば、いわゆる玲瓏玉のごとき人柄であった。牛島軍司令官の高潔な人柄とよく合って、沖縄での陸海協同はじつにうまくいったといわれる。

ところが実際の戦況は、沖方根とすれば、すこぶる不本意な姿になった。五月十一日、米軍が全線にわたり、猛烈な総攻撃をはじめたのである。かれらの得意とする砲撃、銃爆撃、戦車と火焔戦車を存分に駆使する中での、予備軍一コ師団を加えた五コ師団が、力攻めに攻めこんできた。

さっそく、牛島満第三十二軍司令官から、

「有力なる一部をもって依然、小禄地区を守備せしむるとともに、主力をもって陸軍部隊と一体となり、首里周辺の戦闘に参加せよ」

と命令が来る。

沖方根は十二日、二コ大隊を陸軍の指揮下に入れた。が、陸軍からはさらに四コ大隊と、斬り込み隊二十組の派遣を命じてきた。人数にして約二千五百名。このほかにも軽兵器の約三分の一、迫撃砲の大部分、陸戦隊の精鋭一コ大隊を抽出した。こうして、小禄に残ったものは、大多数が工員や設営隊員で、武器といえば、竹槍しか持たない者となってしまった。

戦局の進展は、意外に早かった。

敵機の銃爆撃や敵艦艇による艦砲射撃が熾烈をきわめた。味方の十二センチ、十四センチ砲台から敵の戦車群に猛撃を加え、火災を起こさせ、擱座させると、たちまち敵機、敵艦艇の反撃を受け、砲弾爆弾のシャワーを浴びせられて沈黙せざるをえなくなった。

小禄砲台は、沖合いの米駆逐艦を砲撃撃沈し、ついでにその付近にいた曳船や油船を砲撃、これも撃沈した。

しかし、そのような有利な戦闘も、局部的なもので、潤沢な補給補充によって、時間とともに力を増す米軍と、その逆の日本軍との戦闘力が開いていくのは、どうしようもなかった。

そんな状況をうけ、三十二軍首脳部では、五月二十一日、現在の戦線から撤退しなければならぬと考えるようになった。

撤退して、首里周辺に作った複郭陣地に集結するか、東に向かって突出し、断崖と海に囲まれた知念半島に後退するか、それとも島尻（喜屋武（きやん）半島）に撤退するか。

「島尻に撤退すると、沖縄でもっとも人口の多い地区に砲火が集中することになり、住民多数を戦禍に巻きこむから、それだけはやめてもらいたい。首里複郭陣地に立て籠るようにお願いする」

沖縄県知事の強い要請も、作戦の要求の前には、無力に近かった。現に生き残っている将兵約五万。それを直径一キロ前後の狭い首里地域に集結させれば、米軍の物量攻撃に好餌（こうじ）をあたえるだけで、その上、なお健在である沖縄軍の特長、強点とされる優勢強力な砲兵の大部分を展開し、活躍させる場所がなくなる。

そんなことで、作戦の都合が優先され、島尻撤退が決定。主力は五月二十九日に移動を開始することに予定された。

陸海軍の不和

昭和二十年の沖縄の雨期は、五月二十三日からはじまった。沖縄の雨は、「乾しブドウほどもある大粒」で、それが痛いほどにたたきつけてきた。黒粘土質のところは、馬も進めぬほどの泥海となった。

戦車も、トラックも、ジープも、足をとられて動けなかった。同時にこの雨と泥は、味方をも、いや、島尻にむかって黙々と避難する住民たちをも痛めつけた。

小禄の海軍部隊の島尻撤退は、六月二日以降と予定され、その時機は、軍司令部から命令されることになっていた。

『ところが、海軍部隊は命令（電報）を誤解し、五月二十六日から南部への移動を開始した。

二十六日沖縄方面根拠地隊司令部も真栄平（与座岳南二キロ）に移転した。この際、携行困難な重火器類の大部は破壊された。

三十二軍司令部はこの状況を二十八日に知って、驚くとともに、いかにすべきかを苦慮した。混乱も予想されたが、二十八日、海軍部隊主力の小禄地区再復帰の軍命令が出された。沖方根司令官大田少将は、軍命令を受けて、根拠地隊が命令を誤解していたことを知り、海軍の名誉にも関することでもあり、二十八日夜、直ちに大田司令官以下主力は、小禄の旧陣地に復帰した』

この引用文は、防衛庁戦史叢書『沖縄方面陸軍作戦』（公刊戦史）からのものだが、同書は、大田司令官の状況報告電報（戦闘概報）を付記している。

『二五日第三二軍令ニ依リ斬込隊九組ヲ出発セシメ、津嘉山警備隊長ノ指揮下ニ入ラシム。

二六日第三二軍ハ島尻半島南部地区ニ兵力ヲ集約スルニ決セルニ策応、海軍部隊モ該地区ニ転進ヲ開始、司令部ヲ真栄平ニ移転。

二七日陸軍部隊転進支援ノタメ、小禄地区ニ有力ナル一部兵力ヲ残置セル外、概ネ（真栄平ニ）転進ヲ了ス。

二八日第三二軍命令ニヨリ海軍部隊ハ小禄地区ニ復帰スルニ決シ、直ニ行動ヲ開始、司令部ヲ（小禄地区）豊見城ニ移転。

二九日部隊小禄地区復帰完了、敵兵約五〇那覇市内第一波止場、北明治橋付近ニ出現スルヲ望見スルニ至ル』

この件は、同叢書『沖縄方面海軍作戦』には、少しニュアンスの違う表現で書かれている。

『第三十二軍は小禄海軍部隊の撤退は六月二日以降と予定し、軍から命令することになっていたが、連絡の行き違いから誤解が起き、二十六日夜から海軍部隊は南部に移動を始めた。沖方根司令部も小禄から真栄平（与座岳南二キロ）に移転した。しかし二十八日、第三十二軍命令で小禄地区復帰を命ぜられ、沖方根は命令を誤解していたことを知り、海軍の名誉にも関することであり、直ちに小禄に復帰した』

戦場では、錯誤が起こりやすい。錯誤の起こらないのがおかしいほどで、そのくらい種々雑多な情報が一度に殺到する。戦場では、ミスの少ない方が勝つ、とさえいわれている。

しかしこの錯誤——誤解は、沖方根にとっては決定的なものでありながら、戦史叢書を読むかぎり、何をどう間違えたのか、ハッキリしない。どんな背景から生まれたのかも、わからない。

この項のはじめに引用した伊藤主計少佐の手記——かれは佐鎮軍需部沖縄支部が編成した特別陸戦隊の中隊長だったから、沖方根司令部内の一挙手一投足までは見ていなくても、部隊の内情には適確な情報を持っていたであろう。

そこで、伊藤主計少佐の手記。

『五月二十五日、海軍部隊も小禄台地を撤退（島尻の）真壁（最南端の喜屋武岬から約三キロ北に入った集落）に集結するよう、陸軍からの命令が出た。そこで、小禄の陣地を破壊し、糸満（島尻西海岸の漁村）を経て真壁まで後退したが、真壁にはすでに陸軍が入りこんでいて、海軍の入る余地がない。このままでは、海軍だけは（隆起サンゴ礁の自然洞窟が使えず）平地で（遮蔽物がなく）戦闘をすることになる。大田司令官は、陸軍の参謀と折衝されたが、話し合いはつかない。ついに今後は陸軍と縁を切り、小禄に帰り、海軍本来の陣地で戦闘をすることになった。どこでもあった陸海軍の不和が、ここでも出てきた』

様子がだいぶ違っている。

『五月二十八日、小禄に帰ってみたものの、陣地はさきに破壊しておいたため、すぐには使えず、また難民が入ってきて、残していた糧食や弾薬もなくなっている。そこで、陣地の再構築にとりかかったが、なかなか進まない。

そうこうするうち、那覇に敵部隊が上陸。ジープなどの行き交うのが見える。小禄台地に据えた機銃で、それを攻撃すると、翌日はきっとお返しがくる。心得たもので、こちらもそのときは壕に避難しているから、被害は少ない。

那覇に敵の物質集積所ができてからは、夜を狙ってそこへ斬り込みをかけ、糧食を確保したり、また海岸近くでわが特攻隊にやられた艦を襲撃、食糧を手に入れるなどして、命をつないだ』（伊藤手記）

さきほど述べた、何かモヤモヤした疑問が、たしかにこの手記で氷解する。いい話でないのが残念だが、追いつめられた戦場では、起こってもおかしくない。

さて、伊藤少佐の沖縄戦の結末だが、手記によると、こうなっている。

――六月三日、小禄に戻ってすぐの話。たぶん豊見城（とみぐすく）の陣地だろう。陣地から見て真下の国道線を、敵の戦車が糸満に向かってゆっくり走っているのを発見した。戦車の後には、歩兵もついている。あつらえむきの目標である。

そこで、坐礁した船から取りはずしてきた十三ミリ機銃で一連射。じっと様子を見ていた。戦車の砲が下がったように見えたので、命中したぞと喜んでいたら、戦車が方向を変えた。おかしいぞ、と怪しんだときには、砲の仰角をかけ、こちらを撃ってきた。二発目のタマが、トーチカにまともに命中し、スリット（照準孔）から飛びこんだ。

「あッ」

と思ったところまでで、後は何も覚えていないという。

『気がついたときは、米軍の野戦病院のベッドの上で、米軍の看護婦が、点滴などに使うのと同じような器具で足の傷を洗ってくれており、とても気持ちがよかった。それで気がついたらしい。私（伊藤少佐）はそのとき箱根の温泉に入っている夢を見ていた記憶がある。そっと薄目をあけ、夢うつつで見たときのその看護婦のかわいかったこと、まるでフランス人形のように見えた』（伊藤手記）

これも「貴重な」記録で、加えておく価値がある。

『傷は、右大腿部軟部貫通、左火傷だった。

「あなたは運がいい。戦闘後、従軍牧師がトーチカに入ったとき、虫の息だった。ポケットをさぐったら少佐の襟（えり）章が出てきたし、胸にえらい人と写った写真があったので、指揮官と判断し、病院に収容した」

そのときは、負傷して三日たっていて、ウジだらけだったそうだ』

ちなみに、従軍牧師がトーチカに入ったのは、多分、スーブニール集めが目的だったらしい。ポケットの襟章は、こちらの名前はすっかり判っていて、指名して狙ってくるから、ワザとはずしていたという。また写真は、伊藤少佐の父君が台湾在住中、当時の長谷川総督と撮ったものだった。

9　丸シップ

深夜の海〈名古屋丸と「大鷹」の最後〉

――特設航空機運搬艦名古屋丸　木村嘉友主計大尉（東商大出身）の場合

今日はひとの身、明日はわが身

名古屋丸　二年現役主計科士官が、先端の戦闘単位にも配員され、そこで持ち前のバランス感覚を発揮し、活躍している状況を、それぞれの手記によりながら述べてきたが、木村嘉友主計大尉の場合も、そうであった。

昭和十八年一月、特設航空機運搬艦名古屋丸に主計長として着任してから約一年間、ラバウルを基地として南太平洋を駆け回った。

特設航空機運搬艦とは聞きなれない名前だが、これは、民間所有の船舶を海軍が徴傭（ちようよう）（傭船）し、必要な艤装、兵装をし、海軍本来の艦船の補充として使うもので、特設軍艦の部類に入る。外から見ると、軍艦と同じように軍艦旗を掲げているが、本質は商船だ。いわゆる

「丸シップ」である。

しかし、木村主計長によると、航空機運搬とはいいながら、航空燃料、弾薬、爆弾、魚雷、その他兵器の運搬に当たっていたという。いいかえれば、基地航空部隊が進出したり移動したりするときの支援や補給が主任務ということになる。

しかも、驚いたことに、名古屋丸は石炭専焼（石炭だけしか焚かない）艦であった。平時ならば、それで少しも差し支えはないが、戦時、広い海で、石炭を焚いて走ると、黒煙濛々。――明治時代、みな石炭を焚いていたときは、勇壮でもあったが、重油を焚くようになり、どの艦も煙を出さぬよう注意しているときに、黒煙濛々では、敵潜水艦に招待状を撒き散らしながら歩いているのと変わらない。

ボルネオのバリクパパンから航空燃料を満載、赤道の上を横歩きしながらラバウルへ何度か航海したが、いつも護衛艦なしの単独航行。

大砲が四門あり、高角機銃数基を持っているので、実際に来襲する敵機を砲撃で追っ払い、爆雷を投下して敵潜水艦を封じ込めた実績もあるそうだから、文句もいいにくいが。

木村手記にいう。

『航空ガソリンの上に、爆発物をできるだけ多量に積みこむという、陸上ではとうてい考えられない生活環境の中で人びとが寝起きし、航続距離の長い敵爆撃機の銃爆撃を浴びながら、敵潜水艦の包囲網をかいくぐり、カビエン港のあるニューアイルランド島西岸沿いに南下してラバウルに向かうお決まりのコースは、正直なところ、あまり心地よいものではなかった。

海空どちらかから一発見舞われると、瞬時に誘爆を起こし、総員そろって昇天する。その確率まさに百パーセント。それだけに、たちまち空荷で走るときの爽快さは、また格別である。この気持ちは、体験者でなければわからないだろう。

そのころ、仲間うちで、「煙になるなよ」と口をついて出る挨拶には、しみじみとした実感がこもっていた』

そのうち、十二月中旬ころのこと、一年ぶりに内地回航の運びになり、内地に帰る多数の便乗者を乗せ、ラバウルを出港した。

折りからラバウルは、ソロモン、ニューギニア戦況の悪化につれ、敵機の来襲が激化し、出入港船舶の被害が激増していた。トラック基地にたいする南方からの脅威を阻止防衛するという本来の戦略的意義が、この情勢では変化し、むしろラバウルを要塞化する方向に軌道修正されたため、名古屋丸も他に転用されるという話であった。

ラバウルを出港し、つぎの寄港地のトラックに向かう途中、ニューアイルランド島のカビエン沖にさしかかったとき、トラックに行くからと、ラバウルから同航していた優秀客船日枝丸が、昼間雷撃を受け、見る間に逆立ちになって沈んでいった。

息が詰まるような、おそろしい光景だった。

「今日はひとの身、明日はわが身」

戦場で、船乗りの共通語になっていたこの言葉を思い出して、乗員たちはショックを受けた。それ以来、手の空いている者は上甲板に出て、目を皿にして敵潜水艦を見張った。

そのせいもあったろう。それから速力を早めて先を急ぎ、いわゆるホームスピードで内地近海に来るまで、何事も起こらず、師走の海を走りつづけた。

不測の災禍

『十九年一月一日。八丈島の南西洋上にさしかかったとき、パラオ放送局のラジオが、年越しの時報を知らせた。その直後、艦が物凄い衝撃を受けた。

魚雷命中だ。

激しいショックで艦内の灯火が一瞬に消え、前部居住区で言葉にならない不気味な叫喚があがった。同時に、海水がドッと艦内に押し寄せた。前部三分の一はたちまち激流に呑まれ、そこにいた兵たちは、そのまま水中に没してしまった。

士官室で、冬軍装のまま待機していた私は、被雷直後、艦橋にとんでいったので、この凄惨をきわめた一部始終が、いまも克明に頭に刻みこまれている』（木村手記）

必死の応急作業で、艦橋から後部にかけての浸水は、どうやら食い止めることができた。防水隔壁を補強し、浸水をそこで堰(せ)き止め、他に浸水が及ばないようするほか手の施しようがなく、残り三分の二の船体の浮力にすべてを賭け、風と潮に委せて漂流することにした。

第二雷撃を受けるか、敵潜水艦が浮上して砲撃してきたら万事休すだ。諦めきって澄んだ心境だった、などというのは嘘だ。ただただ運を天に委せることとし、身辺を整理し、まんじりともせず夜明けを待った。これほど長いと思った一夜は、それまでの経験にはなかったという。

内地は、南方と違って、そのとき、寒さの最中にあった。魚雷が命中爆発して、艦首の方に傾いている前甲板は、膚を刺す寒さに凍てついていた。

『そのあちこちに、戦死者の肉片が飛び散っている。胸をかきむしる腐臭もただよう。凄愴というか、哀切というか、胸が裂ける思いである。

とくにガダルカナルの設営隊をはじめ、南太平洋に散在する各地の部隊として、生命の限り戦ってきた多くの人たちが、幸いにも生き永らえ、いよいよ明日は故国にたどりつくところまで帰ってきたというのに、不測の災禍に遭われた。心中を推測すると、涙なきを得なかった。

「明日はわが身」とつねづね割り切ったつもりではいたが、かけがえのない一生を、祖国を目の前にして終わらねばならなかった人たちの不運なめぐりあわせへの哀しみが、いつまでも離れなかった』(木村手記)

そのうちに、艦は、刻々に浸水を増していった。総員で防水に死力をつくしたが、どうしても浸水が止まらなかった。

一月二日夕刻、ついに最期のときを迎えた。軍艦旗を卸し、艦長・草川大佐以下、粛々と退艦した。

生存者を収容した海防艦で、名古屋丸の周辺をゆっくりと旋回しながら、艦と戦死者の霊に別れを告げているとき、艦はにわかに艦首から棒立ちになり、滑るように姿を消したという。

ヒ七一船団

名古屋丸沈没の後、木村主計大尉は、日本郵船の春日丸を改造し、竣工したばかりの空母「大鷹（たいよう）」（二万八千トン。二十一ノット。搭載機二十七機。十二センチ高角砲四門）主計長に転じた。

商船改造の、いわゆる護衛空母である。いまは丸シップではないが、生まれは丸シップである。

最初の仕事が、ヒ七一船団の護衛。重要で高速のタンカーを集めて編成した船団を、そのころ「ヒ船団」と呼んでいたが、このヒ七一船団は、なるほど超重要船団だった。

海軍の艦籍に入っている最新式高速タンカー「速吸（はやすい）」（二万トン）、給糧艦「伊良湖（いらこ）」（一万一千トン）、大型徴傭タンカー帝洋丸（九千八百四十九トン）、水洋丸（八千六百七十二トン）。陸軍輸送船玉津丸（九千五百八十九トン）、摩耶山丸、日昌丸。他に帝亜丸（一万七千五百三十九トン）、阿波丸（一万一千二百四十九トン）、北海丸など、合計十隻。

護衛部隊も特別に強力で、指揮官は定評のある第六臨時護衛船団司令官梶岡定道少将。それに、改造を終わったばかりの護衛空母「大鷹」。船団護衛に空母を正式に使ったのは、これがはじめて、というほどの力の入れよう。そして、護衛艦として駆逐艦「夕凪」、甲型海防艦「佐渡」「松輪」「日振（ひぶり）」「御蔵（みくら）」、それに第三十九駆潜艇。

行く先はシンガポールだが、もともと護衛艦の数が少なく、いったんマニラに立ち寄らないと、護衛艦の数が揃わない。シンガポールに直航できるならば別の道をとれるが、マニラに寄るなら、ルソン海峡を通らねばならなくなる。米潜水艦がここに力を集中していたので、よほど慎重に通るようにしないと、危ない。

ヒ七一船団は、ルソン海峡を八月十八日の昼間に突破し、夕方、ルソン島北西岸に思い切って近寄り、敵潜水艦が船団と島との中間に潜りこまないように防ぎながら、夜航海をするように計画した。

敵潜水艦が船団と島との間に潜り込むと、夜は船団が広い海をバックにシルエットをハッキリ見せることになり、潜水艦は魚雷を照準しやすくなる。船団と潜水艦の位置が逆になると、こんどは潜水艦は島をバックに船団を照準するから、見にくくなり、レーダーでも測りにくくなる。

昼間は計画どおり、無事に進行した。が、夜に入るころから天候が急変した。風速十二メートル。ときどきスコールが襲い、視界不良となり、思い切って岸に近寄るはずが、何となくハッキリ見えない陸岸が気になって、不徹底になったらしい。

米軍の狼群戦法

船団が二列縦陣で南下していた午後十時すぎ、突然、陸岸寄りの方から、敵潜水艦の雷撃を受けた。それが船団の最後尾にいた「大鷹」に命中。運悪くそれが軽質油庫を直撃したからたまらない。たちまち大爆発を起こし、火炎が約三百メートルも夜空に噴き上げた。

米潜水艦は、そのころ「狼群戦法（ウオルフパック）」を使っていた。三隻がチームワークをとりながら、船団に食い下がり、全滅させるまで攻撃をやめない。

どの潜水艦からか、第二撃が命中して、艦内が火の海になった。

「艦長。危険ですから、御真影と御勅諭をお移しします」

「よかろう」

木村主計大尉は、甲板士官を連れて、御真影を奉安してある艦長室に急いだ。火勢がおそろしく強いのは覚悟していたが、爆発のショックで鋼材が屈曲し、火災と煙とガスが渦巻き、とても近寄れない。

「艦橋に帰ろう。これじゃダメだ」

艦橋に戻って、艦長に状況を報告しているうちに、応急灯が消え、艦の傾斜が急にひどくなった。

木村手記に移る。

『もう立っていられなくなった。私は傍らにあった測距儀だったかに掴まったが、身体がすぐ空中に浮き上がり、しばらく懸垂をしているような苦しい姿勢に耐えているうち、海水が足元にドッと寄せて来、ものすごい渦巻きに巻きこまれ、水中に一気に引きこまれた。

鼻に海水が猛烈な勢いで突入する。耳がガンガン鳴る。南海特有の夜光虫のせいか、水中に引き込まれていく人、逆に水中から浮き上がってくる人の入り乱れた模様が、ある深さまでは、不思議にハッキリ見えた。

　こちらは、上半身を軸にして、ぐるぐる回転しながら深みへ入っていく。息苦しいので、無意識に海水を少し飲むと、すこし楽になった。

「おれもいよいよお終いか。いろんなことがあったなあ……」

　と思った。過去のある想い出、家族のことどもが一瞬、脳裡をかすめる。しかし、依然として淡々とした気持ちで、「死」はいわれるほど大仰なものではないな、などと不遜なことも考えた。別段、悲しいとも口惜しいとも思わなかった』

　護衛空母といっても、述べたように一万八千トンの大型艦で、巨大な箱が沈む形になったので、おそらく木村主計中尉は、異常な深さにまで引きこまれたのではないか。水圧で、非常に強く胸を圧迫され、肺が傷ついて出血する。かれは、まっ暗な海中で、窒息しそうになっては海水をガブガブ飲んだ。

「もうこれまで」――

　渾身の力をふり絞って手足をバタバタ動かした。生きられるなら、少しでも生き延びてやろう、生きられないなら、少しでも楽に死のうと、薄らいでいく意識の中で、もがきにもがいた。そしてぽっかり浮かび上がることができた。

　ほっとして、大きく深呼吸をしたとたん、猛烈に咳きこみ、痰らしいものがつづけざまにとび出して止まらない。肺出血なのだが、暗黒の海面である。わかるはずもない。

『そのうち、どこからか、「ここはお国を何百里……」と、歌声が弱く流れてきた。激しく咳き込みながらこれに和すると、荒れ模様の暗い海のあちこちから、歌声が起こり、歌声をたよりに、少しずつ人びとが動きはじめた。

深夜の海で、歌声を手がかりに少しずつでも寄り集まり、波のまにまに、どこへ行くかわからぬまま流されていく暗澹とした心を何と表現したらいいだろうか。その後、長い年月、このときの暗澹とした、押しひしがれるような場面を、何度となく夢に見た』（手記）

翌十九日夜明け、体力、気力ともほぼ限界に達し、これ以上浮いていることを半ば諦めようとしたころ、闇の中から艦艇のエンジンの音が聞こえてきた。朝もやがかかり、敵味方の区別もわからない。

『そのうちに、艦がスピードを落としたらしく、エンジンの音が、だいぶ静かになった。

「いま行くぞォ。頑張れェ」

味方の艦ではないか。地獄で仏とはこのことである。ほっとしたが、昨夜の今日である。敵潜がなお付近にいると思うのが常識で、その中での救助作業は容易なものではない。ほっとなどしていられない状況であった。

推測は当たっていた。救助に来た艦はレーダー（電波探信儀）、ソナー（水中聴音機）などで十分に敵潜水艦を警戒した上で、作業にかかってくれた。私が、力のあるかぎりを振り絞り、艦の側まで泳ぎ寄ったときは、もう空は明けそめていた。しかし私は、それで力竭き、艦が舷梯を出してくれたが自力で匍い上がることができず、投げられたロープを腰に巻き、それを艦から吊り上げてもらって、ようやく甲板に立つことができた。

自艦の危険も顧みず、慎重しかも果敢に私たちを救助してくれた艦は、海防艦「日振（ひぶり）」であった。

私はさっそく「日振」艦長に心からお礼を申し述べたが、艦長はそれにたいし、叮重にねぎらい、激励された。艦長は、そして、虚無的な笑みを浮かべ、呟くようにいった。

「今日はひとの身、明日はわが身ですよ」

その不吉な呟きの描いたとおり、翌日、「日振」は敵潜水艦の雷撃を受け、一人も還らなかった……』（手記より）

いたしかたなかった。海上護衛戦と対潜水艦戦には、米海軍と比較して、日本海軍はほとんど無力といってよかった。戦艦主兵の艦隊決戦については、世界一といってよいベテランだったが、それ以外、近代海戦にはほとんど関心を持たなかった。

その結果が、これであった。レーダーやソナーを持つことができた艦はあったが、ノウハウが整わず、システムとしての総合力が発揮されないままに終わった。

「大鷹」「雲鷹」「沖鷹」「神鷹」「海鷹」と、それぞれ優秀艦春日丸、八幡丸、新田丸、シャルンホルスト（ドイツ）、あるぜんちな丸を改造し、護衛空母としての任務に就（つ）く早々、みな敵潜水艦の雷撃を受けて死んだ。

わが護衛空母はハダカも同じで、レーダーを持たなかった。

敵潜水艦はみな優れたレーダーとソナーを持ち、狼群戦法で食い下がってくるのにたいし、なぜ持たさなかったのか。護衛空母が護衛しているという心理的効果をあげればよかったのか。ことにこの場合、夜戦である。レーダーを持たず、何も見ることができないものと、レーダーを持ち、相手がよく見えるものとの戦いで、どちらが勝つかはだれにでもわかること。そうなるのもやむをえなかった、というほかない。

大砲の響〈軍艦永福丸の撃沈〉

——特設砲艦兼敷設艦永福丸　青木勉主計大尉（慶大出身）の場合

機密連合艦隊命令作第一号

特設砲艦兼敷設艦とシカツメらしい肩書きがついた永福丸は、もともと民間会社に属する貨物船で、それを海軍がそっくり徴傭し、大砲二門をのせ、爆雷投射装置、機械水雷敷設装置を取りつけたもの。

砲艦兼敷設艦というだけに、艦長、航海長、砲術長などと職名を名のる士官は揃っている。ただ、その中の現役士官は、主計長と軍医長の二人で、それに貨物船時代から乗り組んでいた一等航海士と機関長がそのまま召集されて予備士官の身分になり、海軍流に、航海長、機関長と呼んでいる。ほかは、艦長から兵まで、多少の例外はあっても、みな予備役の軍人たち。いわゆる応召の人たちである。

だから、艦内の空気は、何となくおっとりしている。無事、お勤めを終わって、家に帰ろう。帰って、また孫の遊び相手をしてやろうと考えている。

築地の海軍経理学校で補修学生課程を卒え、敷設艦「巌島」乗組で八ヵ月間、南支封鎖作戦に従ったあと、青木勉主計中尉（十七年五月主計大尉、二十年五月主計少佐）は改装中の永福丸に着任した。

その後まもなく改装を終わると、この『まことにたよりない』軍艦永福丸は、軍需部から受けてきた新しい軍艦旗を翻しながら、颯爽と、仏印のカムラン湾に向かった。

開戦三ヵ月前の話である。

カムラン湾に着いてみると、さすが三十六年前の日露戦争で、戦艦、巡洋艦合わせて二十隻を含む四十数隻のロシア大艦隊が停泊した港だ。水深が深く、季節風の風波をさえぎる良港である。

その、深い緑と白い砂浜が連なる第一級の広さの中に、永福丸一隻がポツンと錨を打った。一隻だけである。他に一隻も船はいない。

毎日、どんな仕事があるわけでもない。

湾の北側に零式水偵が数機いた。ときどきそれに便乗して、サイゴンまでいく。サイゴンには司令部があるので、主計長としては、ちゃんとした連絡業務もある。

また、時間がとれると、フランス語の勉強にもいく。もともと、大学を出た学究の徒である。「語学を身につけるには、じかに外国人に接するのが早道である」ことを知っている。研究心は旺盛だし、フランス文化を彩るエスプリを、こよなく愛している。

『肝心のフランス語が、いっこうに上達しない』のを嘆かわしく思っていたその年の十一月末ちかく、分厚い軍機書類が送られてきた。開戦にともなう「機密連合艦隊命令作第一号」と番号を打たれた膨大かつ雄大なものである。青木主計中尉は、『読むだけで、全身の血がたぎるようだった』（手記）という。

その少し前、十一月に入るころから、軍艦や輸送船がぞくぞくと入港し、さしものカムラン湾も満員の盛況になったが、しばらくすると、潮が引くようにみないなくなって、永福丸と工作艦「朝日」だけになった。

そして、十二月八日未明になる。永福丸はハラ一杯に積みこんでいた機械水雷（機雷）を、カムラン湾口に敷設し、特設敷設艦としての任務を果たした。

敷設したあと、身軽になったのを合図のようにして、急に忙しくなった。なにしろ、大砲二門――このころよく、丸ブネまたは丸シップ（商船改造の特設艦を、そう略称した）には、鉄の大砲が間に合わず、木で造った大砲を積まされていたのであったが、永福丸のはホンモノだった。もっとも、ちょっと古かった。明治の末にイギリスで造ったアームストロング砲。軍需部の隅に積んであったのを、臨戦準備で引っぱりだして永福丸に積みこんだらしい。といっても、五、六千メートル以内だったら、大丈夫である。

そのころのイギリス製品は、日露戦争で東郷艦隊がロシア艦隊に撃ち勝ったほどの一級品。ただ、艦の速力が十ノットしか出ないのが玉にキズだった。

一犬影に吠ゆれば

ある晩のこと。マレー半島まん中あたり、シャム湾に面したタイのシンゴラ沖に、永福丸は停泊していた。

開戦ころから、陸軍はここをマレー作戦の補給基地として使っていたので、輸送船の出入りが多い。その夜も、輸送船が『数え切れないほど』入っていた。

シンゴラ沖は、カムラン湾と違って、外に向かって開いている。静かな海。月は雲にかくれ、雲の間から星がのぞくなかに、遠く近く、灯火管制で灯を消した黒い船影が連なる光景は、何やら妙に心に沁みるものだ。

青木主計長は、私室に引き揚げ、さてベッドに入って寝ようとした。トタンに、「配置ニツケ」のラッパである。

敵襲だ。乗員みな戦闘配置につけ、という。

主計長の戦闘配置は、艦橋である。あわててサンダルをつっかけ、艦橋に駆け上がる。サンダルをつっかけていったことが、いかにも丸ブネらしくて、心憎いが、艦橋にいくと、すごい迫力である。敵機らしい爆音が聞こえる。陸軍の輸送船が、どこへ向けて撃つのか、さかんにドカン、ドカンとやっている。

こうなると、「一犬影に吠ゆれば万犬声に吠ゆ」ではないのか、と怪しくなる。

まっ暗な艦橋には、さきほどからいくつかの黒い影が、空を仰いで動かない。

「あれだ！」

　突然、艦長が指差した。青木手記にいう。

『低く流れる雲の合い間に、時折り、小さく、白く光るものが見える。東の空から西に向かって、ゆっくり飛んでいる。

　砲術長は、十三ミリ二連装機銃に射撃を命じた。機銃は、景気よく、立てつづけに火を噴いた。

　——何分間、撃っただろうか。射手が叫んだ。

「砲術長、目標動きません」

「バカッ、飛行機は飛んでるんだぞ。動かんはずはない。もっと、しっかり見ろ！」

　剣道五段、特務士官の老砲術長は、叱咤した。

　射手は照準を定め、機銃弾は、ふたたび暗い夜空に真っ赤な尾を曳いた。

「砲術長、目標、やはり動きません」

　もう一度、射手がいった。

「砲術長、あれはどうも、星のようですよ……雲が動いているんです」

　さきほどから、艦橋の上にある機銃甲板で、私といっしょに見物していた航海士（中尉）がいった。

　下の艦橋でも、気がついたらしい。

「目標は星らしい。打ち方やめ！」

伝声管(ボイス・チューブ)から艦長の声がした。つづいて、みんなの笑う声が、伝わってきた』(手記)

目標の見間違いは、戦場ではよくある。

「敵だッ」

思いこんで、緊張の極に達しているから、正体見たり枯尾花で、間違いがわかると、つい笑ってしまう。また、そのほかにも、たとえば、大海亀を浮流機雷に、浮いている竹筒を潜望鏡に、糸の切れた紙凧(たこ)を飛行機に、湾口や沖合いに立つ白波を上陸用舟艇に見間違える。笑ってる場合じゃない。沖の白波を上陸用舟艇に見間違えたダバオや父島の場合、大変な実害をもたらした。

永福丸にもどる。

永福丸の持っている兵器は、大砲と爆雷だけではない。水中音響兵器の探信儀も持っていた。水中聴音機で潜水艦のスクリュー音を聞き、それを探信儀で正確に位置ぎめをする。その位置にむかって爆雷攻撃をかけるのは、いうまでもない。

そのほか、永福丸では、磁気機雷を防ぐため、船体の両舷舷側上縁部に、ハチマキ(消磁(デガウス)電纜)をグルリと巻いていた。戦争初期に出現した磁気機雷で、磁気の垂直分力の変化で発火装置が作動し、爆発するタイプのものに効果がある(米軍が戦争後期に日本海域に投下した誘導型磁気機雷には効果がない)。

ところが、ある日、青木主計長に航海長が耳打ちした。

「ほんとう言いますとね、本艦(永福丸)の内地出港までに、ハチマキに流す電流の配電盤の製造が間に合わなかったんですよ。積んでいないんです。電流を流せないから、消磁の効力ゼロです。磁気機雷を踏みつけたら、ドカンです」

そういって、急に気になったらしく、

「でも、多少の御利益はあると思うんですが……」

とつけ加え、声を潜めた。

『「……それから、これは兵隊には絶対内緒にしておいて下さい。士気に関しますから……」と念を押されたが、この話を聞いて、私の士気は、たちまち沮喪した』（青木手記）

爆雷投射用意

昭和十七年も半ばを過ぎると、日を追って敵潜水艦の跳梁が激しくなり、輸送船の被害が続出した。

そのころ、永福丸艦長が交替、最近現役を退き、即日応召した大佐が着任。永福丸も敵潜水艦掃蕩の任務につくようになった。

永福丸は、そのころ十一特別根拠地隊に所属していた。述べたように、十一特根の司令部はサイゴンにある。

「フランス文化の香りに浸りながら、サイゴンで机に向かってばかりいると、戦場の苦労から浮いてしまう」

誰かがいいだしたのを、断わるわけにもいかずに、司令部が出動する永福丸に乗りこんできた。そして、ある日のこと。

「カムラン湾口付近に敵潜水艦がいる」

との情報を受けた永福丸は、おっとり刀で湾口を出た。

海は荒れていた。

雲が低い。鼠色の雲の幕が、空と海とをつないでいる。そのとき、水偵が一機、その間から姿を現わし、急降下すると、小型爆弾を投下した。

「あそこですよ、艦長。距離七、八千メートルです」

双眼鏡を覗きながら、航海長がいった。

「よし。いこう」

全速力——といっても、十ノット（時速十八キロ）でいっぱいだが、ともかくバク進した。

「潜水艦は浮上しかかってます」

爆弾が落ちたあたりの白波の間に、何やら黒光りのするものが、キラッと見えた。

「回せ回せッ」

艦長は、もう地団太を踏んでいる。そうだろう、敵潜水艦が先に浮上して、備砲を撃ちかけてきたら、わが明治時代のアームストロング砲では、とても勝てない。日本海海戦では、東郷司令長官は、旗艦「三笠」とロシア艦隊との距離六千メートルで初弾発砲。たてつづけに命中弾をあげて猛追、ついにロシア艦隊を全滅させて空前絶後の一方的勝利を勝ち得たというから、これはもう、敵より早く六千メートルに走りこんで、アームストロング砲を撃つしかない。

「打ち方はじめッ！」

躍り上がるような艦長の号令だった。

『爽快な大砲の響きが、荒れる海面にとどろきわたった。

内地を出てから、大砲を撃つ機会がなく、髀肉（ひにく）の嘆をかこっていた砲術科のヒゲのオッサン水兵たちが、このときとばかり、嬉しそうに撃ちまくった』（手記）

そのうち、あわてた気配で双眼鏡に見入った艦長が、急に、

「打ち方やめ！」

と号令し、何やらきまり悪そうに、司令官を報告した。

「どうも、司令官。あれは、岩のようです。射撃を中止します。……あんなところに、岩があったのかなぁ」

すぐにも引き返そうとして、大きく転舵を命じた。

おどろいたのは水偵だ。ここにいるのが見えないのか、といわぬばかりに、その岩のあたりを目指して急降下すると、爆弾を投下。こんどは、永福丸に近づき、さかんにバンク（翼を振る）しながら、「ここ掘れワンワン」のスタイルで、旋回を続ける。

『潜水艦は、たしかにいるのだ。

永福丸は、水偵の誘導により、敵の潜水艦がひそんでいると思われる海面に、つづけざまに爆雷を投下した。

艦首を回して、いま爆雷を落としたあたりを見ると、海面の一部が、目の醒めるようなエメラルド・グリーンに変わっているではないか。

「苦しがって、メーンタンク・ブローして浮き上がろうという寸法だな。爆雷投射用意」

艦長は、息をはずませた。

猛り立った永福丸は、二度、三度、エメラルド・グリーンの海面を横切り、持っている爆雷を、全部抛(ほう)りこんだ。

——エメラルド・グリーンは消えた。

「司令官。これは撃沈確実ですよ」

艦長の勇み立った声に、司令官は、はじめて相好を崩した。

つぎの日、水偵の報告により、永福丸が爆雷を投下した海面に、油の帯がえんえんとひろがっているのが確認された』(青木手記)

その後、永福丸は、二度も敵潜水艦の雷撃を受け、船艙(そう)に大穴が開いて浸水したが、二度とも沈没しなかった。

このような貨物船は、積荷がない、いわゆる「空船(からぶね)」か、でなければ可燃物を積んでいないとき、たとえ魚雷を射ちこまれても、たくさんの船艙のどれかに穴が開くだけで、運がよければ、沈まないですむ。

しかし、三度目、アンダマン諸島の南で敵潜水艦の雷撃を受けたときは、どうしようもなかった。どの船艙にも爆弾を満載していた。爆弾の山の中に、魚雷がとびこんで爆発したから、たまらない。

轟沈——生存者、わずかに三名だったという。

窮余の一策〈監視艇隊母艦神津丸の奮戦〉

――二十二戦隊司令部　中村博主計中尉（東大出身）の場合

常識を越えた任務

アメリカとの戦争が起こったとき、太平洋正面の防衛をどうするか。海正面の守りだから、当然海軍の担当だが、案外、煮詰めてなく、飛行機でやればいいではないかと大まかに考えていた。

理由は、くり返すが、対米戦争では、太平洋を西進してくる米海軍主力部隊を、わが海軍の全力で西太平洋に迎え撃ち、戦艦を主兵とする艦隊決戦を挑んで、三十余年前、東郷平八郎司令長官が連合艦隊を率いてロシア艦隊を日本海に迎え撃ち、戦艦を主兵とする艦隊決戦によって大勝利を収め、日本を戦勝に導いたように、日本を戦勝に導くことを大目標にしていたからである。

「艦隊決戦に勝てば、そんなこと、どうこう考えなくてもいいよ」

というのが、心の底にあったのだ。だから海軍は、日露戦争（明治三十七、八年。一九〇

四、五年）から三十七年もの長い年月を、ひたすら艦隊決戦のための作戦計画を練り上げ、教育訓練をくり返し、一方、そのための艦艇と人とを造ることに全力をあげてきた。海正面の守りに飛行機を使おうと考えたのは、もちろん、洋上の長距離飛行ができる飛行機や飛行艇が完成した昭和九年、十年以後のこと。

ところが、十六年九月ころから実際に風雲急になり、東正面や北太平洋の防衛を担当する第五艦隊が編成されてみると、どうにも飛行機の哨戒だけでは不安になった。

中沢佑（たすく）第五艦隊参謀長がそう回想している。

「鰹船（かつおぶね）に兵装をして、監視艇として哨戒線を作らせることだ」

やはり、「そこ」に「実兵力」を置かないと、安心できない。実兵を「置く」のが主眼である。実兵に持たせる「戦力」は、小銃とか軽機とか、いわゆる随身兵器の程度をあまり越えなくていい。

百トン前後の鰹船、底曳漁船、真珠船、普通漁船に、小銃クラスの七・七ミリ機銃一梃を取り付け、小銃若干と送受信機一基を積んで七ノット（時速十三キロ）くらいで走れるものを、西太平洋のまん中に南北に並べる。ミッドウェーと日本本土のまん中あたり、北は千島列島の南端から南は奄美大島にいたるあたりに、四十キロたらずの間隔をとってズラリ並べておけば、中沢参謀長もひと安心だと考えたのだろう。

防衛庁公刊戦史にいう。

『哨戒線にある監視艇が発見報告しようとする目標は、米機動部隊である。米機動部隊を発見した監視艇は、撃沈されることは必至である。のちのドゥリトル空襲において第二十三日東丸、長渡丸がたどった運命が、よくその間の状況を物語っている。しかし監視艇は、発見してから撃沈されるまでに、極力正確な、そして一通でも多くの敵情を報告しなければならない。

まさに、特攻とも称すべき任務であった』

それまでほとんど積極的、建設的な手段を講ぜず、月日の流れに委せておき、いよいよ事態が迫り、現実に対応しなければならなくなって、急に不安を感じ、時間と首ッ引きで応急手段——窮余の一策を案ずる。

それが窮余の一策であればあるだけ、十分に時間をとって考えられ、試行錯誤を重ねて成果をあげてきたものに比べると、高いコストを支払わねばならなくなるのは仕方がない。

公刊戦史が述べた、

「まさに、特攻とも称すべき……」

常識を超えた任務がそれである。

この監視艇隊は、前に述べたように、百トン前後の漁船を海軍が徴傭し、それを艤装して、前からの乗員に加えて海軍軍人の艇長を任命、軍艦旗を翻して出港していった。艇長は、大部分が兵曹長、一部は予備中尉、まれに特務少尉が任じられた。

隻数は、増減があって一定しないが、三直に分かれて、一直が三十六隻前後。とすれば総計百八隻になるはずだが、中に任務不適なもの、性能が上がらぬものがあったりして、結局七十六隻でスタートした。

これを統轄するのが、第二十二戦隊。少将の戦隊司令官がいた。

旗艦は約七千四百トンの徴傭船赤城丸。十四センチ砲四門、十三ミリ単装機銃二梃、五十三センチ連装魚雷発射管二基を持つ。速力約十八ノット。

この指揮下に、第一から第三までの監視艇隊があり、各監視艇隊司令として大佐が三人。旗艦は赤城丸よりも小ぶりの、二千トン級徴傭船。それが、特設砲艦としての兵装――十二センチ単装砲三ないし四門、十三ミリ連装機銃一基、七・七ミリ単装機銃一梃を持ち、監視艇三十隻前後を指揮して、母艦の役も果たす。

この船と人とが、あの「特攻とも称すべき」任務についた。そればかりでなく、三直で哨戒をつづけるためには、哨戒線についているのが七日間、往復に八日かかるので、基地に戻って整備休養する期間は、六日しかない。本土をはるか七百カイリ（約千三百キロ）離れた太平洋の洋心で、荒天と闘いながらの任務が、どれほど苦難に満ちたものだったか、想像も及ばぬものである、と公刊戦史も嘆じている。

ところが、この二十二戦隊司令部と監視艇隊司令部に、二年現役主計科士官が乗り組み、隊員たちと苦難を頒（わか）ったのである。

かれらの素養と若さ、活力が、この苦難にどう立ち向かわせたか。手記によって話を進めよう。

天衣無縫の統率者

昭和十九年三月一日、海軍経理学校補修学生課程を卒えた中村博主計中尉は、横浜ニューグランドホテルの近くにあった「第二十二戦隊司令部」に着任するよう命じられた。第一線志望といったのに、と心穏やかではなかったが、とんでもない認識不足だった。

『転勤要具一式を入れたトランクを持ち、片手に軍刀を持って桜木町駅に降り立った。正直なところ、司令部が近づくにつれ、胸の動悸を抑えることができなかったが、衛兵に導かれ、着任の挨拶を参謀にするまでは、至極順調にいった。

いよいよ司令官に挨拶をすることとなり、機関参謀に連れられ、司令官室に伺候した。もう一度、口の中で申告することをくり返し、深呼吸して気持ちを鎮めた』

司令官は、居室のベッドの中で半身を起こしていた。これは、と二の句が継げなくなるほど見事な禿頭の大入道で、アザラシに似た口ひげを生やしていたが、どうやら二日酔いのようにお見受けできた。かれは、直立不動でかしこまっている新米士官を、充分な威厳をもって凝視した。

さて、中村主計中尉が型どおりに敬礼し、

「海軍主計中尉中村博ただいま……」

と申告をはじめると、間一髪、アザラシ閣下は、中尉の股間を指差した。ハッとしたとたん、中尉の身体がコチコチになった。すると司令官が、おもむろに命じた。

「主計中尉！　窓をしめろ」

少将とシンマイ中尉である。中尉は気の毒にもパニックを起こした。

傍らの機関参謀は、ギョロ眼をむいて、この「不充分なシンマイめ」というように睨んでいる。ますますあわてふためき、急いで「窓を閉めて」挨拶をつづけたが、もう、シドロモドロ。

「海軍中村主計中尉は……」

といった。

「ナニィ？」

またまたアザラシ閣下が睨んだ。それからは、何が何だかわからない。

「もう、よし。帰れ！」

言われて、そうそうに司令官室から引き下がった。

『とにかく、着任早々からまことに多事多難。今後のことを思うと、ウンザリしたことであった』

中村主計中尉にはすまないが、この司令官の野太さとユーモアのセンスは、立派だ。昔、海軍に多かった天衣無縫の統率者、とでもいえるタイプであろう。

特攻そのものの任務

幕僚室に戻ると、先任参謀から、メリケン波止場にいる第二監視艇隊母艦、特設砲艦神津丸に着任せよと命じられた。

『こんな恥をかいた参謀や司令官と別れることができるのは、望外の幸せだと思い、すぐさま司令部をあとにした』（手記）

メリケン波止場には、三千トン級の貨物船が繋留されていた。十四センチ砲二門を前後甲板に積み、十三ミリ機銃を数梃、爆雷投射装置を持って、悠然としていた。軍艦旗のくっきりとした赤さが、いかにも颯爽と見えた。

神津丸での着任の挨拶は、滞りなくすんだ。私室の割り当てでは、中尉は個室にならず、軍医中尉と中尉同士の相部屋である。合わせて一本、中尉二人で大尉一人前とみるのが海軍である。

日がたつにつれ、どうやら一本立ちの中尉らしくなったころ、出撃した。

『この隊は、ミッドウェーと日本本土との中間の太平洋上に、北は千島列島の南端から、南は奄美大島を結ぶ区間にわたって、監視艇三十隻を等間隔に配置し、敵艦隊の動向監視に当たるもので、神津丸は、これらの母艦として、配置を計画し実施し、情報を収集し、艇員の健康保持に努めるのが任務だった。当直中は、監視区域を常に南北に移動、監視艇の集めた情報を聞き、所定の哨戒地点にいるかどうかをチェックする』（手記より）

出撃のときは、三十隻の監視艇が、母艦より一日前に先行出発する。乗組員みな甲板に並び、一隻一隻、母艦に向かって帽子を振りながら出撃していく。

述べたように、この監視艇の任務は、敵艦隊とくに敵機動部隊を発見し、速報することにあるが、その場合、ほぼ間違いなく反撃され、ハダカ同然の監視艇は撃沈される。つまり、

「特攻とも称すべき任務」いや、「称すべき」ではない、特攻「そのもの」の任務である。

トラックで、出撃する潜水艦や艦艇が、連合艦隊旗艦「大和」の傍を通り、山本長官に向かって「万歳」を三唱する。そのとき、山本長官は、ただ一人、皆が暗緑色の三種軍装を着ているのに、だれの目にもわかりやすい純白の第二種軍装を着、「大和」の最上甲板でキチンと答礼したといわれる。

　このように、指揮官の命令で死地に出ていく部下を見送るとき、山本長官のように振る舞うことは、もっとも人間らしい姿であり、何も山本長官が特別ではないはずである。

　中村主計中尉は考える。

『その運命がこのうちの何隻に訪れ、ふたたび帰ることもなく太平洋に呑まれてしまうのかと思えば、明るく笑って出撃してゆく乗組員の姿が崇高なものに見えて、何となく涙ぐまれる』

　そしてかれは、横浜港外遠く春霞の中に小さな点となって溶けこんでゆくまで、神津丸の上甲板に佇立して見送った。

　さて、そうして哨区に着くと、厳重な灯火管制をした艦内は、ただ蒸気機関の響のみがすべて。来る日も来る日も、何事もなく過ぎた。

　途中で天候が悪化した。『三月の太平洋のすさまじい相貌は、押し寄せる山のような大波、強く膚に突き刺さるような烈風の鋭い叫び、そして暗黒の空と、まるで地獄である。三千トンの艦など、まったく木の葉のように、軽々と翻弄される。

艦橋に襲いかかる飛沫。艦首をすっぽりと包み、前甲板に雪崩れ落ちる波浪。波の山と波の山とがぶつかりあって波頭が立ち上がり、その波頭を烈風が吹きちぎり、艦に向かってたたきつける。

前後左右に、この世のものとは思われないほどの揺れ方をつづける艦。暗黒の空を駆け去る黒雲は、太く烈しい雨脚をともなって駆け過ぎる。

陰鬱で、人の心を滅入らせてしまう雲行きが、いく日もいく日もつづく。そんなときでも、あの鰹船を改造した小さな監視艇は、高波の間からわずかにマストを見え隠れさせながら、必死に任務に励んでいる。

三千トンの母艦でさえ、これほどまでに打ちのめされている荒天を、あの百トン前後の監視艇乗員たちは、どう切り抜けているのだろうか。

こうした日々をくり返しながら、約二十日間の任務を終わり、交替に来た第三監視艇隊に任務を引き継ぎ、懐かしい横浜に向かう』（中村手記）

他言無用

このようなキビしい勤務の反面、その勤務がキビしければキビしいほどいっそうに、人間ッポい、船乗り気質——積み重ねてきた経験によって、自然の力とそれにたいする人間の力の小ささを膚で知り、神への畏れとともに人間同士、心を開き、肩を寄せあい、不屈な心で生きようとする。そこに滲む素朴で、純粋で、人がよくて、思いやりがあり、ちょっとハニカミ屋ながら、ユーモア精神の持ち主が、あちこちにいて、意外なところにもいて、けっこう活き活きと動きまわっていることを、見落とせない。

前に出てきたアザラシ閣下も、きっとその一人であろう。東京霞ヶ関の海軍省や軍令部、赤レンガとも中央とも呼ぶそんなガチガチの官僚機構の中では、とても出逢えそうにない風丰である。

こんな話もある。中村主計中尉が母艦神津丸に着任した当日、初級士官心得に書いてあるとおり、艦内を回った。

艦内を一巡して私室に戻ってくると、急に気分が悪くなった。はじめての船だから、ペンキ、人いきれ、その他いろいろなものの混じった独特な匂いに馴染めない。しかもその日は風が強かったので、桟橋に繋留していた神津丸が、かすかに揺れていた。その二つのため、乗った早々に船酔いにやられたのだ。

さっそく軍医中尉（略して軍中といった）にそういうと、ニヤリとして、

「おれは知らねえよ」

口笛を吹きながら、相部屋を出ていってしまった。

といって、これが人に知れると、みっともない。辛抱するほかない。

その日の夕方、「軍艦旗卸し方」を終わり、夕食を無理に一杯だけ詰めこみ、相部屋に帰って早々にベッドに横になった。

しばらくすると、ビールを飲んでご機嫌になった軍中が入ってきた。

「おい、船酔いを癒してやろか」

「お願いします」

これはご親切と思ったので、そういうと、軍中、またニヤリと笑った。

「上陸しよや」

海軍では、上陸は士官の許可が必要である。しかも、士官たるもの、ムヤミに上陸したがってはならぬと経理学校でも教えられた。そんなことで迷っていると、軍中、察しがいい。

「この艦は、きわめて気楽だ。司令は応召（召集を受けた予備役）の大佐だし、艦長は商船学校出の予備士官で、いつも軍艦旗を卸すと、さっさと横須賀の自宅に帰る。いっこうかまわんさ」

そこで今日一日の気づまりを晴らし、気分も爽快になるのだからと、思いきって軍中と上陸し、知人の家で一泊して翌朝、艦に帰った。ところが、さっそく主計長に呼ばれ、手痛く叱責されて、一週間の上陸止めを食った。

士官でありながら上陸止め（上陸禁止）を食うのは、古来まれなことであった。

その後、数回の出撃をすませて横浜に帰港していたある夏の夕刻のことである。

中村主計中尉は、勤務にも慣れ、すっかり自信をつけていたが、ある日、夕食後ビールを二本あけ、いい気持ちで上陸した。このころは、背広ではなく、キチンと夏の白服を着ることになっていたらしい。

艦の舷門を出て、神奈川県庁の近くまできたとき、向こうから来た神津丸の主計兵曹が、妙な顔をしながら近寄ってきた。敬礼をするだけなら、遠くからでもできるはずなので、主計中尉も怪訝そうに歩をゆるめる。

立ち停まった耳に口を寄せ、主計兵曹が声を落とした。

「主計中尉。短剣を忘れてますよ」

あわてたの何の。このまま短剣なしで艦に帰るわけにいかないので、主計兵曹に短剣をとってきてもらうように頼む一方、かれ自身は県庁の植え込みの陰にかくれた。

それにしても、舷門番兵の前を通り、桟橋から県庁までを、よくも丸腰のまま、大手を振って歩いてきたものである。もし途中で司令部の参謀などのヤカマシ屋に見つけられていたら、武士の魂を忘れた不埒な奴と、騒動になっていたはず。そう思うと、冷汗ビッショリだった。

幸い、うまく短剣が届き、翌朝、無事帰艦できたので、昨日の主計兵曹を呼び、酒一本渡して、

「昨日のことは他言無用だぞ」

と申し渡した。

だがこれは、狭い艦内のこと。バレる可能性が多かった。そのときには強力な弁護者が必要になるので、軍医長に話しておこうと考えた。軍医長は、東大出の医者だが、無類の善人で、意地悪い機関長や先任将校から、よく若い者を庇(かば)ってくれていた。

軍医長に一部始終を話すと、まず、

「おい。君、お脳は大丈夫かい？」

とやられた。が、すぐにポンと胸を叩いてくれた。

「いいよ。何かあったら、おれに委せておけ」

中村手記にいう。

『後日、出撃中に、眼に腫物ができて診てもらった。軍医長は「切る」という。「お願いします」と横になると、オペがはじまった。その中途で、軍医長が机の前でゴソゴソやっている。薄目をあけてそっと見ていると、何やら本を一生懸命めくっているではないか。

「どうしたんですか」

と聞いた。答えが振るっていた。

「手術の方法が間違っていたよ。どうしたらやり直しができるかを調べているんだが、どうもここにある本には書いてないな」

ともかくメスを入れた目蓋から血が止まらない。そういったら、

「まあいいや。止血だけはしとこう。何とかなるだろう。神様」

といい、手術はそのままにして血を止めてくれた。

「ひどい軍医さんですね」

呆れてみせたら、笑い出した。

「君、このことを人にいうなよ。言ったら例の短剣事件をバラすからね。アハハハ」

アハハハはちょっと気楽すぎる話だ』

あとがき

太平洋戦争最大の特徴は、開戦第一日朝、わずか二時間たらずの真珠湾攻撃で時代が急転換し、さらに二日後のマレー沖海戦がダメ押しとなって、価値観に地滑り的変動を起こしたことである。

日本海軍にとって不運だったのは、この新時代への大転換で日米戦争がはじまり、それ以後のアメリカの対応、変化がまったくわからなくなったことだ。

外圧がないから、指導者たちは、開戦当初の大勝利に満足し、自信を得、今がチャンスだといい、それまで考えたこともなかった新作戦をあれこれ計画。計画に夢中になるあまり、新時代への転換の対応がおざなりで、そのため、一部の小兵力を繰り出して挑んでくる米軍に、ていよくかきまわされる一方となった。

それから二年後、軍事機密の幕を払って米海軍主力が姿を現わし、近代戦の化身ともいえるモンスターとなって太平洋諸島に襲いかかってきたときは、日本海軍は開戦当初の姿のまま。大艦巨砲を主兵にした艦隊決戦思想のまま。近代戦の主兵であるはずの飛行機と潜水艦は、ともに補助兵力、つまり戦艦中心の艦隊決戦に奉仕せよと突っ張り、最後まで譲らなかった。

戦争が始まるまでは、日本海軍以上に猛烈頑固な、戦艦主兵の艦隊決戦主義者揃いだった米海軍が、これほど見事に、航空主兵の近代戦思想に変身した。というのに、真珠湾やマレー沖で、自分の手で近代戦への幕を開いた日本海軍は、頭の切り換えができなかった。なぜか。

幸い、日本海軍には、そのためのもっとも適切な証言者となりうる士官が、三千五百五十五人いた。二年現役主計科士官（主計科短現ともいう）たちである。

かれらは、一般大学卒業者から銓衡採用した二年現役の主計中尉で、数ヵ月のオリエンテーションの後、海軍各官庁、艦船部隊に配員した人たちだった。時期によっては、それが後方、戦場という区別にもなったが、それらの二年現役主計科士官たちが、実際の場で、どんな思考、態度、行動をしたか。――それらの記録を、中学を卒えた後、入学試験を受けて海軍兵学校に入校、三年八ヵ月の間、江田島でミッチリ鍛えられ（病気のため、武道や体育は休んでばかりいたが）、部下を持つべき海軍の初級指揮官として育てられた私（育てられたから、たぶんそう育ったと思うが、自信はない）が見て、自分の姿と引き較べれば、そこにかれらと私たちとの違いとその意味が見えてくるではないか、と気づいた。つまり、私たちと違ったかれらの思考、態度、行動こそが、より近代戦的な要素を持っていなかったか——ということである。

そして、その結論として、私たちは、何よりも変化する時代相を正しくとらえ、それに適応して意思決定をする知的能力と柔軟性を、もっと多量に持っていなければならなかったと痛嘆するのだ。

本書は、そのようにして、二年現役主計科士官たちの、クラス（期）ごとに編まれた手記集の一部から、私の設問に対応していると私が感じた二十八篇を、私の勝手で選ばせていただき、その手記を読み、説明と所見を加えてまとめたものである。二十八篇の中に大型艦乗組が少ないのは、私の経験によれば、大型艦はどうも組織の規制が強く、人はその中に嵌めこまれて個性を発揮しにくい場合が多いと思ったからで、他意はない。

ここで改めて、お力添えを賜わったそれぞれの方々に、厚く御礼申し上げます。

なお、最後になりましたが、二年現役主計科士官たちが、海軍組織の先端に近く生死の境を征（ゆ）きながら、青年の、みずみずしく豊かなヒューマニティを失わず、いつも積極的な姿勢で不屈の努力を続けられたことに、深く敬意を表します。

平成二年八月

吉田俊雄

単行本　平成二年十月「海軍学卒士官28人の戦争」改題　光人社刊

NF文庫

海軍学卒士官の戦争

二〇二〇年四月二十四日　第一刷発行

著　者　吉田俊雄

発行者　皆川豪志

発行所　株式会社　潮書房光人新社

〒100-8077　東京都千代田区大手町一-七-二

電話／〇三-六二八一-九八九一(代)

印刷・製本　凸版印刷株式会社

定価はカバーに表示してあります

乱丁・落丁のものはお取りかえ致します。本文は中性紙を使用

ISBN978-4-7698-3163-1　C0195

http://www.kojinsha.co.jp

NF文庫

刊行のことば

第二次世界大戦の戦火が熄んで五〇年——その間、小社は夥しい数の戦争の記録を渉猟し、発掘し、常に公正なる立場を貫いて書誌とし、大方の絶讃を博して今日に及ぶが、その源は、散華された世代への熱き思い入れであり、同時に、その記録を誌して平和の礎とし、後世に伝えんとするにある。

小社の出版物は、戦記、伝記、文学、エッセイ、写真集、その他、すでに一、〇〇〇点を越え、加えて戦後五〇年になんなんとするを契機として、「光人社NF（ノンフィクション）文庫」を創刊して、読者諸賢の熱烈要望におこたえする次第である。人生のバイブルとして、心弱きときの活性の糧として、散華の世代からの感動の肉声に、あなたもぜひ、耳を傾けて下さい。